JN265352

# 華中農村経済と近代化

―近代中国農村経済史像の再構築への試み―

弁納才一 著

汲古書院

汲古叢書 52

# 目　次

序　論 …………………………………………………………………………… 3
　1　問題の所在 ………………………………………………………………… 3
　2　構　成 ……………………………………………………………………… 8

第1編　農村経済構造と品種改良事業
　　　　――浙江省を中心として―― ……………………………………… 13

　第1章　1934年の大旱害に見る地域差 …………………………………… 15
　　はじめに ……………………………………………………………………… 15
　　1　旱害の惨状 ……………………………………………………………… 17
　　2　政府の対応 ……………………………………………………………… 19
　　3　華中東部の米事情 ……………………………………………………… 22
　　おわりに ……………………………………………………………………… 26

　第2章　稲麦種改良事業 …………………………………………………… 30
　　はじめに ……………………………………………………………………… 30
　　1　米麦生産の動向 ………………………………………………………… 31
　　2　稲麦種改良事業の展開 ………………………………………………… 37
　　おわりに ……………………………………………………………………… 44

　第3章　蚕種改良事業 ……………………………………………………… 49
　　はじめに ……………………………………………………………………… 49
　　1　改良種の導入を推進する側 …………………………………………… 50
　　2　改良種の導入に抵抗する側 …………………………………………… 60
　　おわりに ……………………………………………………………………… 67

　第4章　棉花種改良事業 …………………………………………………… 74
　　はじめに ……………………………………………………………………… 74

1　改良事業の実施……………………………………………………74
　　　2　農村側の反応………………………………………………………82
　　　3　土布業の再生産構造………………………………………………85
　　おわりに…………………………………………………………………88
　第5章　アメリカ棉種の受容に見る地域差………………………………94
　　はじめに…………………………………………………………………94
　　　1　土棉と米棉…………………………………………………………95
　　　2　土布業の再生産構造……………………………………………101
　　おわりに………………………………………………………………106
　小　結……………………………………………………………………112
第2編　華中東部における土布業の変容………………………………117
　第1章　土布業に関する研究動向………………………………………119
　　はじめに………………………………………………………………119
　　　1　近代土布業に関する研究動向…………………………………120
　　　2　近代土布業に関する研究の課題………………………………125
　第2章　上海土布業の近代化……………………………………………132
　　はじめに………………………………………………………………132
　　　1　土布の生産………………………………………………………133
　　　2　農業・農村経済の変容…………………………………………146
　　おわりに………………………………………………………………153
　第3章　蘇南土布業の二極化……………………………………………159
　　はじめに………………………………………………………………159
　　　1　棉産地区…………………………………………………………159
　　　2　非棉産地区………………………………………………………169
　　おわりに………………………………………………………………176
　第4章　蘇北土布業の二重性……………………………………………183
　　はじめに………………………………………………………………183

1　土布生産の動向 …………………………………184
　　　2　地域経済との関連 ………………………………193
　　おわりに …………………………………………………200
　第5章　浙江土布業の多様化 ………………………………205
　　はじめに …………………………………………………205
　　　1　浙東棉産地区 …………………………………206
　　　2　浙西非棉産地区 ………………………………212
　　　3　浙南非棉産地区 ………………………………216
　　おわりに …………………………………………………221
　第6章　新たな手工業の興起 ………………………………227
　　はじめに …………………………………………………227
　　　1　花辺業 …………………………………………228
　　　2　織襪業 …………………………………………231
　　　3　毛巾業 …………………………………………235
　　　4　草帽業 …………………………………………238
　　おわりに …………………………………………………242
　小　結 ………………………………………………………247
結　論 …………………………………………………………255
　　　1　本稿の要旨 ……………………………………255
　　　2　近代華中農村経済構造 ………………………257
　　　3　今後の展望・課題 ……………………………260
索　引 …………………………………………………………263
あとがき ………………………………………………………285

# 華中農村経済と近代化
――近代中国農村経済史像の再構築への試み――

# 序　論

## 1　問題の所在

　農村経済が中国近代史研究において極めて重要な位置を占めており、その実態に対する正確な分析が必要であることは、これまでに多くの研究者によってしばしば口に上せられ、認識されてきた。だが、中国農村経済の実態、とりわけその近代化過程については、依然として不明な点が多いと言わざるを得ない。

　本稿が主要な分析対象時期としている1930年代（ただし、抗日戦争が始まる1937年まで）は、1931年に長江の大氾濫と日本軍による東北侵略（満州事変）があり、そして、翌1932年には第一次上海事変の勃発と満州国の建国があり、さらに、1929年に発生した世界経済大恐慌がついに中国にも波及して、農村経済がそれまでに経験したことがないほどの極めて深刻な打撃を被った激動期だった。

　このような未曾有の危機的状況に陥った農村経済に対して、あるいは、中国共産党（以下、共産党と記す）によるソビエト区の形成が急速に拡大する事態に臨んで、1927年に中国国民党（以下、国民党と記す）によって樹立された南京国民政府（以下、国民政府と記す）は、1930年代前半になってようやく本格的に農村経済の復興策を実施するようになった[1]。そして、国民政府が農村経済の再建事業に本格的に乗り出したことは、行政院の下に、従来からあった実業部とは別に、全国経済委員会（1931年）や農村復興委員会（1933年）が設立されたことにも表れている[2]。

　一方、中国研究の面では、これによって、諸政策を受け入れる側の農村経済の現状と動態に対する国内外の関心が一層高まり、やがて、1936年12月の西安事件の発生に刺激を受けて、日本では、中国の資本主義的発展の有無をも含む方向性をめぐって中国統一化論争が展開することになった[3]。

4　序　　論

　しかし、1937年7月から日中戦争が始まると、自由で活発な議論は不可能となり、継いで、戦後間もなく、1946年から勃発した国共内戦を経て、1949年に共産党が中華人民共和国政府を樹立すると、それ以降は、とりわけ中国大陸では国民政府が実施したことは決して近代的再編などではなく、むしろ反動的再編であり、また、当該時期の農村経済は半封建性を色濃く帯びていたと見なされるようになり、日本でもほぼ同様の見方が定説化していった。すなわち、近代中国農村社会が貧しく遅れた前近代的社会で、西欧社会とは全く異質な社会と見なされ、1840年のアヘン戦争以降の約100年間に、度重なる帝国主義列強の侵略と国内の半封建勢力による圧迫とによって、中国農村経済は崩壊に向かっており、その根本的かつ唯一の解決策として、中国国内では階級闘争（革命）による生産関係の変革が求められるようになってきたのである。

　こうして、近代中国農村経済に関する分析は、農業問題という枠内に押し込められ、あるいは、農業問題に重点が置かれ、農業問題の核心は土地問題であると見なされ、土地問題に対する分析は土地所有関係や生産関係、さらには、そこに生じた階級関係の分析へと収斂し、結果として、農村経済に関する分析は狭隘化してしまった。

　また、一方で、共産党による中華人民共和国政府の樹立と中国型社会主義の建設は、非西欧（＝アジア）の論理による近代（＝西欧ないし西欧的資本主義）の論理の超克（「近代の超克」）という議論を生み出した。ただし、このような議論は、近代あるいは西欧に対する感情的な反発に根差している面も強く、客観的かつ冷静な経済分析を欠いた、主観的な中国的社会主義（結果的には古いアジア）への礼賛に終わってしまった[4]。

　以上のような見方に対して、近代中国社会を停滞的ないし（半）封建的な社会と捉えることが、結果として、戦前には日本の中国に対する侵略に口実を与えてしまったという反省の上に立ち、近代中国社会に西欧的な近代的側面や資本主義的な意味での発展的側面を見出そうとする動きもあった[5]。このような見方は、やがて、国民政府時期の農業政策にも西欧的な「近代」的志向性を見出し、また、中国農村経済の近代化の象徴として、農民層のブルジョワ的両極

分解と農村手工業におけるマニュファクチュアの展開を検出しようとする研究の流れをも生み出していった。そして、1979年以降、文革（人民公社・自力更生）路線が否定されて改革・開放路線へ移行し、中国的社会主義を象徴する人民公社が解体されて市場経済が導入されるようになると、国民政府及びその農業政策に対する見直し・再評価の動きはより一層加速した。だが、国民政府時期に各級政府が実施した農業政策に近代的志向性を見出したにも関わらず、それが中国農村経済をも近代化に向かわせていったと見なすことに対しては否定的な研究が多く、また、他方、近代中国農村社会に農民層のブルジョワ的両極分解や農村手工業におけるマニュファクチュアの広範な展開を見出すには到らなかった[6]。

このように、旧来の西欧的な近代化ないし資本主義化を分析・評価の基準としてしまうと、それとの較差がやはり中国経済の遅れとして残ってしまう。また、農村における郷鎮企業の飛躍的発展を内発的発展論から解釈しようとする動きもあったが、これも、煎じ詰めれば、文革期における自力更生路線の焼き直しにすぎず、かつて遅れとして理解されていた非西欧（非近代）的要素を逆に西欧（近代）を超克する中国社会の特長として解釈し直すに留まってしまった[7]。

よって、近代中国農村経済の動向について、旧来の西欧的な近代化の尺度のみから説明されるべきではないことは、すでに大方の共通認識となっている。だが、逆に、近代西欧経済の発展と全く異質な論理によって近代中国経済の動向が決定されているとする見方にも賛同することができない。

さて、このような一種の閉塞的な研究状況を打破するかのように、1990年代以降には、中国固有の社会関係や社会構造に関する分析を重視する研究が現れた。

まず、小林一美は、中国農村における家産均分相続が農民の下降分解を導くと捉えている[8]。これに対して、同じように「中国では均分相続のために、土地所有でも経営でも、日本以上に零細化のベクトルが働く」と見る奥村哲は、「下降分解」論を支持せず、むしろ社会の論理からすると、「商品経済の発展・

都市経済による包摂が零細所有・経営を導く」とする[9]。

　また、小林一美らと共同で調査・研究を行なって近代華北の「ムラ」の構造と機能を明らかにしようとした佐々木衛は、日本の村と中国の村を比較し、中国の社会関係が個人的な絆からなり、中国社会の構造は集団が本質的に個人的な性格をもつところに特徴があると見ている[10]。

　さらに、1998年に自らの研究を総括した足立啓二は、「経済発展もまた、社会の段階的・類型的発展の一部として理解される必要があ」り、「社会は経済成立の基盤として、経済に対して強い規制力を持っている」とした上で、日本の村と中国のムラとの比較分析を通じて、中国を「自立的な団体規制が少なく、団体の規制力を媒介とする行政的規範能力も低い社会」と見ている。そして、農村経済との関連で言えば、「共同体の存在しない」中国「社会において、農民経営は外部経済に依存せざるを得」ず、しかも、「団体的な参入規制のない中国では、様々な雑業が副業として選択可能であり、これが極度に零細な経営を社会的に下支えし」、「零細で自己完結志向の弱い農民家族の経済」を生み出したと捉えた[11]。このような捉え方は、奥村哲や三品英憲の研究にも強い影響を与えたように思われる[12]。

　一方、上記の足立啓二とは全く対照的に、内山雅生は、民国時期における中国農村社会の実態を「共同体」というキーワードを基軸とすることで捉え直すことができるとしている。そして、中国農業の「社会主義的集団化を考察するための前提として、解放前中国の農村社会における種々の「共同労働」等に見られる社会的経済的関係の実態と意味を」探ろうとした[13]。

　以上のように、中国固有の社会関係や社会構造に関する分析を重視する研究は、経済の動向を主要に決定する要因が経済外的なもの、すなわち、社会関係に求めている点では一致している。

　筆者は、以上のような中国固有の社会関係や社会構造に関する分析を重視する見方に対しては、その重要性を認めることができるし、基本的には同意したい。ただし、中国固有の社会関係や社会構造（特に、内山雅生の注目する「共同体」）がどの程度まで中国の近代化・資本主義化を推進する力になったのか

については、やや不明瞭であるように思われる。また、社会（の在り方）が経済に対して強い規制力を持っていたと力説する足立啓二の研究は、中国の近代化・資本主義化を説明するというよりも、結果的には、「封建性」の欠如していた中国が日本に比して近代化・資本主義化に後れをとった事情を説明することに重点を置いているように見える。

　よって、本稿では、農村経済構造に着目することによって、あくまでも生産過程の分析に基軸を置くことに固執して、中国経済近代化の論理を見出したいと考えている。近代中国農村経済は、非常に多様であり、一見すると無秩序に雑居しているようにも見えるが、多種多様な生産パターンが相互に密接な関連性を持ちつつ共存している地域間分業構造を形成していた。本稿は、このような地域間分業構造を形成しながら、各地域に多様な農村経済を生み出し、相互に関連し合っている状態を農村経済構造と捉えている。

　本稿全体を通じて、中国農村経済の近代化過程に見出すことができる特徴の一端とそのように近代中国農村経済を特徴的に展開せしめた事情を明らかにし、それによって旧来の西欧モデルを基準とする近代史像を再検討し、中国近代史像の再構築につなげるための第一歩としたい。すなわち、資本主義的農業の展開の有無や農村経済がどの程度まで資本主義的だったのかではなく、資本主義化へ向かう流れの中で農村経済がいかなる状況にあり、それがどのように変動しつつあったのか、あるいは、旧来の近代化論の枠組では捉えきれない部分をどのように近代化過程の中に位置付けるのかを考える第一歩としたい。それは、近代の基準・価値観そのものの捉え直しであり、さらには、近代の相対化をも意味することになると考えている。

　以上から、本稿執筆の主要な目的は、近代中国農村経済構造がいかに形成され、また、変容したのかを分析することによって、その近代化過程の中での位置付けを明らかにすることにある。

## 2　構　成

　本稿は、これまでにすでに発表した拙稿に加筆・修正を行なった部分（第1編第1章〜第5章）と今回全く新たに書き下ろした部分（第2編第1章〜第6章）とから構成されており、第1編各章の初出は以下の通りである。

　　第1章＝「災害から見た近代中国の農業構造の特質について——1934年における華中東部の大旱害を例として」（『近代中国研究彙報』第19号、1997年3月）。
　　第2章＝「抗日戦争前における浙江省の稲麦改良事業について」（広島史学研究会『史学研究』第214号、1996年10月）。
　　第3章＝「中国農業近代化に対する抵抗——1920〜30年代浙江省の蚕種改良事業に見る」（『社会経済史学』第59巻第2号、1993年7月）。
　　第4章＝「1930年代における浙江省の棉花改良事業について」（『社会経済史学』第62巻第5号、1997年1月）。
　　第5章＝「20世紀前半中国におけるアメリカ棉種の導入について」（『歴史学研究』第695号、1997年3月）。

　本稿は、近代中国農村経済を構成する諸要素を網羅的に検討し、その関わりを分析するという手法を採らない。華中東部農村経済は主要には農業と手工業から構成されていると捉え、第1編では農業特に品種改良を、また、第2編では手工業特に土布業（在来手工制綿業）を取り上げる。各章の概略は以下の通りである。
　まず、第1編では、第1章は農村経済構造の地域的な差異が旱魃による被害程度に反映していたことを論じる。また、第2章〜第4章は、農業近代化の一環として1920〜30年代の浙江省において実施された稲麦・繭・棉花の品種改良事業を分析し、改良種の受容に対する農民の反応が農村経済構造とどのように

関連しながら展開していったのかを論じる。そして、最後に、第5章は、中国の全国各地におけるアメリカ棉種の受容状況について検討し、第4章で論じたことが中国全域に当てはまることを確認する。

　また、第2編では、土布業を農村経済構造の中に位置付けて考察することに留意し、第1章は、土布業を中心に農村手工業に関する研究の流れを追う。次いで、第2章〜第5章は、華中東部に位置する上海市（第2章）・蘇南（第3章）・蘇北（第4章）・浙江省（第5章）における土布業の動向に対する分析を中心に据え、農村経済の近代化がいかなるものだったのかを農村経済構造の地域的特質及びその差異に着目しながら論じる。最後に、第6章は、20世紀初頭の江南農村を中心に土布業に代替して新たに興った農村手工業の動向を探る。

　よって、第1編と第2編を通底するのは、農業・手工業生産が有する経済的意味は、農村経済構造の中に位置付けることで始めて明らかになるという捉え方である。

　ただし、本稿は、もとより近代中国農村経済を全国的・全面的かつ網羅的に論じようとしたものではない。また、かつての生産関係や階級関係の分析を重視する階級闘争史観や主要には西欧近代化モデルを基準とする発展段階論、あるいは、不十分な統計しか残されていない農家経営の実態に対する分析によっては、中国農村経済の動態構造を必ずしも十分には捉えきれないと判断し、あえて農村の生産関係・階級関係や農家経営の実態に対する分析を捨象した。そして、分析の対象地域を主に華中東部に限定したのは、単に当該地域が中国の中で最も早くから商品経済の広範な展開が見られた経済的先進地域だったからだけではなく、農村経済の実態や動態に関わる史料や統計が他の地域よりも比較的多く残されており、しかも、それらの入手も比較的容易であり、そして、何よりも、近代になって農村経済において多様な変化が見られ、農村経済構造の動態を捉えやすいと考えたからである。

　なお、本稿中では煩雑さを避けるために一切の敬称を省略したが、この点については予めご寛恕願いたい。また、文献・資料・史料なども含め、漢字の旧字体は基本的には新字体に改めた。

序論

注
(1) 国民政府時期における農村経済の危機的状況と再建事業については、拙著『近代中国農村経済史の研究——1930年代における農村経済の危機的状況と復興への胎動——』金沢大学経済学部研究叢書12（金沢大学経済学部、2003年3月）を参照されたい。
(2) 全国経済委員会や農村復興委員会が形式的なものではなく、農村経済建設において実質的な役割を果たしていたことは、その性格も含めて、川井悟「全国経済委員会の成立とその改組をめぐる一考察」（『東洋史研究』第40巻第4号、1982年3月）、及び、井上久士「農村復興委員会の組織とその農村調査」（小林弘二編『旧中国農村再考——変革の起点を問う』アジア経済研究所、1986年）が詳しく論じている。
(3) 中国統一化論争に関連する重要な論文を収めた資料集として、アジア経済研究所調査企画室『「中国統一化」論争資料集』アジア経済研究所所内資料（アジア経済研究所、1971年）がある。なお、奥村哲「日本における中国近現代経済史研究の動向（Ⅱ）——資本主義関係の諸問題」（『新しい歴史学のために』第170号、1983年3月）が中国統一化論争について言及・指摘した内容は参考にすべき点が多い。
(4) 「近代の超克」論の概略を知ることができる著書として、河上徹太郎・竹内好ら著『近代の超克』（冨山房、1976年）があり、また、中国により引きつけて言えば、竹内好『方法としてのアジア』（創樹社、1978年）や同『近代の超克』（筑摩書房、1983年）がある。
(5) 野沢豊「「中国統一化」論争について」（『「中国統一化」論争の研究』アジア経済研究所、1971年）。
(6) 国民政府時期を中心とした中華民国時期における農村経済の実態・動態及び農業・農村政策に関する従来の研究については、拙稿「農業史」（野沢豊編『日本の中華民国史研究』汲古書院、1995年）を参照されたい。
(7) さしあたり、鶴見和子「アジアにおける内発的発展の多様な発現形態——タイ・日本・中国の事例」（鶴見和子・川田侃編『内発的発展論』東大出版会、1989年）、宇野重昭・朱通華編『農村地域の近代化と内発的発展論——日中「小城鎮」共同研究』（国際書院、1991年）を参照されたい。
(8) 小林一美「家産均分相続の文化と中国農村社会」（路遙・佐々木衛編『中国の家・村・神々——近代華北農村社会論』東方書店、1990年）。
(9) 奥村哲「民国期中国の農民層分解をめぐって」（『（東京都立大学人文学部）人文学報』第238号、1993年3月）。

⑽佐々木衛「前言」(路遙・佐々木衛編『中国の家・村・神々——近代華北農村社会論』東方書店、1990年)。佐々木衛『中国民衆の社会と秩序』(東方書店、1993年)「第1章 日本の村と中国の村——比較社会論の試み」。

⑾足立啓二『専制国家史論——中国史から世界史へ』(柏書房、1998年)。なお、同書は、本稿に取り上げた内容からすれば、同「中国における近代への移行——市場構造を中心として」(中村哲編『東アジア専制国家と社会・経済——比較史の視点から』青木書店、1993年)が基礎になっている。

⑿奥村哲「民国期中国の農民層分解をめぐって」(『(東京都立大学人文学部)人文学報』第296号、1999年3月)、同『中国の現代史 戦争と社会主義』(青木書店、1999年)。三品英憲「近代中国農村研究における「小ブルジョワ的発展論」について」(『歴史学研究』第735号、2000年4月)。ただし、奥村哲「民国期中国の農村社会の変容」(『歴史学研究』第779号、2003年9月)は、足立啓二・前掲書『専制国家史論』に対する谷川道雄による批判(「中国社会の共同性について」『東洋史苑』第58号、2001年)を援用しながら、足立啓二の見方に対する問題点も指摘している。

⒀内山雅生『現代中国農村と「共同体」——転換期中国華北農村における社会構造と農民』(御茶の水書房、2003年2月)。なお、同書のうち、中華民国時期に関する捉え方は、内山雅生『中国華北農村経済研究序説』金沢大学経済学部研究叢書4(金沢大学経済学部、1990年)の延長線上にある。

# 第1編　農村経済構造と品種改良事業

——浙江省を中心として——

# 第1章 1934年の大旱害に見る地域差

## は じ め に

　華中の東部は、1931年に長江の大氾濫に見舞われた後、1934年には未曾有の大旱魃に襲われ、同年7月中旬の実業部中央農業実験所の報告によれば、被害は江蘇・浙江・湖北・河北・安徽・陝西6省に及んだ。また、同年8月初めに発表された推計による損失は、浙江省が1億9,750万元で最も多く、次いで江蘇省が1億8,000万元で、全国では合計約23億元に達し[1]、最も被害がひどかった浙江省は被災者が800～900万人に達した[2]。

　自然災害が自然的条件によって大きく影響されることは言うまでもないが、その被害程度は人的・社会的条件によって異なってくることもしばしば目の当たりにする。1937年以前に中国で発生した災害について網羅的に紹介した鄧雲特『中国救荒史』は、災害の原因を自然的条件だけではなく、社会的条件に重点を置いて分析している点に特長がある[3]。

　本章では、上記の視点に学びながら、1934年の旱害で浙江省の被害が最も深刻だったのは、同省の農村経済構造と密接な関係があったという視点に立ち、同省の被災状況と民衆の反応、各級政府の措置、華中東部の米事情について探り、被害状況が農村経済構造の一面を反映していたことに言及したい。そして、以上の分析を通じて、次章で述べる浙江省稲麦種改良事業が食糧増産を目指して1935年から本格的に展開された直接的な事情をも知ることができると思われる。

　なお、浙江省は、旧杭州府と旧湖州府西部を浙西、旧嘉興府と旧湖州府東部を浙北、旧紹興・寧波・台州府を浙東、旧処州・温州府を浙南と呼ぶことがあるが[4]、本稿では、農村経済の特徴から、旧湖州・嘉興・杭州府を浙西、旧紹興・寧波府を浙東、その他の旧厳州・衢州・処州・温州・台州・金華府を浙南

16　第1章　1934年の大旱害に見る地域差

地図　浙江省

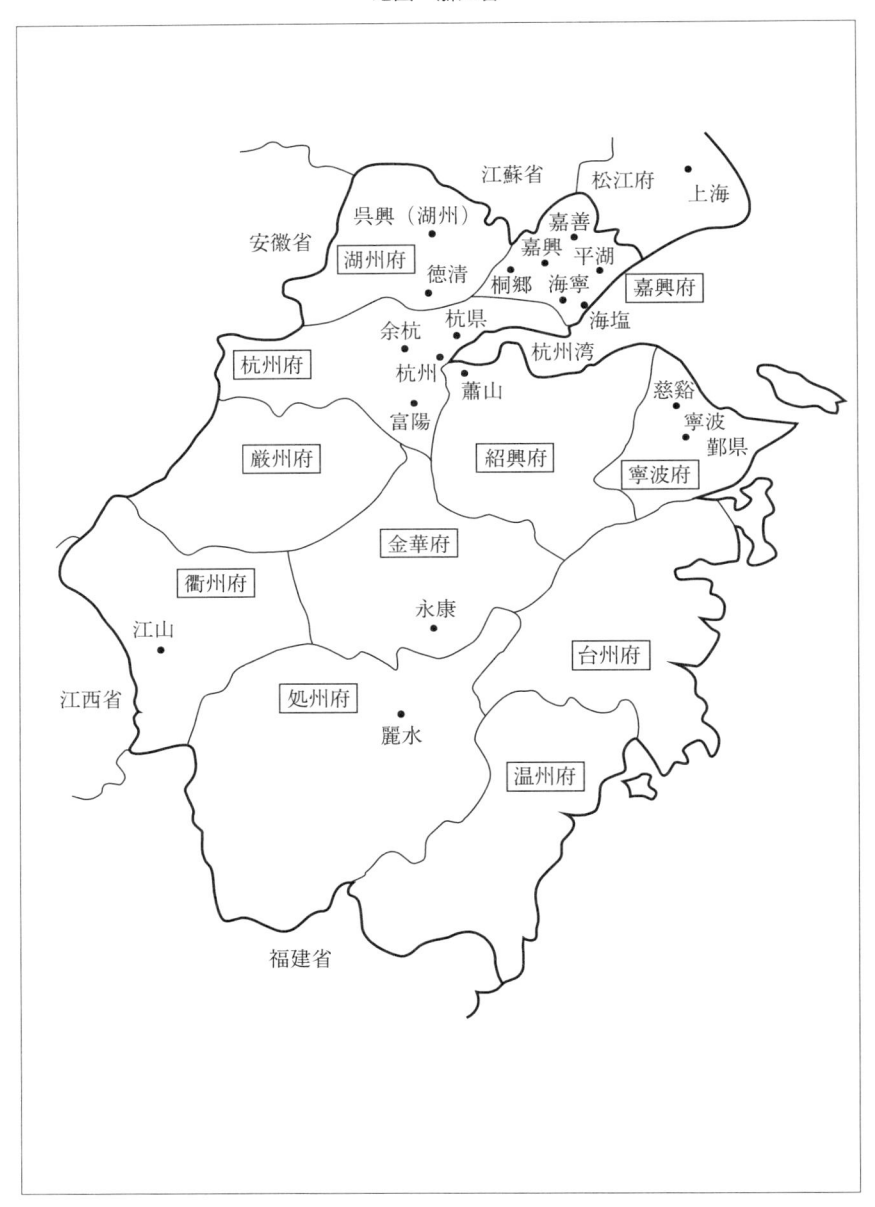

と区分することにする（地図を参照）。棉花の適作地だった旧寧波府北部を除く浙西・浙東は、宋代には米産地として知られていたが、明代後期頃から養蚕・蚕糸業が盛んになった。こうして、自給（自家消費）用の食糧生産をも犠牲にしながら、旧湖州府を始めとして旧杭州・嘉興・紹興府では養蚕・蚕糸業が盛んになったのに対し、旧寧波府を始めとして旧紹興・嘉興府では棉作・土布業が盛んになった。

## 1　旱害の惨状

　浙江省の中で旱害が最もひどかったのは旧杭州・嘉興・湖州府の各県、特に海寧・余杭・徳清3県だったとされている。このうち、海寧県は、被災地が全県75.8万畝余りのうちの75.7万畝余り、被災者が全人口36.4万人余りのうちの31.7万人余りに達し、特に袁花区では路上に餓死者が溢れた。また、杭県は、被災地が全県140万畝余りのうちの63万畝弱、被災者が全人口39.3万人余りのうちの29万人弱に及んだ。7月22日に相当量の雨が降った寧波一帯とは違って、雨量の少なかった浙西では河川が涸れて汲水もできず、作物が全て枯れ、農民の大部分は食物もなくなった。例えば、嘉興県では数ヶ月も雨が降らず、水田に亀裂が入って播種できなかった農地が6～7割を占め、早稲は螟虫にやられ、また、杭州市では飲料水が不足し、農地は亀裂が入り、最高気温が7月中旬には44.4度となり、7月上半期に日射病で70～80人が死亡し、嘉善県でも7月中旬に最高気温が43度を超え、暑さで多数の死者が出た。さらに、蕭山県でも川が涸れ、飲料水が汚れて疫病が流行し、7月2～6日だけで70人余りが死亡した[5]。

　このような厳しい状況下で激しい動きが見られた。嘉興県では7月19日に第6区の農民3,000人余りが区公所に凶作を訴えに来て、その中の500～600人は区長が身を隠したので区公所助理を連れて県政府に徴税停止と穀物倉庫開放を求めたのに対し、県政府は警察大隊と基幹隊を出動させ、県長が被災状況視察と適切な処理を約束して農民を退去させたが、食糧が底を尽いた第5区の郷民

1,000人余りが県城に赴き、免税・貯蔵穀物配給・実地調査を要求し、飢餓が切迫していた郷民が県長に昼食を要求し、警察隊や基幹隊に前進を阻まれると大礼堂を破壊した[6]。また、平湖県では7月初旬に観音像を担いで県政府にやって来た乍浦の農民1,000人余りの求めに応じ、県長は雨乞いを行ない、お布施として金を与え、子供3人を神への生け贄とし、下旬には土偶を担いで県政府に押入った者らが県長に雨乞いを求めたが、雨乞いの効果が無かったので、県政府は屠殺禁止を継続した[7]。

　鄞県横漲橋の老婦は日照りで収穫が絶望的だと考えて雨乞いのために投身自殺し、また、寧波通商銀行副銀行長兼恒生銭荘支配人の夫人も、仏教を深く信仰し、人民が旱害に苦しんでいるのに鑑み、雨乞いのために投身自殺した。また、蕭山県では水田が干上がって亀裂が入り、農民が汲水で殴り合いとなり、絶望した老婦が投身自殺し、また、夫に先立たれた東門外金家浜の農婦は苗が枯れたので廟で雨乞いをしたが、雨が降らず、縊死し、さらに、西周の老人は8月初めに長男が水汲みで過労死し、残された幼児を数日間助けたが、農産物が全て枯れたため絶望して服毒自殺した。さらに、嘉善県では士紳や仏教会が雨乞いを行なったが、雨が降らず、7月以降、飢餓民が追い剥ぎとなり、あるいは、縊死し、投身自殺し、また、穀物が枯れて万策尽きた戴家橋の一家が毒草を食べて心中した[8]。

　このように、多数の自殺者が出る一方、米騒動も発生した。嘉興県王店鎮では7月下旬に同県第6区の郷民2,000人余りが数軒の米穀店から米・雑穀を奪ったため、同鎮の名士が説得に応じなかった少数の貧農に米2升ずつを与えて退去させ、施粥廠を設けたが、8月下旬には米を売りに行った新塍鎮の米穀店が大勢の飢餓民に米を奪われ、団警が威嚇発砲して農民1人が被弾すると、数百人の郷民が米穀店から米を奪い、海寧県硤石鎮では66才の老農が首謀者となって米騒動を起こした。また、桐郷県濮院鎮・屠甸鎮では災害が特にひどく、貧農は穴を掘って水を飲み、麦の挽き殻を食べて飢えを凌いでいたが、飢饉は日増しにひどくなり、被災民が野に満ち、屠甸鎮や石湾鎮の老婦が続々と県城にやって来て米を強奪し、県城でも川が涸れて飲料水が不足してパニックが発生した。

さらに、収穫が平年の約2割だった江山・永康・富陽の3県でも8月に食糧パニックが起き、杭県臨平では窮民が資産家宅に押掛けて座食し、また、蕭山県浦沿では被災民200人余りが米店から米を強奪し、同じ頃、嘉善県でも迤南感塘地方の貧農100人余りが米を略奪し、大雲寺南部でも米が奪われた。そして、8月には水を巡って乱闘騒ぎも起こった。蕭山県東門外郎家浜では汲水場を争って乱闘となり、また、第4区小湖孫の孫元柱らは堤防を築いたが、これを飲料水としていた隣村の郷民が築堤をやめさせようとして1,000人余りが乱闘となった[9]。

　8月下旬、連日、慈谿県相顗沓・明山の農民1,000人余りや金川郷の農民代表が県政府に凶作の救済を請願し、蕭山県小泗埠・赫山塢の郷民は県政府に減免税を請願した。そして、9月以降、飢餓民が各地を彷徨い歩いた。特に嘉興県第5区は被災が酷く、農民が乞食となって県城に入り込み、9月初旬に士紳が施粥廠を設けると、10月には県城に飢餓民数百人が集まり、施粥を停止した後も、被災民が3万人以上に膨れ上がった嘉興県第5区や桐郷・海塩・海寧から乞食2,000～3,000人がやってきて、嘉善県西門外にも乞食が桐郷・崇徳・石門湾・屠甸寺・嘉興から集まり、11月になっても蕭山県城には乞食が続々と入ってきた[10]。

## 2　政府の対応

(1)中央政府

　1934年7月17日、実業部が行政院に提出した旱災救済弁法草案の概要は、①旱災救済弁事処を設立する、②防旱経費は100万元とする（種子購入・配給費80万元、事務費20万元）、③職務内容は、晩種短期生長作物の栽培指導と種子供給、被災調査と保水・取水・灌漑の指導、冬季作物の栽培奨励と種子分配、県救旱緊急組織の設立と水利事業の督促、被災地の食糧調整と食糧価格の平準化、醸造禁止とする、④救済実施範囲を江蘇・浙江・安徽3省とするというものだったが、21日の行政院臨時会議では、連日の降雨で旱災救済弁事処の必要

なしと判断され、これに代わって糧食運銷局を設立し、江蘇・浙江・安徽3省政府の工賑（貧民救済の公共事業）計画作成が決議された。ところが、行政院は工賑経費を1,000万元と見積もったが、実際は浙江省の2,800万元を最高に計約6,000万元になると報告された[11]。

そして、食糧調整に関しては、在庫米を調査し、実際の需要を見て中央銀行が貯蔵穀物を貸付けるとともに、外国米買付けが必要か否かを考え、財政部が1,200万元を支出して種子を購入することになった[12]。8月初め、全国経済委員会が糧食統制委員会を組織し、食糧の生産・販売・輸送と租税法の調査を計画するとともに、食糧輸出入額統計を作成し、食糧統制に向けて動き出し、24日、財政部・内政部・実業部・鉄道部の代表が糧食管理条例の買占め・売惜しみ徹底調査処分条項を詳細なものにし、中央政府は各省市政府に食糧備蓄を命じ、穀物の款項からの流用を禁じ、銀行界に食糧担保貸付を増やすように勧め、食糧調整費400万元を支出して全国8ヶ所に1年以内に倉庫を建設することにした[13]。

一方、行政院長の汪精衛は、7月29日、江蘇・浙江両省政府主席と上海市長に対して、雨乞いは単に迷信であるばかりでなく、仰々しくやっているので、速やかに禁止するべきだとし、事実上の雨乞い禁止令を発した[14]。こうして、杭州市では8月2日から再び屠殺を禁じて雨乞いを行なおうとしていたのを停止させたが、余姚県では小学校長兼党部常任委員が8月中旬に農民の雨乞いをやめさせようとして逆に怒りを買い、1,000人余りの農民に撲殺された[15]。政府が雨乞いを禁止しようとした背景には、雨乞いの儀式が暴動につながりかねないという危惧があったと考えられるが、雨乞いを禁じても社会は安定しなかった。

中央政府の工賑や食糧統制が相当の効果を生むには多くの労力・時間と巨額の資金を必要とし、その全てを支出することは不可能で、具体的な救済はほとんど省政府に任された。

(2)地方政府
㊀省政府
浙江省政府は7月5日に臨時防旱弁事処を設立し、旱害救済工作の進行計画

を立てて各県にも防旱弁事処を設置し、9月初めまでの約2ヶ月間に、省臨時防旱弁事処は以下の3つの救済措置を取った。第1は、杭州発電所のモーターを汲水ポンプに取付け、銭塘江から上塘河に吸水して杭州市や杭県を経て海寧県に送水し、艮山門外発電所のモーター付ポンプを小橋頭に移して汲水し、蕭山県聞家堰・曹娥江にディーゼルエンジンを取付け、また、7月末に大型揚水ポンプを購入して取付けて8月2日に銭塘江から西湖・運河・内河に大規模に取水して浙西各地を灌漑することを決め、海塩・平湖・嘉興・嘉善・桐郷の県長を召集して泖河の浚渫を話し合った。第2は、7月16日、杭県・嘉興・嘉善・平湖・崇徳・海寧・徳清・余姚・慈谿の県長を召集し、銭塘江・曹娥江から取水した水の分配を話し合い、揚水ポンプを24県に分配した。第3は、各県に秋蚕を大量に飼育するように命じ、賑災公債30万元を担保に銀行から22万元余りを借り、秋蚕種50万枚を購入して分配し、旱害に強い蕎麦の種子8,000石余りを購入して分配した[16]。

省建設庁長の曾養甫は、8月21日、①工賑によって貧農の被災者を救済し、200万元以上の米穀を購入し、不足分は全国経済委員会からアメリカ小麦を借入れる、②米価を抑制し、外国米を買付けて分配する、③食糧を統制するという救済原則を決めた[17]。

8月下旬、省政府は豊作だった温州・台州から500万石の米を買付け、米不足に陥っていた県に輸送し、それでもなお不足する分は福建省から買付けることにし、①各地の河川・運河を浚渫する、②冬季に大量に小麦を播種して次年度春の飢饉に備える、③米を買付け、約25万元で5大倉庫を設立し、米各10万担を備蓄し、平糴を行なうことにした[18]。そして、省建設庁は、1935年度の工賑計画を立て、200万元を支出し、灌漑・排水・開墾に100万元、築路に60万元、農業に40万元（蚕桑15万元・綿業12万元・稲麦8万元・森林5万元）を配分した[19]。

以上、江浙両省政府は旱害対策として水利事業ばかりでなく、農業改良事業も実施した。

(二)県市政府

各県市政府は郷民の請願運動を受け、具体的な救済措置を取ることを余儀な

くされた。

　杭州市政府は7月下旬に発電所から揚水ポンプを借りて運河から内河に汲水するとともに西湖の水門を開放したが、8月中頃に西湖が涸れたのを機に西湖の浚渫計画を立て、杭州市防旱会は31日に救災会に改組され、市内13ヶ所に倉庫を設立し、9月16日から平糶を行なうことにした[20]。また、嘉善県政府は7月12日に防旱緊急会議で汲水用水車の購入と大雲・張匯の2区から汲水を着手することを決め、16日に米価吊上げに対する取締りを米業公会に命じ、9月25日の救済善後会議で工賑・築堤・浚渫経費10万元、華亭塘の浚渫、食糧20余万石の分配を決めた[21]。さらに、7月下旬には紹興県政府が第3区の灌漑のために曹娥江の水門開放を計画し、海寧県では県旱患救済会が杭州発電所から借りたモーターで銭塘江から内河に取水して灌漑し始め、また、9月7日の県旱災賑済会会議で県政府に50万元の借款による緊急救済、河川の浚渫による工賑の実施を要求することを決めた[22]。

　10月になって、桐郷県長が県農民借貸所に3,000元を支出させ、継続して特種農民貸付を行なって被災のひどい貧農を救済したいと申立て、省建設庁の許可を得た。また、嘉興県では、10月12日、救災委員会が成立し、寄付金を募り、平糶を行なうことを決めた[23]。

　以上、各地の県市政府の採った措置が、救済策としては決して根本的なものとは言えず、どれほど効果があったのかは疑問だが、県政府の独力で実施されたというよりも省政府のそれとかなり密接な関連性を持っていた。それは、見方を変えれば、被災が県政府レベルで対処できる程度をはるかに超えていたことを意味していた。

## 3　華中東部の米事情

　華中東部の江蘇・浙江・安徽・江西4省は主要な産米地で、例年の生産量は全国の約4割を占めていた[24]。表1を見ると、1934年の華中東部4省の産米量が平年のほぼ半分に落ち込んだことから、旱害の激しさが窺い知れる。ただし、

3 華中東部の米事情　23

表1　華中各省のうるち米生産量
(単位：万担)

| 年　度 | 浙　江 | 江　蘇 | 安　徽 | 江　西 | 4省合計 |
|---|---|---|---|---|---|
| 1914 | 3,231 | 2,695 | 1,352 | 8,458 | 15,736 |
| 1915 | 3,586 | 2,921 | 5,241 | 8,789 | 20,537 |
| 1916 | 4,886 | 3,074 | 2,786 | 8,595 | 19,341 |
| 1918 | 3,956 | 3,825 | 2,996 | 8,553 | 19,330 |
| 1924～29 | 8,593 | 8,588 | 7,023 | 9,990 | 34,194 |
| 1931 | 7,868 | 5,181 | 4,235 | 5,877 | 23,161 |
| 1932 | 9,081 | 7,886 | 4,567 | 6,237 | 27,771 |
| 1933 | 7,557 | 9,364 | 4,889 | 7,183 | 28,993 |
| 1934 | 4,770 | 6,376 | 2,267 | 2,952 | 16,365 |
| 1935 | 8,470 | 9,441 | 3,224 | 7,294 | 28,429 |
| 1936 | 8,723 | 10,612 | 5,500 | 8,447 | 33,282 |
| 1937 | 8,203 | 10,069 | 5,507 | 7,700 | 31,479 |

典拠)　許道夫編『中国近代農業生産及貿易統計資料』(上海人民出版社、1983年) 23～39頁・54頁。

図1　嘉興米市・硤石米市

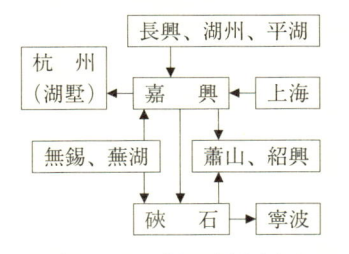

```
            長興、湖州、平湖
               │
杭　州          ▼
(湖墅) ──→ 嘉　興 ←── 上海
               ▲
無錫、蕪湖 ──┤├── 蕭山、紹興
               ▼
            硤　石 ──→ 寧波
```

典拠)　笠原仲二「嘉興米市慣行概況」(『満鉄調査月報』第22巻第3号、1943年3月)、笠原仲二「硤石米市慣行概況」(『満鉄調査月報』第22巻第1号、1943年1月)より作成。

図2　杭州米市

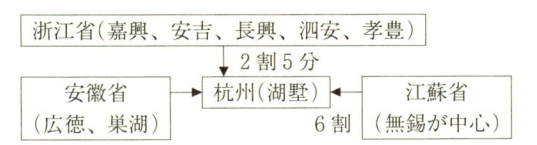

```
浙江省(嘉興、安吉、長興、泗安、孝豊)
              │
           2割5分
              ▼
安徽省      杭州(湖墅)      江蘇省
(広徳、巣湖) ──→     ←── (無錫が中心)
              6割
```

典拠)　笠原仲二「杭州米市慣行概況(上)」(『満鉄調査月報』第23巻第9号、1943年9月)より作成。

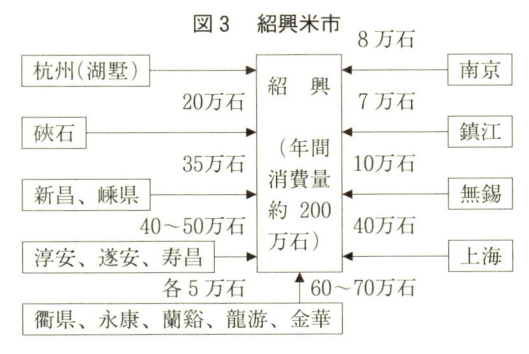

図3　紹興米市

```
杭州(湖墅)              8万石    南京
       ──20万石──→ 紹　興 ←──
硤　石                 (年間    7万石    鎮江
       ──35万石──→  消費量 ←──
新昌、嵊県              約200    10万石    無錫
       ─40～50万石→  万石)  ←──
淳安、遂安、寿昌                 40万石    上海
       ──各5万石──→       ←──
衢県、永康、蘭谿、龍游、金華  60～70万石
```

典拠)「安徽、江蘇、浙江、江西四省米穀運輸過程の検討」(『満鉄調査月報』第20巻第2号、1940年2月)より作成。

図4　寧波米市

```
湖南       安徽
     約50% │
江蘇 ──→ 寧波 ←── 台州
           ▲       温州
江西  約30% 約20%
```

典拠)　図3に同じ。

24　第 1 章　1934年の大旱害に見る地域差

江蘇省では長江の氾濫があった1931年の産米量が1936〜37年のほぼ半分で、江西省は囲剿戦も大きく影響したと思われるが、浙江・安徽・江西 3 省では1931年よりも1934年の産米量が一層低い。

さて、浙東の寧波・紹興の米市には浙南から多くの米が流入していたが、杭州（湖墅）・嘉興・海寧（硤石）の浙西の米市には省外からの移入米が多く、その移入先は上海市や江蘇省無錫が中心で、安徽省蕪湖がこれに次ぎ、さらに、一部は長江中流域の江西・湖南両省だった（図 1 〜図 4 を参照）。そもそも、浙江省を除く華中東部各省における例年の移輸出米量は、江蘇省が300万石以上、安徽省が700〜1,000万石、江西省が500〜600万石だった[25]。1935年の調査によれば、浙江省の需要米穀は全て無錫の供給に仰いでおり、しかも、安徽米が平均して無錫米穀取引の半ばを占めていた[26]。すなわち、安徽は無錫米市にとって最大の仕出地で、浙江省は最大の仕向地だったが、表 1 から各省の産米量を見れば、1934年は各省に浙江省への米移出余力はなかったと言わざるをえない。中国で最大の米移出力を持つ安徽省蕪湖でさえ 8 月 7 〜30日には米穀の移出停止が決議されたのである[27]。

7 月中旬、食糧パニックや米騒動が発生することを懸念し、外国米の輸入に積極的だった上海市豆米業同業公会主席の顧馨一は、農村復興委員会に対し、75万石の外国米買付けを免税にして米価を安定させ、輸入時に 1 石につき 1 元を徴税して食糧運銷公司の設立費とすることを請求した。だが、上海市の米穀商人は、中国米に比べて 1 石当たり 2 〜 3 元安いラングーン米を50万石買付ける計画を立てたものの、1934年の米価高騰が米不足のためではなく、産米地の河川が涸れて米を輸送できなくなっただけで、しかも、7 月中旬〜下旬に雨が降ったので外国米買付けの必要性は無くなったと見なすようになった[28]。

こうして、上海市の雑糧号業同業公会は、7 月23日、臨時執監委員会を召集し、外国米買付け制止を決議した。と言うのも、前年の1933年は豊作だったので備蓄が充分で、凶作・飢饉の危険な状態には至っておらず、湖南・湖北・江西・安徽の主要な産米地では伝えられているほど旱害は酷くなく、最近、雨が降り、平均で 7 割以上の収穫が見込め、しかも、米価は決して高くはないので、

外国米を買付ければ、穀物価格が下落して農民に打撃を与えるからだとしている。また、長沙市商会も上海市商会に打電し、外国米輸入税免除の審議に反対することを表明した(29)。

さらに、呉県防旱委員会が食糧不足の解決のために外国米買付け計画を議決して呉県政府に外国米輸入税の取消しを要求したのに対して、蘇州の米穀業者らは外国米輸入税の取消しが同税成立時のことと矛盾してしまうし、外国米輸入が農村経済に与える影響も大きいとして反対した(30)。このように米穀商人が各地の在庫米が多いことを口実に外国米買付けに反対していることに対し、7月下旬、顧馨一は商人が在庫米の買占め・売惜しみをして利益を得て貧農を苦しめていると厳しく批判している(31)。

結局、7月末、上海市豆米業同業公会は全体大会で外国米買付けの中止を決議したものの、8月に再び日照りで米価が高騰すると、上海市の銀銭業者と米穀商人が合計40万石余りの外国米を買付けることにした。ただ、上海市豆米業同業公会は緊急会議を開き、将来外国米が市場に溢れると農民の生計を脅かしかねないということを口実に、上海市社会局に対して外国米買付けの登記と数量制限を求めたため、8月中はとりあえず10万石の外国米が輸入されることになった。ところが、8月中旬には外国米の輸入量が100万石を超え、蘇北一帯が豊作となり、各地で新米が出回り始めたため、米価の高騰は収まり、外国米の輸入量が減少した。そして、8月下旬に再び暑さが厳しくなると、米価も高騰したので、28日に上海市の糧食委員会は糧食会議を開き、再度米価を制限することにした(32)。

以上のように、上海では、外国米を緊急輸入するか否かで二転三転したが、問題とすべき点は、浙江省を中心に米不足に陥っていたにもかかわらず、米商人の反対によって外国米の輸入が遅れたことである。このことが、米不足によるパニックを一層深刻なものにした。特に米不足が深刻だった浙江省は非常に苦しい状況に置かれた。

## おわりに

　1934年の旱害が最もひどかったのは、経済的に比較的豊かな杭州湾沿岸平野部であり、これに次いだのが上海を含む蘇南だった。浙西の蚕糸業と浙東の綿業への特化ぶりは自給用の食糧生産をも犠牲にするほどで、常に食糧を移入米に依存せざるをえなかった。また、蘇南も蚕糸業や綿業が盛んだった。すなわち、宋代には'江浙（蘇湖）熟すれば天下足る'と言われ、湖州（呉興）を中心とする浙西は、蘇州を中心とする蘇南とともに主要な産米地だったが、明代以降は米よりも桑・繭・生糸の生産の方が収益性が高いことに鑑み、米作から蚕糸へと転化し、繭や生糸の収入で米を購入するようになり、また、砂質土の故に米作に不適で棉作のみが可能だった浙東沿海部は、自作棉花で土布を生産し、その収入で米を購入していた。

　しかし、1934年の旱害は浙江省への米の移出地をも襲い、大消費地だった杭州湾沿岸平野部への米の移入を滞らせた。しかも、このような状況に便乗して米商人が買占めや売惜しみを行なったばかりか、外国米の輸入にも抵抗したため、米不足は極めて深刻な状態に陥り、各地で米騒動を含む騒擾状態を生んでしまった。このような危機的状況に対して、各級政府は汲水・灌漑を補助し、種々の水利事業を展開し、食糧不足に対しては緊急策としての米移入や平糶を行なった。だが、当時の各級政府にこれらの事業や措置が一定の成果を上げるために必要とされた多額の資金を負担する財政的な余裕はなかった。それどころか、むしろ1934年の旱害による農業生産の減収が直接的に税収の落ち込みにつながり、省建設事業機関の統廃合や建設事業の抑制へ向かわせた[33]。このように事態は非常に深刻で、その場しのぎの対策では済まされない状況になっていたのである。そこで、特に被災が深刻だった浙江省では根本策の一環として1935年から稲麦種改良事業（次章を参照）が本格化し、食糧の増産が目指された。

注

本章では、『申報』は全て1934年の記事を利用したので、以下の脚注には月日のみを記すことにする。

⑴「六省報告旱荒」『申報』7月13日。「旱災損失估計」『申報』8月3日。
⑵「行政院開臨時会討論救旱事宜」『申報』7月22日。
⑶鄧雲特『中国救荒史』（生活・読書・新知三聯書店、1958年、初版は1937年11月）。
⑷《浙江省》編纂委員会編『中華人民共和国地名詞典 浙江省』（商務印書館、1988年）479頁。
⑸「浙属旱況厳重」『申報』7月16日。「浙属各県旱況」『申報』7月18日。「行政院開臨時会」『申報』7月22日。「浙四一県得雨」『申報』7月24日。「以工代賑」（『建設週刊』第129期、1934年9月13日）。「嘉興／田禾多因天旱枯萎」「杭市酷熱」『申報』7月1日。「浙省府積極進行防疫工作」『申報』7月15日。「嘉善／時疫継続蔓延」『申報』7月19日。「蕭山／時疫盛行死亡相継」『申報』7月8日。「海寧袁花区向旱災賑済会乞賑」『申報』9月20日。「葉風虎談杭県旱災概況」『申報』10月4日。
⑹「嘉興／各区紛請救済旱災」『申報』7月6日。「嘉興／六区郷民赴県告荒」『申報』7月20日。「嘉興／郷民告荒搗毀礼堂」『申報』7月21日。
⑺「平湖／愚民昇偶像求雨」『申報』7月6日。「平湖／因亢旱継続断屠」『申報』7月24日。
⑻「寧波／亢旱中老嫗捨身祈雨」『申報』7月8日。「蕭山／老嫗因天旱情急自盡」『申報』7月13日。「寧波／老婦投江祈雨救獲」「嘉善／旱災奇重農民自殺」『申報』7月16日。「蕭山／農婦因田被旱懸樑自盡」『申報』7月23日。「嘉善／郷民窮極為盗」『申報』7月29日。「嘉善／災民自尽惨聞」『申報』8月7日。「蕭山／七十老翁因旱自盡」『申報』8月10日。「嘉善／糧尽絶食全家服毒」『申報』8月23日。
⑼董直「糧食統制之検討」（『浙江省建設月刊』第8巻第2期、1934年8月）81頁。「嘉興／王店米業停市」『申報』7月24日。「嘉興／王店搶米風潮誌詳」『申報』7月25日。「浙旱依然厳重」『申報』8月1日。「談話／硤石燈会与搶米」『申報』8月2日。「浙省空前旱災」「硤石王店燈彩遊芸会仮座半凇園停止挙行声明」『申報』8月7日。「浙省桐郷旱災厳重」「蕭山／浦沿郷災民搶米」『申報』9月1日。「浙省旱災厳重」『申報』8月20日。「嘉善／四郷飢民搶米」『申報』9月2日。「蕭山／争奪戽水発生械闘」『申報』8月13日。「嘉興／新塍郷民搶米」「浙江山等県民食恐慌」「蕭山／両村争水発生械闘」『申報』8月27日。

⑽「寧波／慈西農民紛請救荒」『申報』9月2日。「蕭山／南沙一帯災情惨重」『申報』9月10日。「嘉興／飢農沿門托鉢」『申報』9月25日。「嘉興／絶糧餓斃」『申報』9月28日。「嘉興／災民求乞載道」『申報』10月7日。「嘉興／各区災民調査」『申報』10月22日。「嘉善／各処災黎紛来乞食」『申報』10月3日。「蕭山／災民紛紛来城求乞」『申報』11月13日。

⑾「行政院通過旱災救済弁法」『申報』7月18日。「行政院開臨時会討論救旱事宜」『申報』7月22日。「行政院継議蘇浙皖救旱弁法」『申報』7月25日。

⑿「行政院定今日討論防旱計画」『申報』7月31日。

⒀「経委会籌組糧食統制委会」『申報』8月3日。「経会将実行糧食統制」『申報』8月16日。「四部審査糧食管理条例」『申報』8月25日。

⒁「汪院長電蘇浙滬禁止設壇求雨」『申報』7月31日。

⒂「杭市停止断屠祈雨」『申報』8月3日。「余姚／党委阻止祈雨」『申報』8月16日。

⒃「本省防旱工作之猛進及吾人所得之教訓——農総場曾場長済寬在記念週報告」(『建設週刊』第124期、1934年8月9日)。「浙省府積極進行防疫工作」『申報』7月15日。「麦作指導人員訓練班之使命——農総場曾場長済寬在麦作指導人員訓練班開学典礼演説」(『建設週刊』第129期、1934年9月13日)。「杭州／防旱大抽水機運杭」『申報』7月28日。「浙省府通過普遍灌救弁法」『申報』8月3日。「令一区水利会召開臨時会」(『建設週刊』第127期、1934年8月30日)。「浙属旱況厳重」『申報』7月16日。「収繭人員応有認識——曾庁長対秋蚕収繭人員演説」(『建設週刊』第130期、1934年9月20日)。「浙建庁籌救済旱災」『申報』8月6日。

⒄「曾養甫謁汪面陳浙省災情」『申報』8月22日。

⒅「浙省調剤糧食」『申報』8月29日。「浙省府決定救災弁賑計画」『申報』8月30日。「浙省旱災実況」『申報』9月1日。

⒆「本庁呈省府令飭財庁撥款」(『建設週刊』第151期、1935年2月14日)。

⒇「杭州／農田得雨秋収有望」『申報』7月22日。「杭市府疏濬西湖」『申報』8月21日。「杭市定期開弁平糶」『申報』8月31日。

㉑「嘉善／法団代表晋省請領戽水機」『申報』7月13日。「嘉善／県府厳禁高抬米価」『申報』7月15日。「嘉善／全県救災前後会議」『申報』9月26日。

㉒「紹興／水旱後籌備防疫」「全浙公会縷陳防旱意見」『申報』7月24日。「紹興／財庁続又借款五十万」「紹興／亢旱不雨」『申報』8月3日。「六十年来未有奇災」『申報』9月8日。

⑵「桐郷県継続弁理特種農民放款」（『建設週刊』第132期、1934年10月4日）。「嘉興／県救災委会成立」『申報』10月14日。
⑵唐雄傑著・秋山洋造訳「安徽、江蘇、浙江、江西四省米穀運輸過程の検討」（『満鉄調査月報』第20巻第2号、1940年2月）211頁。原典は、唐雄傑「皖蘇浙署米穀運輸過程之検討」（『交通雑誌』第5巻第6〜7期）。
⑵同上、「安徽、江蘇、浙江、江西四省米穀運輸過程の検討」212頁。
⑵社会経済調査所編『無錫米市調査』（支那経済資料12、生活社、1940年）2〜17頁。
⑵「蕪米暫禁出口」『申報』8月9日。
⑵「本市新聞／顧馨一談訂購洋米理由」『申報』7月18日。「免税採購洋米」『申報』7月22日。「本市新聞／甘霖降兮禾田復甦」『申報』7月23日。
⑵「雑糧業呈請当局制止訂購洋米」『申報』7月24日。「各方面均認無採購洋米」『申報』7月28日。
⑶「蘇州／反対取銷洋米進口税」『申報』7月29日。
⑶「本市新聞／顧馨一発表訂購洋米意見」『申報』7月25日。
⑶「本市新聞／豆米業公会昨会臨時大会」『申報』7月31日。「米価連日飛漲」『申報』8月7日。「米商期待洋米」『申報』8月9日。「新穀登場洋米将到」『申報』8月16日。「本市新聞／社会局挙行登記後洋米進口漸減」『申報』8月18日。「天時亢旱米価続漲」『申報』8月25日。「本市新聞／昨日秋陽肆虐」「本市新聞／亢旱急需食糧」「本市新聞／市社会局再開糧食会議」『申報』8月26日。「糧食委員会限制米価」『申報』8月29日。
⑶「本庁実行緊縮」（『建設週刊』第130期、1934年9月20日）。

# 第2章　稲麦種改良事業

## はじめに

　近現代中国で食糧問題が深刻な問題として認識され、食糧の自給化が本格的に追求され始めたのは1930年代になってからだったが、中国で出版された食糧問題に関する近年の著書は1937年以前の稲麦種改良事業を全く取り上げていない[1]。

　もとより、食糧問題の解決策には、食糧の増産を図る以外にも、流通を改善する方法や酒の醸造を制限して消費を節約する方法もあった[2]。実際、1930年代の浙江省でも、米の流通の改善や統制による食糧不足の解決を図る動きがあり、後者のような方策を強く支持する立場から、前者のような食糧の増産を目指す方策が成果を収めるためには多くの経費を要するので困難だと指摘されていた[3]。確かに、可及的速やかに食糧不足を解消するには、後者のような方策は緊急避難策としてはひとまず有効だったかもしれない。だが、食糧の自給化という長期的目標から考えれば、前者のような方策は、多くの経費と時間を要する上に様々な困難をも伴うことが予想されるとは言え、より根本的な方策だった。

　そこで、本章では、浙江省が有数の産米地でありながら、米不足が常態となり、米を移入せざるを得ず、しかも、前章で述べたように、1934年の大旱魃が同省に甚大な被害をもたらしたことから、食糧増産のために稲麦種改良事業を実施した浙江省を事例として取り上げ、食糧生産の状況と改良事業がいかなる成果と問題点を残したのかについて考察したい。

## 1　米麦生産の動向

(1)米

　浙江省は、中国の中で産米量の多い7省（他に江蘇・安徽・江西・湖南・湖北・四川）の1つに数えられる[4]。1924～37年の年平均稲作面積（うるち米のみ）は2,000万畝余りで、また、生産量は、34年の旱害による極端な落ち込みを除けば、1億担（約500万トン）弱で（表1を参照）、1931～33年には全国の約10％を占めていた[5]。

　32年と33年を例として各県の稲作状況を見ると、まず、32年は浙東の紹興・諸暨・鄞県、浙西の呉興・嘉興・海塩、東南部の臨海・永嘉・黄岩で稲作面積が広く、一方、東南部の楽清・永嘉・臨海・平陽、浙東の紹興・鄞県、浙西の嘉興・呉興・長興で産米量が多かった（表2を参照）。また、33年は浙東の紹興・余姚・諸暨、浙西の嘉興・長興・呉興、東南部の臨海・黄岩で稲作面積が広く、一方、浙東の紹興・余姚・諸暨、浙西の呉興・嘉興・長興、東南部の永嘉・臨海・黄岩・瑞安・平陽で産米量が多かった（表3を参照）。このように、中心的な稲作地は浙東・浙西・東南の沿海部だった。

表1　浙江省における米・麦の栽培面積と生産量

（単位：万畝、万畝）

| 年度 | うるち米 面積 | うるち米 生産量 | もち米 面積 | もち米 生産量 | 小麦 面積 | 小麦 生産量 | 大麦 面積 | 大麦 生産量 |
|---|---|---|---|---|---|---|---|---|
| 1924～29 | 2,165 | 8,593 | 414 | 1,482 | 829 | 1,401 | 421 | 707 |
| 1931 | 2,355 | 7,868 | 322 | 1,129 | 819 | 1,212 | 505 | 783 |
| 1932 | 2,365 | 9,081 | 305 | 1,212 | 791 | 1,218 | 480 | 883 |
| 1933 | 2,332 | 7,557 | 347 | 1,197 | 694 | 978 | 417 | 614 |
| 1934 | 2,315 | 4,770 | 344 | 765 | 706 | 1,010 | 425 | 616 |
| 1935 | 2,376 | 8,470 | 337 | 1,296 | 785 | 884 | 420 | 635 |
| 1936 | 2,312 | 8,723 | 316 | 1,313 | 748 | 995 | 431 | 590 |
| 1937 | 2,312 | 8,203 | 337 | 1,253 | 745 | 1,146 | 434 | 670 |

典拠）許道夫編『中国近代農業生産及貿易統計資料』（上海人民出版社、1983年）25～28頁。
ただし、1931年におけるもち米の栽培面積・生産量は、実業部中央農業実験所農業経済科編『農情報告』（第3巻第8期、1935年8月）162頁・168頁。

表2 1932年浙江省主要20県の稲作面積と産米量

| 稲作面積 | | 産米量 | |
|---|---|---|---|
| 県名 | （万畝） | 県名 | （万担） |
| 紹 興 | 118.7 | 楽 清 | 530.0 |
| 呉 興 | 115.6 | 紹 興 | 475.0 |
| 嘉 興 | 108.0 | 嘉 興 | 417.0 |
| 臨 海 | 88.9 | 永 嘉 | 362.8 |
| 諸 曁 | 65.5 | 臨 海 | 355.9 |
| 鄞 県 | 65.4 | 呉 興 | 332.0 |
| 永 嘉 | 65.3 | 平 陽 | 309.0 |
| 黄 岩 | 59.0 | 長 興 | 305.2 |
| 海 塩 | 56.1 | 鄞 県 | 279.9 |
| 武 義 | 56.0 | 平 湖 | 269.2 |
| 長 興 | 54.0 | 奉 化 | 235.0 |
| 平 陽 | 51.5 | 嘉 善 | 218.8 |
| 衢 県 | 50.3 | 瑞 安 | 192.9 |
| 嘉 善 | 50.0 | 諸 曁 | 185.5 |
| 杭 県 | 48.0 | 東 陽 | 164.0 |
| 温 嶺 | 47.7 | 江 山 | 149.9 |
| 慈 谿 | 46.5 | 義 烏 | 142.1 |
| 義 烏 | 46.5 | 武 義 | 141.7 |
| 東 陽 | 44.4 | 永 康 | 134.5 |
| 平 湖 | 48.0 | 金 華 | 126.1 |

典拠）実業部国際貿易局編『中国実業誌（浙江省）』（1933年）第4編33～38頁「浙江省各県稲田面積表」・39～44頁「浙江省各県稲産数量表」。

表3 1933年浙江省主要20県の稲作面積と比率及び産米量

| 稲作面積 | | | 産米量 | |
|---|---|---|---|---|
| 県名 | （万畝） | （％） | 県名 | （万石） |
| 紹 興 | 122 | 39 | 紹 興 | 227 |
| 嘉 興 | 113 | 65 | 呉 興 | 193 |
| 長 興 | 92 | 34 | 嘉 興 | 170 |
| 臨 海 | 89 | 20 | 永 嘉 | 162 |
| 黄 岩 | 83 | 36 | 臨 海 | 150 |
| 余 姚 | 82 | 34 | 黄 岩 | 149 |
| 呉 興 | 80 | 26 | 瑞 安 | 137 |
| 諸 曁 | 78 | 23 | 余 姚 | 132 |
| 金 華 | 74 | 37 | 平 陽 | 127 |
| 永 嘉 | 73 | 12 | 諸 曁 | 126 |
| 鄞 県 | 70 | 31 | 長 興 | 126 |
| 温 嶺 | 68 | 42 | 温 嶺 | 122 |
| 衢 県 | 67 | 18 | 金 華 | 122 |
| 平 陽 | 64 | 18 | 鄞 県 | 113 |
| 瑞 安 | 63 | 19 | 楽 清 | 107 |
| 寧 海 | 63 | 15 | 嵊 県 | 102 |
| 杭 県 | 54 | 38 | 衢 県 | 101 |
| 蕭 山 | 54 | 35 | 寧 海 | 96 |
| 慈 谿 | 51 | 38 | 東 陽 | 91 |
| 東 陽 | 50 | 12 | 杭 県 | 86 |

典拠）中支建設資料整備委員会『浙江省産業事情』（1938年）9～13頁「浙江省各県市稲作面積統計表（民国22年）」・16～21頁「浙江省各県市米産数量統計計表（民国22年）」。

　ところが、食用米の不足する県もいくつかあった。すなわち、32年には76市県中の58市県で米が不足し、不足量は余姚県が217万担余り、杭州市が177万担余り、臨海県が157万担余り、紹興県が147万担余り、鎮海県が143万担余りで、逆に、余剰があった県は18県にしかすぎず、余剰量は楽清県が240万担余り、奉化県が146万担余り、平湖県が140万担余りだった[6]。また、建設委員会経済調査所の調査によれば、33年に米が不足した市県は44県で、不足量は杭州市が128万石余り、鄞県が57万石余り、定海県が52万石余り、紹興県が50万石余り、青田県が44万石余り、蕭山県が42万石余り、海寧県が34万石余りで、逆に、食

地図　浙江省の主要米産地

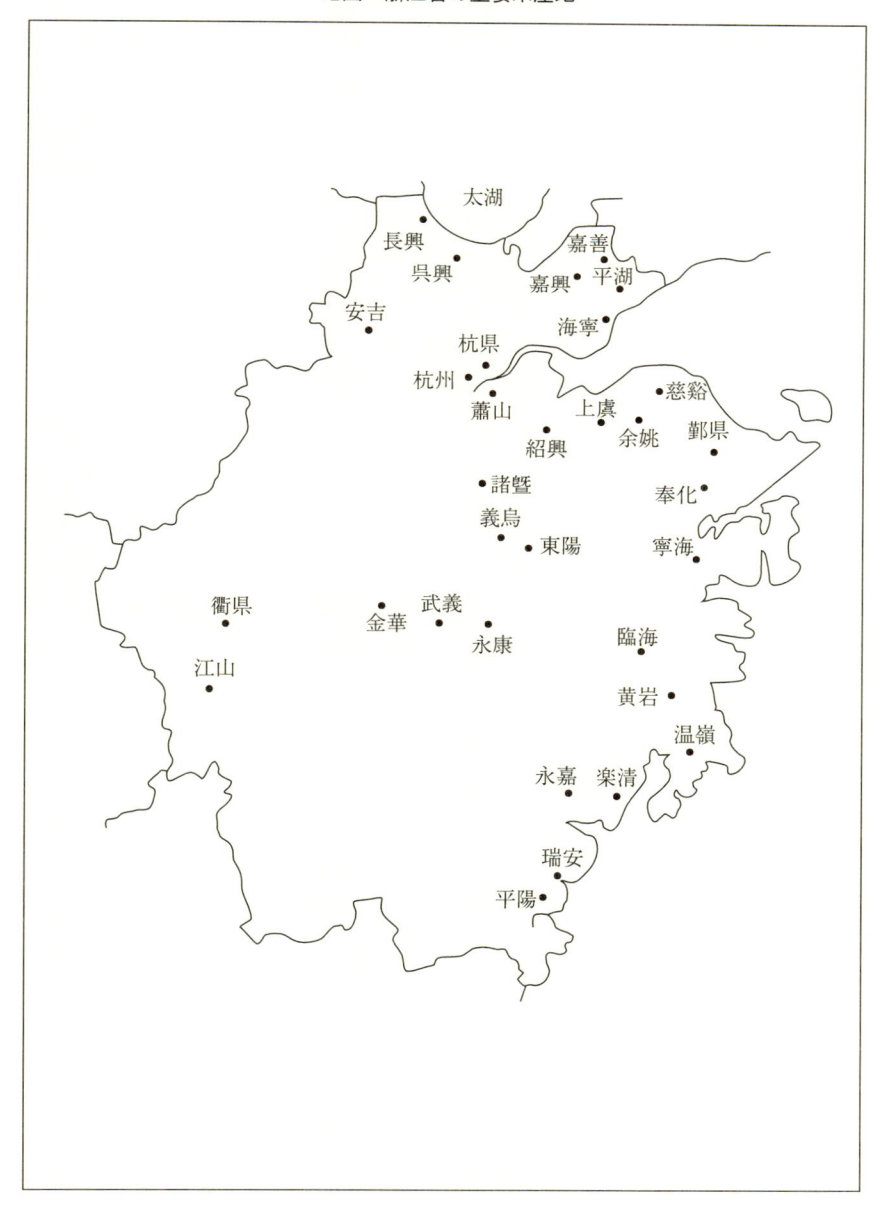

用米に余剰があった県は32県で、余剰量は長興県が66万石余り、嘉興県が65万石余り、金華県が60万石余り、楽清県が29万石余りと黄岩・安吉・呉興の各県が各々26万石余りだった[7]（地図を参照）。このうち、紹興を始めとする浙東沿海部の各県は主要な産米地でありながら、食用米が不足していた。このように米が不足するのは、近代に入って人口の増加や災害の頻発によって供給が需要に追いつかなくなったからで、豊作の年はかろうじて省内の需要を充たしえたが、平年作の年は不足分の米を江蘇省や安徽省から移入しなければならず、凶作の年はさらに輸入米をも必要とした[8]。

では、その不足量はどの程度だったのだろうか。平年作だったとされる33年の不足量は253万石余りだったが[9]、平年の産米量4,700余万石から消費量5,200余万石を差し引くと、500余万石の不足になるという計算もあった[10]。このように、不足量に大きな差が出るのは、年度によって産米量と消費量がともに大きく変動するためで、また、農民は、米以外に小麦・甘藷・粟も食糧としており[11]、特に浙東各県に産出する雑穀は非常に多く、豊作の年に産出する米は農民の自用に供するのに充分であるから、秋季には雑穀を全部売却し、あるいは、家畜の飼養に充て、凶作の年には雑穀を節約して民食に充てるという事情もあった[12]。

表4　1932年における浙江省の主要10県の種別水田面積と比率

（単位：万畝、％）

| ジャポニカ種米 | | | インディカ種米 | | | もち米 | | |
|---|---|---|---|---|---|---|---|---|
| 県名 | 面積 | 比率 | 県名 | 面積 | 比率 | 県名 | 面積 | 比率 |
| 臨 海 | 71.1 | 80.0 | 嘉 興 | 54.0 | 50.0 | 諸 曁 | 39.4 | 60.1 |
| 紹 興 | 63.5 | 53.4 | 長 興 | 52.0 | 96.2 | 呉 興 | 28.4 | 24.5 |
| 黄 岩 | 56.0 | 94.9 | 武 義 | 49.7 | 88.6 | 臨 海 | 17.7 | 19.9 |
| 平 陽 | 51.0 | 99.0 | 嘉 善 | 47.0 | 94.0 | 紹 興 | 17.3 | 14.5 |
| 呉 興 | 51.0 | 44.1 | 紹 興 | 37.9 | 31.9 | 杭 県 | 17.0 | 35.4 |
| 鄞 県 | 50.8 | 77.7 | 呉 興 | 36.2 | 31.3 | 嘉 興 | 15.0 | 13.8 |
| 瑞 安 | 48.0 | 99.5 | 龍 游 | 36.0 | 97.3 | 鄞 県 | 12.5 | 19.2 |
| 衢 県 | 47.5 | 94.5 | 奉 化 | 33.3 | 80.7 | 金 華 | 11.3 | 29.5 |
| 永 嘉 | 45.2 | 69.2 | 海 塩 | 28.0 | 50.0 | 東 陽 | 8.8 | 20.0 |
| 平 湖 | 43.4 | 90.4 | 上 虞 | 27.2 | 90.2 | 永 康 | 7.0 | 17.9 |

典拠）『中国実業誌（浙江省）』第4編33～38頁「浙江省各県稲田面積表」。

ところで、米は主に酒の原料として用いられた糯（もち米）と食用の粳（ジャポニカ種うるち米）・籼（インディカ種うるち米）に大別され[13]、32年におけるうるち米の栽培面積は、ジャポニカ種が1,230万畝余り、インディカ種が806万畝余りで、ジャポニカ種の栽培面積が全体の約52％を占めていた[13]。なお、栽培面積が広かった県は、ジャポニカ種では臨海・紹興・黄岩・平陽・呉興で、また、インディカ種では嘉興・長興・武義・嘉善・紹興・呉興だった。このうち、瑞安・平陽・黄岩・衢県はジャポニカ種の栽培に特化し、一方、龍游・長興・嘉善はインディカ種の栽培に特化していたが、産米量が多かった紹興・呉興・嘉興ではどちらにも特化してはいなかった（表4を参照）。

さて、ジャポニカ種とインディカ種は、様々な点で差異があった。まず、ジャポニカ種に比して、インディカ種は、野性的で根の窒素吸収力が強く、少肥でも減収率が少なく、連作の影響が少なく、稲熱病などの病害に対する抵抗力が強く、水利条件の悪い所でも生産することができた[14]。また、インディカ米は炊くとボロボロで粘り気がなく食味も淡泊だが、膨張力が大きく腹持ちが長いのに対し、ジャポニカ米は炊くと軟くて比較的粘り気があり、味も濃厚だが、膨張力が小さく腹持ちが短いという違いがあるとされていたことから、籼稲は安価で膨張力が大きく腹持ちが長いので、下層の筋肉労働者に歓ばれ、粳稲は味が良くもたれないので、上層の富者や精神労働者を需要者としているとまで言われていた[15]。

そもそも、当時、世界の主要な産米国では、ジャポニカ種かインディカ種のどちらか一方のみを栽培するのが一般的だった。それは、この両種が同一地域内で並行栽培されて同時期に開花すると、雑種ができやすくなり、不稔性が高くなるからである[16]。すなわち、実験による雑種の結実度は、ジャポニカ種異品種間の雑種第一代は60.1～90.6％で、また、インディカ種異品種間の交雑では約68.7～86.2％だったが、ジャポニカ種の雌とインディカ種の雄との交雑では0～29.9％で、その逆の場合は僅かに0～3.6％だった[17]。

ところが、中国では、東北と華北ではジャポニカ種が栽培され、また、華南ではインディカ種が栽培されていたが、さらに、華中ではジャポニカ種とインディ

カ種が並行栽培されていた[18]。このように、両種が混植されている事情については、すでに先学が以下のように説明している。すなわち、一般的に、ジャポニカ種に比して、インディカ種は早熟種に属し、生育日数もかなり短いために、灌漑需要量も少なくて済み、痩せ地に耐えうる力も強いので、灌漑水が供給不十分で痩せた土壌ではインディカ種が栽培されることになり、また、農民の多くは端境期に自家消費食糧にすら不足し、高率の借貸関係を結ばざるをえなかったが、借金の支払いに要する現金を1日も早く生産物の売却によって得るためには早生種のインディカ種を栽培することになり、さらに、虫害は早稲よりも晩稲で被害率が高かった[19]。

これに加えて、輪作上の必要性も大きく関連していた。すなわち、浙東のように、生長日数と雨水が、水稲単作には豊富すぎるが、水稲二期連作には不十分な地域では、早稲（インディカ種）と晩稲（ジャポニカ種）を期を分けて隔行間作する水稲二期間作（雙季稲栽培）法が行なわれ[20]、その裏作には、肥料を確保する必要性から、緑肥となるウマゴヤシ・レンゲ草・そら豆・豌豆が栽培され、小麦との輪作はほとんど行なわれなかった[21]。

(2)麦

大麦は飼料・醸造に用いられ、主要な食糧ではなかったので[22]、以下では小麦について少し見るにとどめたい。

31～37年の小麦の年間栽培面積・生産量は700～800余万畝・900～1,200余万担で（表1を参照）、栽培面積が広かった県は、32年は天台289万畝（8.6万担、平年作は81.1万担）・紹興35万畝（36.9万担）・諸暨32万畝（634担）・海寧28万畝（29.1万担）・浦江24万畝・臨海22万畝（28.9万担）だった。だが、別の調査では臨海66万畝・海寧45万畝・嘉興45万畝・紹興44万畝・永嘉41万畝となっている[23]。また、33年は紹興68万畝（62万石）余り・東陽52万畝（50万石）余り・臨海51万畝（48万石）余り・衢県42万畝（41万石）余り・嘉興38万畝（32万石）余りと天台・寧海各30万畝（30万石、28万石）余りとなっていた[24]。

すなわち、浙江省における主要な小麦作地は、寧海・天台・臨海・永嘉・紹

興・海寧・嘉興の沿海部で、多くは稲の裏作として栽培されていたが、稲に比べて小麦は栽培面積で約3分の1、また、生産量では約9分の1にしかすぎなかった。

## 2 稲麦種改良事業の展開

(1)意図

　日本は、中国が農業立国の国柄にもかかわらず、多額の米麦を輸入し、1931年にはその額が1億8千万両に達し、その改進は食糧問題の解決上、また国防計画上看過しえない重要性も有してきたと見なしており[25]、食糧問題が国防と密接に関わっていることを指摘していた。また、中国も食糧の増産による自給化を目指していた[26]。

　1932年冬から浙江省の稲麦種改良事業で主導的な役割を果たしていた莫定森は、翌1933年、稲麦種の改良が「當務之急」とする事情について、浙江省が農業の最も発達した省の1つであるにもかかわらず、食糧の不足分が毎年相当量に達していること、また、耕地面積には限りがあるのに、人口の増加と農民の経済力の衰弱によって将来の食糧生産額は必ず今日の状況に遠く及ばなくなり、大難が訪れると予想されることを挙げている[27]。

　また、1934年には、第一次上海事変（1932年）の際に前線で19路軍が日本軍に抵抗して善戦したが、暫くして食糧断絶の恐れが出てきたために抵抗を止めざるを得なかったと捉え、毎年2億両もの食糧を輸入していることは、単に経済的に影響が大きいばかりでなく、戦争が発生して食糧の輸入が途絶えたら、直ちに亡国の惨劇を生むことになると危惧し、その最も徹底的で有効な解決方法は稲と麦を科学的方法を用いて改良して増産を図ることだと考えるようになった[28]。

　さらに、1935年には、第一次世界大戦でドイツは食糧不足のために敗北したので、各国は食糧の自給をより一層重視するようになったのに対し、中国では農業生産は増加せず、かえって輸入品の第一位を食糧が占め、金銭が国外に流

出し、人民が貧窮化し、罹災者が野に満ちて社会が乱れるようになったと捉え、一方、浙江省は主要な米麦生産地で、食糧供給には重責を担っているにもかかわらず、その種子は劣悪で、栽培方法も守旧的で、生産量が非常に低いと嘆いている[29]。

こうして、1937年には、食糧の不足量は雑穀で補っても約1,000万担に及び、都市には輸入米が充満し、豊作の年でも土地を離れて流浪する者も多く、政治、経済、社会に甚大な影響を及ぼしているばかりでなく、国際情勢が日増しに緊張しているため、各国が食糧の自給化を図っており、浙江省でも食糧の自給は極めて重要だと述べている[30]。

このように、有数の食糧生産地でありながら、食糧が絶対的かつ恒常的に不足していた浙江省にとっては、何よりも米穀の増産による食糧自給が目指されなければならなかった。


(2)実施状況

(ア)米

1930年に省建設庁の下に農林局が設けられ、農林事業全般を担当することになり、同年7月、同局の下に農林総場が設置されるとともに、浙東の上虞県五夫鎮に省立稲麦改良場が創設されて稲作育種事業を専門に行なうことになった。だが、翌31年1月に農林局が廃止され、農林総場が独立すると、省立稲麦改良場は稲麦推広区と改称されて農林総場に属することになり、同年4月、農林総場は浙西の杭州市拱宸橋に水田80余畝を購入して水稲試験用地とし、杭州市近郊の農民との合作農田は数百畝に達した。さらに、同年7月、農林総場は農業改良場に改組され、秋から冬にかけて水田30余畝と高地50余畝を購入し、種子貯蔵室を建造した。そして、32年11月、農業改良総場が成立すると、農林事業の全てがここに統合され、省立農業改良場は稲麦場と改称され、稲麦推広区は稲麦育種区と改称されて稲麦場に所属することになった。33年秋、稲麦場試験用農地が400余畝に拡充され、同年冬、農業改良総場は全省を11区に分け、34年1月までに第8区と第9区を除く9区の農場が成立し、主に稲麦優良品種の普及を

行なった⁽³¹⁾。また、34年までに中稲・晩稲を育種する拱埠育種区、早稲を育種する五夫育種区、麦作を育種する杭州市下菩薩の丁家橋育種区が成立したが、育種・栽培の試験と品質の研究がなされる段階で、まだ実際の普及活動は展開されなかった⁽³²⁾。

　35年1月、農業改良総場と建設庁第四科が合併して農業管理委員会が成立し、紹興・諸暨・臨海・平陽などの浙東10県に雙季稲推広区を設立して雙季稲の栽培と優良品種を普及し、杭県・海寧・呉興などの浙西7県に純系稲実施区を設立し、最優良の純系稲だった中稲インディカ種や晩稲ジャポニカ種を普及した。36年1月、農業管理委員会は廃止され、稲麦改良場が独立し、省稲麦改良場と改められ、上虞県五夫鎮・杭州市丁家橋の育種区は分場と改称され、雙季稲の普及は紹興・武義の適作地にも拡大した⁽³³⁾。一方、稲麦改良場の歴年の試験によって成功を収めた純系稲種の普及に重点を置くことを決めたのを受け⁽³⁴⁾、普及面積を拡大した上に、稲農講習学校を設立した。また、同年8月、省農林改良場が成立し、再び全ての農林事業がここに統合され、稲麦改良場は農林改良場稲麦場と改められた。さらに、紹興と呉興が代表県に選定され、稲作農民の経済と水稲栽培の状況に関する詳細な調査が行なわれた。37年春、農林改良場が廃止されると、推広工作は各県政府が行なうことになり、稲麦場は再び稲麦改良場と改称されて育種研究や技術指導に専念した⁽³⁵⁾。

　38年春に日本軍が浙西に侵攻し、銭塘江を越えて浙東の紹興や寧波にも危険が及ぶと、省政府は、「軍糧民食之自給」を図るため、浙東後方各県の農業に力を注いだ。その結果、これらの地域における純系稲麦の普及面積は年々増加していった⁽³⁶⁾。

　以上のように、稲麦種改良のための機構は、30年に成立してから名称や組織の改変が繰り返されたが、稲麦種改良事業の方針は終始一貫していた。しかも、32年冬からずっと莫定森が中心的な役割を果たし、人事も安定していたと言われている⁽³⁷⁾。

　推広区が設定された各県弁事処には正副主任各一名が置かれ、県長と区農場長が各々兼任し、その下に幹事兼指導員1名と推広員若干名が置かれ、技術指

表5　改良種稲の普及面積

（単位：畝）

| 県市名 | | 1935年 | 1936年 | 1937年 |
|---|---|---|---|---|
| 雙季稲 | 紹　興 | 16,820 | 34,000 | 30,000 |
| | 余　姚 | 10,000 | — | — |
| | 上　虞 | 10,000 | — | — |
| | 嵊　県 | 10,000 | — | — |
| | 慈　谿 | 10,000 | 12,000 | — |
| | 鎮　海 | 10,000 | 25,000 | 30,000 |
| | 蕭　山 | 8,000 | — | — |
| | 諸　曁 | 8,000 | — | — |
| | 臨　海 | 7,000 | — | — |
| | 平　陽 | 4,000 | — | — |
| | 武　義 | — | 1,100 | 2,000 |
| | 合　計 | 93,820 | 72,100 | 62,000 |
| 純系稲 | 呉　興 | 1,500 | 35,000 | 50,000 |
| | 海　寧 | 1,000 | 29,480 | 28,000 |
| | 嘉　興 | 1,000 | 1,600 | 20,000 |
| | 杭　県 | 500 | 8,300 | 15,000 |
| | 海　塩 | 500 | — | — |
| | 長　興 | 500 | — | — |
| | 義　烏 | 200 | — | — |
| | 余　杭 | — | 10,000 | 10,000 |
| | 桐　郷 | — | 3,980 | 10,000 |
| | 臨　安 | — | 3,400 | 6,000 |
| | 杭　州 | — | 2,100 | 2,000 |
| | 徳　清 | — | 1,700 | 3,000 |
| | 於　潜 | — | 1,100 | 5,000 |
| | 合　計 | 5,200 | 97,260 | |
| 統　計 | | 99,020 | 169,360 | 211,000 |

典拠）莫定森「十年来之浙江稲麦改良与推広」（『浙江省建設月刊』第10巻第11期（十週紀念号）、1937年5月）73〜75頁。「試験・推広・示範浙積極改良稲麦棉」（『東南日報』1937年3月3日）。ただし、1937年の数字は計画。

導と行政処理にあたった[38]。例えば、紹興では、同県長と第五区農場長が各々弁事処正副主任を兼任し、同県建設科長と第五区農場技術主任が各々正副幹事を兼任し、弁事処には推広員・治虫督促員・合作指導員が置かれ、彼らが直接駐在して行政・技術・資金・農業貸付に責任を持ち、農家の中から示範戸を選んで、改良稲種の普及に努めた[39]。

以上のように、改良稲種の普及は1935年から本格化し、浙東10県の雙季稲推広区が合計93,820畝となり、また、浙西7県の純系稲実施区が合計5,200畝となり、改良稲種の普及面積は合わせて99,020畝に達した（表5を参照）。このうち、雙季稲の推広面積が最も広かった紹興県では、合計12郷鎮81ヵ村1,792戸の水田に雙季稲が植えられたが、これは同県の農戸総数の0.7％を占めるにすぎなかった[40]。さらに、翌36年には、雙季稲推広区が72,100畝、また、純系稲実施区が97,260畝となり、改良稲種普及面積は合わせて169,360畝に達した。そして、37年には、改良稲種普及面積が21万畝余りに拡大される予定となり（表5を参照）、それ以外にも、浙南の麗水・遂昌・景寧3県で500畝、また、縉雲・青田・雲和・松陽・宣平・龍泉・慶元7県で100畝の純系稲を推

広することになった⁽⁴¹⁾。

　ところで、推広員は、雙季稲推広区には3,000畝毎に1人、また、純系稲実施区には500畝毎に1人が派遣され、試験実施・示範農田設置・共同苗代実施・栽培管理指導・病害虫防除・選種団による選種指導・合作社による肥料貸付などを行ない⁽⁴²⁾、他にも、海塩県の推広員は4〜5日間徹夜で水田への汲水に協力して懸命に努力した⁽⁴³⁾。このうち、浙東の紹興・諸曁・鎮海・平陽・蕭山・臨海6県の雙季稲推広区と浙西の海塩・長興・海寧3県の純系稲実施区に合計39社の農業生産及肥料購買等合作社が組織された。実際に貸付けられた肥料は、大豆粕が50万斤余り、化学肥料が28,000斤弱で、その他の貸付金が4,000元余りだった。また、紹興・諸曁・蕭山・嵊県・慈谿・臨海・鎮海・余姚8県の雙季稲推広区と海塩県純系稲実施区では農民夜校が開かれた。ただし、余姚で学生数が90人余り、期間が4ヵ月だったのを除けば、その他は、学生数が30〜50人、期間が1〜3ヵ月にとどまった⁽⁴⁴⁾。

　さらに、紹興県を例に具体的に見てみると、合作社では、種子・肥料・農具・耕牛などの実物での貸付けに重点を置き、農民には農産物を担保にさせ、合作指導員と農業技術指導員が共同で合作社員に訓練を施した。また、塔路・梅喬・三界3郷には農民夜校が設置され、15才以上の文字の読める農民150人余りを召集し、弁事処が経費や文房具を提供し、稲作・麦作・副業・防虫・合作・識字の授業を行なった⁽⁴⁵⁾。

　(イ)小麦

　1930年5月、省農林総場は、滬杭甬（上海・杭州・寧波）鉄道路線周辺の農地から採取した麦穂1万株余りと中央大学及び金陵大学が国内外から収集してきた品種や数年来育成してきた優良品種の計4,000株余りとを麦作育種の基礎とした。また、同年10月下旬、杭州市岳坟の借地40余畝を小麦試験用地としたが、試験には不十分だと判断し、33年秋、杭州市丁家橋に60余畝の土地を購入し、育種区を成立させ⁽⁴⁶⁾、さらに、同年、丁家橋付近の農家と農地の特別契約を結び、小規模な普及を行なった⁽⁴⁷⁾。

　小麦の育種工作は1930年に始まり、35年になって中部・南部で純系小麦の普

表6　1935年の平陽県における1畝当たりの生産量
（単位：市斤）

| | 雙季稲 | | 改良雙季稲 | | 単季稲 | |
|---|---|---|---|---|---|---|
| | 最低 | 最高 | 最低 | 最高 | 最低 | 最高 |
| 早稲 | 60 | 190 | 100 | 250 | 80 | 450 |
| 晩稲 | 160 | 440 | 250 | 510 | | |

典拠）「一年来之浙江省農業推広概況」（『浙江省建設月刊』第10巻第4期、1936年10月）8頁「平陽県雙季稲与単季稲産量比較統計表」。

及事業が本格的に実施された[48]。だが、同年に衢県の十里荒山8,000畝と各区農場2,000畝の計1万畝に純系小麦を普及する計画が[49]、実際には、衢県十里荒山墾殖処1,000畝と各区農場2,000畝の合計3,000畝にすぎなかった[50]。ただし、36年には純系小麦の普及面積は金華・義烏・浦江・常山・紹興・新昌・衢県の15,000畝に拡大し[51]、同年8月に各県で純系小麦の試験を行ない、杭州市七堡では特約農民に純系小麦を大量に繁殖させた[52]。

(3)成果と課題

改良種の単位面積当たりの増産は明白だった。例えば、1935年の平陽県における改良雙季稲の生産量は、晩稲のみを見ても、在来種よりも高かった（表6を参照）。

また、海塩県における純系稲と土種稲の1畝当たり平均生産量を比較すると、前者は500〜600斤で、後者は490斤余りで、約100斤の差がある[53]。全体として見ても、改良稲種の生産量は土種に比べて5〜49％、平均15％強も高かったし、質的にも上等米を下回らなかった。一方、改良小麦のうち土種に比べて純系育種の生産量は2倍以上高いものもあり、雑交育種の生産量は30％以上高く、品質は特に優れていた[54]。

35年の雙季稲の生長は当地の稲よりも優れ、余姚県が最も良く、また、諸曁県の稲は稲熱病にかかったが、推広区では全く病気が無かった。一方、純系稲の普及は成績が非常に良く、嘉興県ではある品種に稲熱病が発生したが、それと同じ品種が杭県では全く稲熱病を発生させなかった[55]。また、早稲の播種後に長雨が続き、浙東では苗のかび腐れが8〜9割に達したが、新式の共同苗式の苗は生育が旺盛だったため、農民の信頼を得た[56]。

そして、36年にも、1畝当たりの収穫量は、浙東の早稲が約300斤で、推広

区及び示範農田の最も良かったところでは400斤余りとなった[57]。浙東の雙季稲の早稲は１畝当たり300～400斤の収穫となり、晩稲の生長も良く、浙西の純系稲は特に示範区では３分の１の増産が見込まれ、省政府は３年以内に改良種稲を全省に普及させる計画を立てた[58]。とりわけ、浙西の純系稲１畝当たりの収穫量は、嘉興県が500斤、桐郷県が520斤となった[59]。さらに、収穫量の報告があった７県市の中で最も優良だった於潜県の１畝当たりの収穫量は、ジャポニカ種稲が620斤（土種に比して41％増）、インディカ種稲が500斤（土種に比して９％増）となり、次いで、呉興・南潯が30％増、武義が20％増加、杭県が18％増、杭州市が13％増、臨安が９％増となり、純系稲と雙季稲は合計で15.6万担の増収となった[60]。

なお、1935年冬に海寧・諸曁・於潜・紹興・臨安・義烏・金華・蕭山・浦江で推広された純系小麦種は2,889畝に及び、土種より１畝当たり平均10～20％の増産だった[61]。

以上のように、1935年以来、改良稲麦種の普及が相当の成績・成果を上げたので、各県の農民は次々とその普及を要求した[62]。例えば、35年７月、浙東における雙季稲の発育は非常に良好で豊作が予想されたので、農民は雙季稲に対して非常に信頼を寄せていた。また、諸曁県の水田では虫害が発生したが、雙季稲だけが無事だったため、郷民らは紛々と県長に対して雙季稲栽培の普及を要求した[63]。そして、36年にも、武義県長は、農村経済が破綻して農民の生活が日増しに困窮し、離村者が増え、耕地が荒れており、元々、同県が雙季稲の栽培に適しているから是非とも稲麦推広区に指定して困窮を救済してほしいと要求した[64]。

こうして、特に、36年には、土種稲に比べて改良種稲の産米量は、純系稲推広実施区と雙季稲推広実施区では１畝当たり各々16～30％と30～40％もの増収となった[65]。

しかし、問題もいくつかあったことが指摘されている。例えば、蕭山県湘湖は、35年に雙季稲推広区の一部をなし、普及工作が非常に農民の信頼を得て、普及面積は481畝から36年には866畝に拡大したが[66]、同県湘湖定山村では63戸

249人のうち雙季稲の栽培を受け入れたのはわずか19戸33畝にしかすぎなかった。これは、肥料の多投が必要とされる点について、普及する側は増産につながるから結局は農民の利益になると考えたのに対し、農民の多くはより多くの肥料費を使うことには抵抗感があったからだと説明されている[67]。

また、紹興県では、雙季稲の普及過程で小作料をめぐる紛糾に逢着した。地主・富農は雙季稲の栽培による小作人の増収を理由に小作料引上げを要求したが、小作人は雙季稲の栽培がより多くの種子・肥料・労力を必要とし、しかも、冬季の麦作に悪影響を与えるとして小作料引上げに反対した[68]。

以上の蕭山県と紹興県の例に共通するのは、改良稲種が在来種に比べてより一層多くの生産コストを必要とするという点である。ただ、この点については、残念ながら実際の数字でこれを確認することができない。

そして、一部の地域では、経費不足によって稲麦種改良事業が十分に展開できなかった。例えば、旧台州府の第6区農場と旧温州府の第10区農場の経費は毎月わずか200元余りで、旧金華府の第7区農場の経費も300元余りにしかすぎなかった[69]。そもそも、1935年の改良稲麦種普及経費8万元の細目を見てみると、雙季稲拡充経費が57,044元（推広員給与13,560、肥料補給金1万元）、純系稲種普及経費が11,540元（指導員給与3,000元、推広員旅費2,520元、補給金・奨励金2,500元）、純系小麦普及経費が9,160元（肥料費が5,000元、稲種購入費3,000元）、稲麦指導員訓練班経費が2,256元となっている[70]。

以上のような深刻な経費不足の実情に鑑みてであろうか、稲麦管理処主任は浙西の純系稲を一律に回収する費用の20〜30万元を銀行に提供してもらうことを期待していた[71]。

## おわりに

稲麦種改良事業は、農事改良事業の中でも最も簡便な方法の1つと考えられていたが、実際には、単に技術力だけではなく、多くの労力と資金を要した。このため、抗日戦争前の浙江省稲麦種改良事業の成果は、明らかに極めて限定

されたものだった。すなわち、1936年に浙江省は豊作になり、12県では少し余剰米があったが、その他の63県では自給分にも達せず、不足量は300万石を超えている[72]。

しかし、これを決して失敗したと評価すべきではない。なぜなら、事態の結末は、稲麦種改良事業が内部的な原因によって行き詰まり、失敗に帰したというのではなく、それが全面的に展開される前に日中戦争を迎えたからである。むしろ、その後の中国における食糧増産のための初歩的な、だが、本格的かつ着実な第一歩が踏み出されていたことにこそ意義を認めるべきである。実際、浙江省における稲麦種改良事業の経験と蓄積は、日中戦争以降も確実に継続されている。全国稲麦改進所副所長の銭天鶴によれば、中国全体では1941年の改良水稲種普及面積は約232万畝で、1畝当たり約60斤の増産として計算すると、約7万トンの増産となり、また、42年に約370万畝、さらに、翌43年には約550万畝となっている。41～43年の3年間を累計すると、1,152万畝余りに達し[73]、増産量は約35万トンとなった。このことが抗日戦争を物質的な面で強力に支援したと評価され[74]、また、翻って、抗日戦争時期における稲麦種改良事業の基礎となっていたという評価も現れるようになってきている[75]。

## 注

(1)《当代中国》叢書編輯部『当代中国的糧食工作』（中国社会科学出版社、1988年）。
　　なお、同書は、国民党の食糧対策については、国民政府が軍需用食糧を調達する必要性に迫られて1940年8月に全国糧食管理局を設立した時点から記述を始めている。
(2)「国民政府政治総報告関於実業者（対第四次全国代表大会報告）」（中国国民党中央委員会党史委員会編『革命文献』第75輯、1978年）97頁。
(3)梁慶椿『非常時期浙江糧食統制方案』（国立浙江大学農学院専刊第三号、1935年）
　　23頁。なお、同書には奥付がなかったが、記載内容から出版年を1935年と判断した。
(4)実業部国際貿易局編『中国実業誌（浙江省）』（1933年）第4編17頁。
(5)「近四年各省主要作物之産量修正（続）」（『農情報告』第3巻第8期、1935年8月）168頁。
(6)前掲書、『中国実業誌（浙江省）』第4編50～55頁。
(7)中支建設資料整備委員会（上海・興亜院華中連絡部内）編『浙江省産業事情』（編

⑻前掲書、『中国実業誌（浙江省）』第 4 編17頁。
⑼中支建設資料整備委員会（上海・興亜院華中連絡部内）『浙江省産業事情』（編訳彙報第25編、1938年）30～35頁。ただし、原典は、建設委員会経済調査所『浙江之農産：食用作物篇』・『浙江之特産』(1933年調査)。
⑽莫定森「食糧問題与改良稲麦」(『浙江省建設月刊』第 8 巻第 4 期、1934年10月) 4 頁。
⑾馬駿「浙江省稲麦改良之過去与将来」(『浙江省建設月刊』第 8 巻第 6 期、1934年12月) 43頁。
⑿前掲書、『浙江省産業事情』30頁。
⒀前掲書、『中国実業誌（浙江省）』第 4 編17頁・38頁。
⒁前掲書、天野元之助『中国農業史研究／増補版』391頁。
⒂岸本清三郎「中支水稲増産の基本的諸問題」(『満鉄調査月報』第21巻第 7 号、1941年 7 月) 142頁・151頁。
⒃郭文韜・曹隆恭主編『中国近代農業科技史』(中国農業科技出版社、1989年) 141頁。斉藤清「揚子江三角洲地帯の水稲に関する研究――第四報　粳稲及籼稲自然交雑後代と推定される部分不稔稲に就て」(『日本作物学会紀事』第16巻第 1・2 号、1946年10月)108頁。
⒄盧守耕「吾国水稲育種之商榷」(『農報』第 2 巻第23期、1935年 8 月) 802頁。なお、数値は加藤茂包・小坂博・原史六「雑種植物の結実度より見たる稲品種の類縁に就いて」(『九州帝国大学農学部学芸雑誌』第 3 巻第 2 号、1928年)に依ったと思われる。
⒅前掲書、『非常時期浙江糧食統制方案』3 頁。
⒆前掲、岸本清三郎「中支水稲増産の基本的諸問題」145～151頁。
⒇前掲書、天野元之助『中国農業史研究／増補版』412～413頁。
㉑岸本清三郎「中南支の雙季稲に関する一考察」(『満鉄調査月報』第24巻第 2 号、1944年 2 月) 14頁。
㉒前掲書、『浙江省産業事情』68頁。
㉓前掲書、『中国実業誌（浙江省）』第 4 編65～70頁。
㉔前掲書、『浙江省産業事情』43～66頁。
㉕華北産業科学研究所編『国民政府ノ農業政策』(1937年) 119頁。1935年11月25日、実業部の下に全国稲麦改進所が正式に成立し、中央農業実験所長の謝家声と同副所長の銭天鶴に、各々全国稲麦改進所正副所長を兼任させ、全国稲麦改進所員の多く

も、中央農業実験所の首脳部員や職員の兼任で、全国稲麦改進所は中央農業実験所の派生的機関という性格を有していたとしている（115〜120頁）。
⑯沈宗瀚「中国農業科学化之開始」（『革命文献』第75輯、1978年）426〜427頁。
⑰莫定森「浙江省改良稲応取之方針」（『浙江省建設月刊』第6巻第12期、1933年6月）6頁。
⑱前掲、莫定森「食糧問題与改良稲麦」5頁。
⑲莫定森「浙江省之稲麦改良与推広」（『浙江省建設月刊』第9巻第3期、1935年9月）49頁。
⑳莫定森「十年来之浙江稲麦改良与推広」（『浙江省建設月刊』第10巻第11期（十週紀念専号）、1937年5月）60頁。
㉑同上、莫定森「十年来之浙江稲麦改良与推広」60〜61頁。前掲、馬駿「浙江省稲麦改良之過去与将来」44〜45頁。前掲、莫定森「浙江省之稲麦改良与推広」49頁。
㉒莫定森「稲麦場一年来試験之経過」（『浙江省建設月刊』第8巻第6期、1934年12月）1〜9頁。
㉓前掲、莫定森「十年来之浙江稲麦改良与推広」61頁。
㉔「稲麦管理処江主任報告」（『建設週刊』第176期、1935年8月8日）。
㉕前掲、莫定森「十年来之浙江稲麦改良与推広」61頁・62頁。
㊱前掲書、『浙江省農業改進史略』5頁。
㊲同上書、『浙江省農業改進史略』3頁。
㊳「一年来之浙江省農業推広概況」（『浙江省建設月刊』第10巻第4期、1936年10月）1頁。
㊴徐兆適「抗戦前紹興県雙季稲推広情況」（中国人民政治協商会議浙江省紹興市委員会文史資料委員会編『紹興文史資料』第6輯、1991年）153〜154頁。
㊵前掲、徐兆適「抗戦前紹興県雙季稲推広情況」154頁。
㊶「第九区専署推広純系稲種」（『東南日報』1937年2月24日）。
㊷前掲、「一年来之浙江省農業推広概況」3〜6頁。
㊸前掲、「稲麦管理処江主任報告」。
㊹前掲、「一年来之浙江省農業推広概況」5〜7頁。
㊺前掲、徐兆適「抗戦前紹興県雙季稲推広情況」154頁。
㊻前掲、馬駿「浙江省稲麦改良之過去与将来」44〜45頁。
㊼前掲、莫定森「十年来之浙江稲麦改良与推広」61頁。
㊽前掲書、『中国近代農業科技史』148頁。

⑷9前掲、莫定森「浙江省之稲麦改良与推広」58頁。

⑸0前掲、「一年来之浙江省農業推広概況」2～3頁。

⑸1「浙江省之経済建設」(中央党部国民経済計劃委員会主編『十年来之中国経済建設（1927～1936）』南京古旧書店複製発行、1990年) 2頁。ただし、初版は、1937年2月で、発行は南京扶輪日報社である。

⑸2前掲、莫定森「十年来之浙江稲麦改良与推広」61～62頁。

⑸3前掲、「一年来之浙江省農業推広概況」8頁。

⑸4前掲書、『浙江省農業改進史略』4頁。

⑸5前掲、「稲麦管理処江主任報告」。

⑸6前掲、「一年来之浙江省農業推広概況」4頁。

⑸7「浙省早稲豊収」(『東南日報』1936年8月15日)。

⑸8「浙省稲作推広頗著成効」(『東南日報』1936年8月19日)。

⑸9「嘉桐両県推広純系稲穫均称豊稔」(『東南日報』1936年9月27日)。

⑹0「浙省稲棉豊収」(『東南日報』1936年12月23日)。

⑹1「建庁派員◇◇収購麦種」(『東南日報』1936年8月3日)。

⑹2前掲、莫定森「十年来之浙江稲麦改良与推広」61頁。

⑹3「浙東各県早稲収穫可望豊稔」(『東南日報』1935年7月19日)。

⑹4「武義県請将該県画為稲麦推広区」(『建設週刊』第205期、1936年2月27日)。

⑹5前掲、「一年来之浙江経済」74頁。

⑹6楊曾盛・林岳景「湘湖農村建設事業之概述」(『浙江省建設月刊』第10巻第2期、1936年8月) 2～3頁。

⑹7曹舒「湘湖定山村改進現況」(『浙江省建設月刊』第10巻第2期、1936年8月)15～17頁。

⑹8前掲、徐兆適「抗戦前紹興県雙季稲推広情況」156～157頁。

⑹9前掲、「稲麦管理処江主任報告」。

⑺0前掲、「一年来之浙江省農業推広概況」1～2頁。

⑺1前掲、「稲麦管理処江主任報告」。

⑺2「浙今年雖告豊収」(『東南日報』1936年10月15日)。

⑺3銭天鶴「三年来之糧食増産」(『農業推広通訊』第6巻第11期、1944年11月) 6～7頁。

⑺4前掲書、『中国近代農業科技史』163頁。

⑺5同上書、『中国近代農業科技史』93頁。

# 第3章　蚕種改良事業

## は じ め に

　前章で見た稲麦種改良事業は農民に積極的に受け入れられたが、改良蚕種（以下、改良種と略す）に対しては1933年に蕭山・余杭・臨安で導入に反対する暴動が発生した。暴動は間もなく軍・警察力によって鎮圧された。だが、このような農村の反応は蚕糸業の危機的状況を改良種の導入によって打破しようとしていた省政府に少なからぬショックを与えた。

　しかし、ここで注目されるべきことは、隣接する江蘇省では1930年代中頃にほぼ土着蚕種（以下、土種と略す）から改良種への代替に成功していたのに対し、浙江省ではなお土種を駆逐できずにいたことである。このような江浙両省の差異は主要には何に由来するのか、また、浙江省では何故土種が改良種の導入に抵抗し続けたのか。従来の研究は、この点について必ずしも十分な説明をしていない[1]。仮に近代的・科学的な合理性から見て改良種が土種より優れているが故に、改良種が土種を駆逐するのは当然だという前提に立てば、江浙両省の差異は量的ないし速度の問題だということになり、速度の差は改良事業に対する努力や農民の「開明度」に求められることになる[2]。だが、筆者は、このような見方には同意できない。江浙両省の差異は、量的なものではなく、質的なものと考える。しかも、浙江省の農民が近代化に抵抗する主要な理由は、エートスやメンタリティーにではなく、蚕糸業構造にこそ求められるべきだと考える。

　そこで、本章では、改良種の導入を推進する側とこれに反対する側の各々の動きを追跡することによって、当該時期における浙江省の蚕糸業構造を明らかにし、農村社会の側から見た農業の近代化の意味を再考する手がかりとしたい。

50　第 3 章　蚕種改良事業

# 1　改良種の導入を推進する側

⑴蚕糸業の概況

　1928年以前、生糸は中国の輸出品の中で第一位を占めていた[3]。特に浙江省は全省75県の内の58県で生糸が生産され、年間生産量は生繭が100余万担、生糸が 8 ～ 9 万担で、全国の 3 分の 1 を占め[4]、1914～26年に蚕糸業は「黄金時代」を謳歌していたとも言われている[5]。だが、江浙両省で生産された生糸は1870年代後半以降には以前のような高価格では輸出されず、黄金時代は完全に過去のこととなった[6]。中国の土糸（在来の手繰り生糸）輸出量は1870年代末と1890年代初頭にピークをなし、1890年代後半には廠糸（工場制器械製糸）に押されて後退し[7]、「土糸＝国用糸と廠糸＝輸出糸との関係」[8]が形成されていった。こうして、浙江省における生糸の生産も1927年以降衰退し始め、1930年代の生産量は往年の約 1 ～ 2 割にまで減少した[9]。

　以上のような状況下、研究と人材育成にほぼ終始していた浙江省蚕糸業改良事業[10]も、28年以降ようやく本格化し、良質低廉の生糸を生産して世界市場での競争力を回復することを目的に、土種・土種繭（以下、土繭と略す）から改良種・改良種繭（以下、改良種と略す）への転換と繭買上げ価格の抑制が求められていた。これは、養蚕農民を製糸工場のための原料繭生産者に転換することを意味していた。そして、浙江省の廠糸生産量は33年に比して35年は約1.5倍、36年には約 3 倍と急増した[11]。

　しかし、生糸の生産では江蘇省と比べて遜色無く、機械設備の面ではむしろ江蘇省を凌駕していた浙江省も、蚕種改良事業では江蘇省に大きく遅れを取ってしまっていた[12]。ちなみに、30年における改良種製造場の数を例に取ってみても、江蘇省が119軒だったのに対して、浙江省はわずかに23軒にしかすぎなかった[13]。

(2)蚕種改良事業
①省政府側の認識
　改良繭買上げ価格の抑制が養蚕農民に犠牲を強い、改良種が土種よりも農民に利益をもたらさなければ、蚕種改良事業の進展は不可能である。
　省政府は、繭の質と販売価格の差異からして改良種が遙かに増収となり[14]、生糸一担を繰るのに土種では乾繭6～8担を要するが、改良種では3～4.5担で足り[15]、改良種の導入は農民にも利益になると見なした。
　また、省蚕業取締所の李化鯨は、土種の品種は乱雑で、病毒が瀰漫し、繭質が劣悪で、自ずから淘汰の列に帰すべきであるのに対し、改良種は培養は合理的で、品種が純正で、糸繭の品質は佳く、産量が多く、蚕糸業救済のために蚕種の改良が必要であると説いていた[16]。
　さらに、省建設庁長の曾養甫も、土種は生糸を改良する最大の障害で、蚕糸業改良事業の重点が蚕種の改良にあると考えていた[17]。
　そもそも、改良種の導入は栽培方法の変更や施肥によるよりも平均収穫が多く、噴霧器の取扱いや施肥の方法に関する知識を与えるよりずっと農民にとって手取り早く呑み込ませうるし[18]、農業の改進は品種改良によるのが最も捷径で、効果的であるという農学上の常識だった[19]。
　このように、省政府にとって蚕種改良事業は近代科学の合理性や経済的側面から見て全く疑義を差し挟む余地はなく、問題は全て農民の側にあると考えられていた。例えば、省蚕業取締所長の沈九如は、改良種が土種の傍らで飼育されるため、土種の病毒が改良種に伝染して養蚕の成績が悪くなると見ていた[20]。また、農民は改良種の飼育方法について全く無知で、指導員に対して面従腹背の態度をとったという[21]。あるいは、いくらか知識の開けた農民は歓迎の意を示したが、大部分の知識未開の農民は受け入れようとせず、さらに、ある指導員が稚蚕共同飼育室の蚕架を外へ運び出そうとしたところ、農民は不吉なことが起こると言って承知しなかった[22]。このような行動は、政府や知識人に対して農民の無知蒙昧さを印象付け、近代科学を以てする蚕業改良工作の重大な障害と見なされた。

52　第3章　蚕種改良事業

②蚕種改良事業の経過

　1927年、省立蚕業改良場は、余杭・嵊県・新昌の土種製造地に対抗するため、杭州市郊外に桑畑100畝余りと製種室を設置して原種を製造し、嵊県には桑畑約70畝を購入して普通蚕種を製造した[23]。また、海塩・海寧（硤石・長安）・呉興（菱湖）・蕭山の3県に蚕業指導所を設立し、改良種7,000枚余りを無料で配布し、宣伝普及に努めた[24]。特に蕭山には浙江大学農学院と合弁で集中実施区域を設置して改良種のみを飼育させ、農家がすでに購入した土種を買い上げて焼却することにしたが、農家の反対に遭い、6割以上の収穫を保証して改良種を飼育させると[25]、改良種の普及は順調に進んだ[26]。

　ところが、31年に生糸価格が急落すると、32年に省建設庁長の曾養甫は統制政策の採用を決意し、蕭山に第一改良蚕桑模範区を設立した。翌年には臨安を第二改良蚕桑模範区とし、嘉興・呉興・杭県・海寧・海塩・徳清・武康・余杭・嵊県・諸曁・長興11県には、改良種への統一、新養蚕法の指導、経営方法の改善、繭価の規定、繭行の統制、非合法の蚕種・桑葉売買の取締、飼育量の制限を行なう蚕桑改良区を設けた[27]。また、余杭県と新昌県澄潭に各々蚕種取締所と土製蚕種整理処を設立し、土種に対する取締を強化し[28]、同時に、蕭山・臨安両県長を通じて県境の要害の地に検察を派遣して改良蚕桑模範区内への土種移入の防止に当たらせた[29]。一方で、臨安・新昌・余杭・嵊県の県長を通じて土種販売商人に改良蚕桑模範区内で土種を販売しないように勧告した[30]。さらに、改良蚕桑模範区内に収繭委員会を組織し、土繭の購入、改良繭の移出、土糸の生産を禁止した[31]。

　34年には、杭県が第三改良蚕桑模範区とされ、崇徳・桐郷・新昌・於潜・昌化・平湖・嘉善・安吉・上虞・桐廬・分水・紹興・孝豊・鄞県・杭州の15県市に蚕桑改良区が設けられた。また、生糸・繭商人が運転資金の不足と生糸価格の下落を理由に取引を見合わせたため、省立管理改良蚕桑事業委員会が蚕種の配給・指導・繭の買付・繰糸から生糸の運搬・販売まで完全に掌握することになった[32]。

　しかし、翌35年春には蚕糸業への統制はやや緩和された。すなわち、産繭各

1　改良種の導入を推進する側　53

地図　浙江省の主要養蚕地

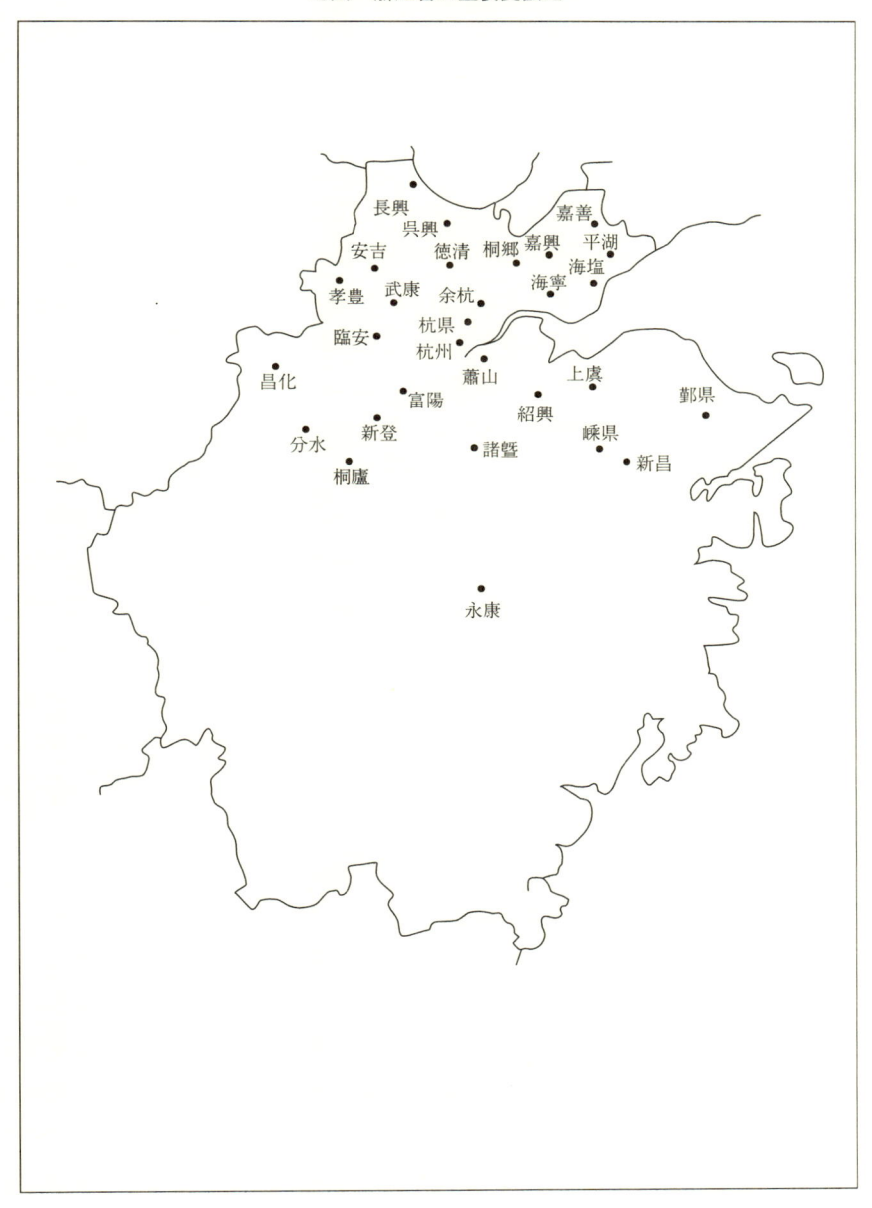

長興　嘉善
呉興
安吉　徳清　桐郷　嘉興　平湖
　　　　　　　　　海塩
孝豊　武康　余杭　海寧
　　　　　杭県
臨安　　　杭州
昌化　　　　　蕭山　上虞
　　　　富陽　　　　　　鄞県
　　　　　　紹興
　　分水　新登　　　嵊県
　　　桐廬　　諸曁　　新昌

永康

県が10区に分けられ、第1区〜第6区は省建設庁の統制区とされたが、第7区〜第10区は製糸工場による繭の買上げを許可して省建設庁が管理する管理区とされた[33]。また、蚕種に関しても、普通の土種1枚は改良種1枚と、また、余杭土種1枚は改良種3枚と交換できるようにし[34]、余杭県商会による余杭種の製造・販売解禁の請求[35]に応じて、省政府は余杭土種に対しては従来の禁止一辺倒から改良へと態度を変えた[36]。こうして、36年には余杭種の改良を行なう余杭蚕種製造改進所を設立し、また、改良蚕桑模範区と蚕業改良区を廃止して蚕業改進区を設立した[37]。

さらに、37年には繭の買付に対する統制は養蚕農家の利益や農村経済への影響が大きすぎるとして、繭商人は蚕糸統制委員会に登記するだけで改良繭と土繭の区別なく買上げることを許された[38]。ただし、蚕糸統制委員会が38年から浙東各県と富陽・新登・臨安・於潜・昌化・安吉・孝豊の浙西7県を「絶対禁止土種区域」として、一律に改良種を飼育させることを計画するなどやや強い態度が見られる[39]。だが、土種を禁止して土繭を禁止せず、しかも、余杭では改良種飼育の強制を除外したことは、明らかに土種への妥協を意味していた（地図を参照）。

以上のように、暴動の発生した33年は蚕糸業に対する統制・管理を本格化し、行政・警察力を動員して土種を排除しようとした時期であり、34年にはついに蚕糸業に対する全面的統制が実施した。だが、これは結果的には一時的なものにすぎず、35年から統制は緩和され、土種に対しても妥協的な措置が取られるようになった。

③指導状況

改良種導入反対暴動が発生したため、省政府の指導が不十分だったとか、改良事業の遂行が余りに性急に過ぎたとの批判的意見も出されたが[40]、省政府には時間をかけてやる余裕は無かった。なぜなら、改良事業は一年遅れればそれだけの損失があり、国民経済の受ける影響も甚大で[41]、もし出品の改良を急いでやらなければ、三年を経たないうちに一件の生糸も輸出できなくなるだろう[42]という強い危機意識があったからである。

1　改良種の導入を推進する側　55

　そもそも、暴動の発生した県とその他の県との間に指導上の大きな差異はなかった。余杭では、取締暫行弁法の通過前に県長・公安局長・製種商人の代表を召集して二度も会議を開き、弁法公布後も郷鎮長・各機関の代表を召集して3～4度会議を開いて念入りな指導を行なったし[43]、臨安でも、指導員が随時各郷鎮長・副郷鎮長・地方の蚕桑に熱心な「人士」を召集し、蚕種の予約申込方法を討論し、蚕種の予約購入は郷鎮長・合作社理事・地方の「公正士紳」を通して行なった[44]。また、他の県でも、指導員が県長の協力の下で区長・郷鎮長・蚕糸業に熱心な地方の「士紳」を何度か召集して改良種導入の意義を説き、農民に改良種を飼育させるように命じ、実際に改良種の販売や土種の収集と改良種との交換も各郷鎮長を通して行なった[45]。このように、指導は県長や区長・郷鎮長・地方の「士紳」の政治力・指揮系統を利用して農民を動員する方法がとられた。

　一方で、省政府は改良種の配布にはかなり援助している。例えば、28年春には蚕種を農民に無料で配布し、同年秋に蕭山県蚕業改良集中実施区では蚕種1枚につき1元徴収したが、その他の地域では5角ないし無料で配布した[46]。また、34年秋の蚕種価格1枚6.5角のうち、農民からは2.5角徴収しただけで、残りを省政府が立て替えたりした[47]。

　このように、養蚕農家を援助しつつ、地方の政治力を利用して上から強力な指導を行なうことではじめて、以下に見るような改良種の急速な普及が可能になったと思われる。

(3)改良種の生産

　改良種製造場（以下、製種場と略す）数と産種量の変化は、主要には生糸の需給の変化に対応しており、生糸価格の上昇→製糸工場の原料繭に対する需要の増大→生繭価格の上昇→養蚕農民の蚕種に対する需要の増大→蚕種価格の上昇→製種場の増加となった。27～37年に生糸価格の上昇期は二度あった。一度目は20年代後半で、29年春に改良種の購入予約者が多く、蚕業改良場では需要に応じきれなくなって民営による製造が提唱され、同年秋には生糸価格も上昇

し、製糸工場が争って改良繭を高価で買ったため、農家も改良種の購入に奔走した[48]。二度目は35年以降で、生糸の輸出も伸びた[49]。

以下、繭価格、改良種価格、製種場数、産種量の動向を概観しておこう。まず、繭1担の価格は、30年春の66元をピークに32年以降急落し、34年秋には4元になったが、35年から回復し（表1を参照）、36年秋繭の高いものは60～70元に達した。また、蚕種1枚の価格は29年には製種場では秋蚕種1.2元、春蚕種1元と規定し、市場では高価なものは2.5元以上となったが、31年の秋蚕種は1.2元の原価を維持できず、0.1元以下のものもあった。32年以降やや回復するが、33年を除けばほとんど1元を超えなかった[50]。

次に、製種場数は、27年の7から31年には75に達し、以後減少したが、36年から再び増加し、37年には90となった（表2を参照）。30年の蚕種価格上昇を

表1　浙江省の改良種生繭1担の販売価格
(単位：元)

| 年度 | 1928 | 1929 | 1930 | 1931 | 1932 | 1933 | 1934 | 1935 | 1936 |
|---|---|---|---|---|---|---|---|---|---|
| 春 | 55 | 55 | 66 | 50 | 27 | 37 | 22 | 17 | 30 |
| 夏 | — | — | — | — | — | — | — | — | 27 |
| 秋 | — | 61 | 51 | 50 | 40 | 27 | 4 | 21 | 33 |
| 晩秋 | — | — | — | — | — | — | — | 31 | 35 |

典拠）李化鯨「八年来浙江省蚕業推広之検討」（『浙江省建設月刊』第9巻第3期、1935年9月）。「二十四年春蚕期各県市事跡報告」377頁・「二十四年秋蚕期各県市事跡報告」（『浙江省建設庁二十四年改良蚕桑事業彙報』）219～220頁。「二十五年各期分区発種収繭数量統計表」（沈九如「十年来之浙江蚕糸業」『浙江建設月刊』第10巻第11期、1937年5月）。

表2　浙江省の改良種製造場

| 年度 | 場数 | 生産枚数 |
|---|---|---|
| 1927 | 7 | 13,000 |
| 1928 | 7 | 19,500 |
| 1929 | 13 | 96,500 |
| 1930 | 28 | 336,500 |
| 1931 | 75 | 902,846 |
| 1932 | 55 | 421,390 |
| 1933 | 26 | 379,818 |
| 1934 | 27 | 390,749 |
| 1935 | 23 | 462,212 |
| 1936 | 44 | 849,599 |
| 1937 | 90 | — |

典拠）沈九如「十年来之浙江蚕糸業」109頁。

表3　浙江省の改良種配布枚数及びその内訳

| 年度 | 省生産数 | 外省移入数 | 国外移入数 | 合計 |
|---|---|---|---|---|
| 1932 | 5,700 | 46,200 | — | 51,902 |
| 1933 | 67,568 | 328,300 | — | 395,866 |
| 1934 | 273,662 | 562,300 | — | 835,987 |
| 1935 | 278,111 | 960,100 | — | 1,238,236 |
| 1936 | 516,920 | 1,157,600 | 551,900 | 2,226,400 |

典拠）興亜院華中連絡部編『中支部重要国防資源生糸調査報告』（1941年）第3編1,619頁。原載は沈九如「浙江省新種業之過去及将来」（『中国蚕糸』第2巻第8・9号、1937年）。

受け、翌年は製種場が投機的に設立されて急増し、これによって生じた粗製濫造を防止するために蚕業取締所が設立されたが、32年から小規模で投機性を帯びた製種場は相次いで倒産した[51]。

さらに、産種量は、31年に約90万枚となり、以後減少したが、33年を底として回復し、36年には31年当時に迫る約84万枚となり（表2を参照）、32年に約5万枚だった蚕種配布量は約220万枚にも及んだ（表3を参照）。だが、改良種の配布量は県によってかなり差があり、表4を見ると、33年春期には蕭山が10余万枚と最多で、1万枚余りの嘉興・海塩・呉興が続き、36年春期には呉興が25万枚余りで最多で、10余万枚の嘉興・蕭山・杭県と続く。逆に、臨安や余杭での配布量は少ない。また、春繭を飼育する農家が多かったため、春期が秋期よりも配布量が多いが、技術上の制約によって土種が生産されない秋期は改良種と競合しないため、嘉興・呉興・杭県・海寧・海塩・長興・嵊県・余杭・徳清・諸暨・崇徳では春期よりも秋期の配布量が多い年もあり、改良種は受け入れられていた。

一方、改良種は質的な面でも相当の進展が見られた。蚕種1枚当たりの産繭量は、20年代に20斤を越えなかったが、34年春には30斤を越えた。特に合衆蚕桑改良会の蚕種は1927年に14斤だったが、33年と34年の春には38斤に達した[52]。また、31年春期・秋期の蚕種病毒率を100とした指数で見ると、35年には春期が39.13、秋期が21.44となり、病毒率はかなり低下している[53]。さらに、当初、生糸100斤を繰るのに必要とする原料繭は高いものは約700斤だったが、35～36年には350～360斤に減少した[54]。

しかし、改良種の生産に関しては、依然として問題も多く残されていた。まず、質的な面では、蚕種の病毒率は低下していったとは言え、民間製種場による粗製濫造もあり、浙江省の蚕種の病毒率は江蘇省に比してはるかに高かった[55]。このような質の問題は、農民の改良種に対する信頼に多大な影響を及ぼすことになるので、極めて重要な問題だった。また、数量の面では、確かに改良種の生産は増加したが、依然として増加する改良種の需要には応じきれなかったため、江蘇省や日本から購入せざるを得ず、省外からの購入量は32年の約4

58　第3章　蚕種改良事業

表4　浙江省各県市改良種配布枚数 ［1933～36年］

| 年度<br>県市 | 1933年 | | 1934年 | | 1935年 | | | 1936年 | |
|---|---|---|---|---|---|---|---|---|---|
| | 春期 | 秋期 | 春期 | 秋期 | 春期 | 秋期 | 晩秋期 | 春期 | 秋期 |
| 蕭　山 | 117,027 | 60,556 | 106,054 | 67,399 | 94,684 | 59,960 | － | 115,276 | 59,085 |
| 臨　安 | 7,200 | 6,590 | 9,875 | 7,030 | 12,000 | 5,891 | － | 15,083 | 10,059 |
| 嘉　興 | 15,704 | 28,665 | 46,135 | 52,599 | 97,895 | 25,233 | － | 161,059 | 54,616 |
| 呉　興 | 12,242 | 35,000 | 54,670 | 50,450 | 124,758 | 48,924 | 13,265 | 254,519 | 154,621 |
| 杭　県 | 8,985 | 17,976 | 20,475 | 48,900 | 67,450 | 33,869 | － | 110,786 | 129,335 |
| 海　寧 | 3,000 | 4,309 | 17,927 | 38,967 | 30,530 | 46,126 | － | 38,305 | 70,471 |
| 海　塩 | 13,000 | 30,000 | 40,000 | 42,836 | 44,369 | 39,611 | 13,234 | 80,585 | 63,010 |
| 長　興 | 2,200 | 3,000 | 18,700 | 10,685 | 25,000 | 15,000 | 4,000 | 45,078 | 29,344 |
| 嵊　県 | － | 11,987 | 10,000 | 18,722 | 46,205 | 17,892 | － | 40,026 | 28,868 |
| 余　杭 | － | 5,900 | － | 4,994 | 6,000 | 5,946 | － | 5,154 | 18,050 |
| 徳　清 | － | 4,980 | － | 29,016 | 24,128 | 20,718 | 13,977 | 53,994 | 76,201 |
| 武　康 | － | 4,067 | 5,000 | 4,952 | 7,510 | 6,000 | － | 14,891 | 11,802 |
| 諸　曁 | － | 3,478 | 12,828 | 30,470 | 55,827 | 33,093 | 5,000 | 73,867 | 59,890 |
| 富　陽 | － | － | 4,944 | 1,000 | 13,000 | － | － | 7,400 | － |
| 安　吉 | － | － | 5,593 | 2,400 | 8,784 | 1,994 | － | 18,000 | 5,200 |
| 於　潜 | － | － | 5,000 | 3,000 | 7,000 | 3,000 | － | 8,879 | 6,500 |
| 昌　化 | － | － | 1,200 | 3,000 | 5,000 | － | － | 2,880 | － |
| 桐　郷 | － | － | 1,000 | 6,452 | 14,979 | 3,143 | － | 56,275 | 16,704 |
| 上　虞 | － | － | 1,000 | 300 | 3,700 | － | － | 3,460 | － |
| 鄞　県 | － | － | 500 | 300 | － | － | － | － | － |
| 杭　州 | － | － | 24,264 | 29,935 | 18,491 | － | － | 52,043 | 50,297 |
| 新　登 | － | － | 10,000 | 9,989 | 4,905 | － | － | 13,000 | 8,000 |
| 崇　徳 | － | － | 6,500 | 9,784 | 19,927 | － | － | 33,300 | 38,491 |
| 新　昌 | － | － | 1,500 | 17,400 | 5,546 | － | － | 15,309 | 6,168 |
| 平　湖 | － | － | 4,750 | 7,634 | 4,995 | － | － | 12,324 | 4,999 |
| 嘉　善 | － | － | 1,900 | 2,000 | 500 | － | － | 6,733 | 1,000 |
| 桐　廬 | － | － | 500 | 2,000 | － | － | － | 1,524 | － |
| 分　水 | － | － | 150 | 1,500 | － | － | － | － | － |
| 第一合作実験区 | － | － | 2,040 | － | － | － | － | － | － |
| 紹　興 | － | － | － | 4,000 | 800 | － | － | 10,189 | 2,500 |
| 孝　豊 | － | － | － | 1,000 | － | － | － | 安吉へ編入 | |
| 遂　安 | － | － | － | 30 | － | － | － | － | － |
| 永　康 | － | － | － | 5 | － | － | － | － | － |

典拠）沈九如「十年来之浙江蚕糸業」105～107頁。

万枚から36年の約170万枚へと拡大し続けていた（表3を参照）。

ところが、日本が37年から中国に対して改良種禁輸措置を取る旨を発表し[56]、浙江省への改良種の来源は絶望的な状況となり、以後は自力更生しなければならぬ事態になった[57]。すなわち、37年の改良種需要見込数は300万枚以上だったが、省内で生産できるのは80万枚にすぎず、不足分の230万枚以上の改良種を江蘇省から移入しなければならないことになる。そこで、省蚕糸統制委員会は改良種の大幅な増産を計画し、37年には200万枚の生産が可能になると見積もったが、それでもなお100万枚の供給不足で、また、38年に所要の改良種を400万枚と見積って200万枚だけ省外より移入すれば足り、39年には需要額の400万枚は自給できる見込みになったという[58]。だが、蚕種を取り巻く内外の厳しい状況からすれば、この数字は単なる見込みではなく、万難を排して達成すべき至上命令とも読める。

しかも、計画通りに蚕種が増産されても、「粗製濫造之弊」を助長する可能性が高く、逆の場合は、土種の生産を回復させる可能性が高い。このような可能性は35年に現実となった。すなわち、嘉興・呉興一帯の農家は、改良種の配給量が年々予定より減らされているので、少量の土種を予め買っておいたり、また、配給された改良種が予定よりも少なかったので、少量の土種を購入したため、土種の売行きが良くなった[59]。嘉興では改良種に対する需要に応じきれず、一度回収された土種1万枚余りが再び農家に配布された[60]。また、余杭土種に関する調査報告の中で、取締の強制も改良種が充分に供給されるまでは事実上困難であると述べられているのも同様の事情によると考えられる[61]。たとえ39年に予定通りに改良種約400万枚が生産されても、改良種は土種を駆逐できないと予想される。なぜなら、改良種に換算した土種の生産額について、蚕業取締所長の沈九如は約1,000余万枚とし[62]、同所の李化鯨も700〜1,000万枚と見積もっていたからである[63]。

以上のような改良種の供給不足という事情は、1935年に省政府が土種に対して全面的禁止からやや妥協的な姿勢へ態度を変更せざるを得なかった理由の1つにもなっていた。

## 2　改良種の導入に抵抗する側

(1)改良種導入反対の動き

　1933年3月18日早朝、蕭山県第5区東部の農民が改良種が土種に影響を及ぼしているとして暴動を起こし、県長が基幹隊・警士各40名を率いて鎮圧した。だが、午後には第6区でも暴動が発生し、「扶土滅洋」のスローガンを掲げて小学校・郷公所数カ所を破壊したので、省政府は保安隊三個小隊を派遣して鎮圧し、土種商人に暴動を扇動した責任をとらせて賠償させた[64]。また、3月24日、余杭の農民約2,000人が改良種に反対する会議を召集し、騒擾状態となり、県長が軍警を派遣した。ところが、暴徒が多く、解散させることができず、群衆が取締土種弁事処・民生製種場・西湖製種場を焼き討ちすると、省政府は保安隊一個大隊を派遣して鎮圧した[65]。さらに、4月5日、土種回収のために派遣された臨安県第4区公所の人員が郷民に殴打された。翌日、郷民200～300人が区長に「養土製蚕種、打倒洋種」の要求を受け入れさせ、区長とともに県城に請願に赴く途中、西湖製種場を焼き討ちし、やがて県城に押し寄せて書類や蚕具を焼却すると、民兵を派遣して鎮圧したが、7～9日、各地の製種場が次々と焼き討ちされ、10日にようやく騒動は平静に向かった[66]。だが、蚕種改良事業は余杭では中止になり、臨安では配布予定の改良種25,000枚が実際には8,000枚ほど配布されたにすぎず、損失額は10余万元に達した[67]。

　省政府は軍事・警察力を動員してひとまず反対の動きを押さえ込んだが、反対の動きはその後も暫く続いた。余杭では34年にも少数の「頑農」が同業者を扇動して騒ぎを起こし[68]、翌年春期には農家の多くが土種を持っていたため改良種に改めることを願わず、配布予定の改良種15,000枚のうち6,000余枚を配布するに止まり、しかも、改良種の受容を希望する養蚕農家が反対する農家の妨害にあっていたため、政府は軍警を派遣して秩序維持を図り、また、杭県では主任・副主任と公安分局長・警士を引き連れて取り締まったが、人心不安による騒動が起こることを恐れて徹底的な取締りができなかった[69]。

ところで、このような動きは江蘇省では見られなかった。たしかに、金壇で繭行統制後の34年に新式繭行が郷民に攻撃され[70]、無錫でも35年に蚕種模範区を農民が取り囲んで蚕種を要求して破壊するという事件が発生したが[71]、前者は繭の買い叩きへの反発で、一方、後者は蚕種の供給不足への不満だった。しかも、33年に無錫・蘇州では改良種の普及率がすでに75％を超え[72]、省全体でも27年に95％の養蚕農民が土種を飼育していたが、32年には60％が改良種を飼育し、抗日戦争直前には土種がほとんど絶滅していた[73]。

(2)農民の意識

浙江省養蚕農民の土種に対する意識について、1920年代の報告は、「余杭蚕種家中に群を抜き絶大の信用と声望を恣まゝにして居る」呉福卿は、「長い歴史を持つ旧家にして其の製造額から言ふも西郷切つての大蚕種家で」、その蚕種価格は「他のものより二十乃至五十仙高に売られ」、「顧客の間にあってはこの蚕種は殆ど信仰化され、彼等は呉家の蚕種を飼育して尚且つ違蚕を来したならば、それは最早神様に捨てられたものと考へて諦める程で」、前金を支払って予約しておかなければならなかったと伝えている。そして、他人に蚕や蚕室を見せることが蚕神を冒瀆するものだという観念から、「蚕を以て神体に擬して、強烈に之を崇拝し、之を扱ふに奉仕的態度を持つものの如く、彼の蚕室に他人の出入りを厭ふ秘密的慣習」を持ち、寝室を幼蚕飼育の場所に充て、藁布団で蚕架全体を囲み、その下に火鉢を置き、部屋の戸口や窓を閉ざす「祈祷、信仰乃至迷信的育蚕法」を生んでいた。一方、無錫地方の飼育場所は入口に近い土間で、降雨時でも室内を閉めきる設備もなく、また、寒冷時にも火力を用いることもない、文字通りの天然飼育だった。もちろん、無錫地方でも蚕に対する信仰的観念はあったが、大抵は嫌な顔を見せることもなく、喜んで見せてくれたと言われている[74]。そして、迷信的観念は日本で特に強かったとも言われ[75]、また、このような迷信的・信仰的観念の強さは農民の養蚕に対する真剣な熱意を表しているとも考えられるから、改良種を受け入れない主要な理由とすることはできない。

とすれば、農民なりの損得勘定に求めるべきだろうか。平湖県の養蚕農家は土種の方が利益が多いと考え、1930年代にも改良種を飼育する者は1割にも至らなかった[76]。そもそも、改良種は「桑葉を最も盛食する五齢期にあって在来種よりも飼育数が二日間多いことは、壮蚕期大部分桑葉を購入して飼育する支那農家にとって経済上かなりの苦痛である」ばかりでなく、土種に比して強健でなく、失敗に陥り易かった[77]。また、改良種を導入した場合、蚕室・蚕具の消毒、催青、稚蚕の飼育が共同で行なわれ、徹底した管理・保護が与えられた。このように、改良種の飼育によって農民が知識人の計算するような利益を上げるには、土種の飼育よりも多くの手間暇が求められた。そして、養蚕農家の多くは一品種だけ飼育するのは極めて危険だと考え、数種類の蚕種を混育した[78]。その上、1枚当たりの蚕卵数は、余杭種が約350、新昌種が約200だったのに対し、改良種は約27で[79]、土種は改良種より多かったので、農民は土種と改良種を交換したがらなかった[80]。だが、以上のことを農民が改良種を受け入れなかった主因と見なすならば、江浙両省ないし同省内で農民が異なる損得勘定をしたことになり、俄には首肯し難い。問題解決の糸口は土種と改良種の比較のみにではなく、蚕糸業構造の分析に求めるべきだろう。

(3)土着の蚕糸業構造
①概況

浙江省では、土種と繭・生糸の生産で地域間分業が成立していた。まず、土種の生産地について見てみよう。

養蚕家は皆蚕種家であるとされていた余杭は[81]、土種の生産地として最も有名で、蚕種製造農家が全体の7割を占めていた。また、蚕種需要地の蚕種客人(蚕種商人)が余杭までやって来て呉福卿が決めた公定価格で買付け、1920年代に杭州・嘉興間の鉄道沿線地帯を中心に、湖州・蘇州南部・南京・江北・安徽省にも販売され[82]、30年代初頭にも、嘉興・呉興・杭県・新登・昌化・桐郷・長興・安吉・孝豊・武康・崇徳・徳清・海寧・嘉善・平湖・臨安・海塩では、蚕種の半数以上を余杭種が占めていた。蚕種生産農家8,000戸余り・蚕種商人

1,300余家を数える余杭では大部分が余杭種を飼育し、蚕種生産量が最も多い時期には50万枚余りにも及び、臨安や海寧では飼育量の70〜80％が余杭種だった[83]。だが、余杭種も35年には約30万枚まで減少し、本来は1枚2.5元だった価格も、呉福清の蚕種が定価通りに1元で売出した以外は0.2〜0.3元に過ぎなかった[84]。

　余杭種に次ぐのが嵊県・新昌の嵊新種で、製種家は自らは養蚕を行なわず、採種用の種繭を近隣の村から購入していた[85]。嵊新種は比較的新顔として浙西市場に乗出して来たもので、嵊県・新昌には商人がやって来ないので[86]、約200人が蚕種販売幇を結成し、各地に売り歩いていた[87]。蚕種の販路は、蕭山を始めとする浙東と桐郷県烏鎮、徳清県新市、呉興県双林・菱湖・湖州、嘉興の浙西の2方面に分かれ、一部は余杭種と競合していた[88]。だが、23年頃の最盛期に80万枚余り生産された嵊新種も、蕭山第一改良蚕桑模範区が設立された32年には14万枚余りにまで激減し、嘉興・呉興で余杭種に対する需要が多くなり、嵊県・新昌でも余杭種を移入するようになり[89]、35年には生産量は約6万枚に過ぎなくなった[90]。

　他には、呉興土種が隣接する蘇南にかなり移出されていた。例えば、20年の江蘇省呉江県では、蚕種の半分は呉興県南潯から、2割は嵊県・新昌から移入されていたが[91]、30年代に江蘇省で改良種が普及し、呉興土種は大打撃を被った。そもそも、呉興県双林鎮には多くの蚕種商人が集まっていたが、純粋に製種に従事する種戸は非常に少なく、蚕種生産量は32年には4万枚余りにすぎず、その原種の多くは余杭種や嵊新種だった。さらに、諸曁土種も旧嘉興・湖州府各県に販売されていたが、32年にはすでに絶滅していた[92]。

　以上のように、土種の生産は30年代に改良種に押されて不振となり、余杭種は30年代中頃に余杭蚕種改良会が蚕児蚕繭の検査を行なって改良種に対抗しようとしたり[93]、繭業連合会が省政府に土種の改良の必要性を訴え、余杭種の保存を請求したりして生き残りを図ったが[94]、36年末には省内での土種の比率は70％から30％に低下した[95]。

　次ぎに、繭の生産について見てみよう。32年の各県の養蚕農家戸数は、呉興

表5 浙江省各県養蚕農家戸数及び産繭量（1932年）

| 県　名 | 戸　数 | 全戸数中の割合(%) | 産繭量(担) |
|---|---|---|---|
| 呉　興 | 154,879 | 87 | 203,400 |
| 杭　県 | 137,000 | 74 | 189,000 |
| 海　寧 | 74,916 | 89 | 110,000 |
| 嘉　興 | 74,500 | 74 | 175,200 |
| 諸　曁 | 74,000 | 85 | 54,000 |
| 蕭　山 | 65,460 | 62 | 129,660 |
| 嵊　県 | 53,600 | 75 | 56,950 |
| 海　塩 | 40,571 | 81 | 41,800 |
| 長　興 | 38,000 | 65 | 45,200 |
| 徳　清 | 36,400 | 86 | 20,000 |
| 崇　徳 | 35,000 | 85 | 20,000 |
| 桐　郷 | 29,500 | 90 | 54,300 |
| 平　湖 | 19,968 | 64 | 25,200 |
| 新　昌 | 15,800 | 32 | 18,200 |
| 臨　安 | 15,590 | 64 | 24,300 |
| 余　杭 | 14,500 | 83 | 34,900 |
| 武　康 | 9,318 | 45 | 7,120 |
| 孝　豊 | 7,400 | 41 | 3,800 |
| 嘉　善 | 7,000 | 16 | 3,000 |
| 富　陽 | 6,400 | 15 | 9,000 |
| 安　吉 | 6,200 | 43 | 3,380 |
| 新　登 | 5,800 | 46 | 6,600 |
| 上　虞 | 5,450 | 12 | 3,680 |
| 紹　興 | 5,400 | 3 | 6,500 |
| 桐　廬 | 5,100 | 16 | 1,660 |
| 奉　化 | 4,500 | — | 1,130 |
| 於　潜 | 3,400 | 20 | 3,800 |
| 分　水 | 3,200 | 34 | 3,900 |
| 余　紹 | 2,800 | — | 1,100 |
| 昌　化 | 2,700 | 15 | 1,700 |
| その他 | — | — | 10,000 |
| 合　計 | 804,352 | — | 1,088,000 |

典拠）『中国実業誌（浙江省）』第4編183～186頁。

の15万戸余りを筆頭に、杭県・海寧・嘉興・諸曁・蕭山が続き、全農家戸に占める割合は、90％の桐郷を筆頭に、海寧・呉興・徳清・諸曁・崇徳・余杭が続く。さらに、繭の生産量は、全省では108万担余りで、呉興の20万担余りを筆頭に、杭県・嘉興・蕭山・海寧・嵊県・桐郷・諸曁・長興が続く（表5を参照）。ただし、28年から32年までに養蚕農家の割合は、余杭と蕭山では各々71.7％から83％、22％から62％へ上昇したが、28年に呉興・海寧・嘉興では100％、徳清・昌化・桐郷・崇徳では90％を超えていたから、30年代に養蚕業から離れた農家が相当いたことになる[96]。

さらに、土糸生産について見てみよう。33年の調査によれば、土糸生産量は廠糸の約20倍にあたる85,260担に達し[97]、呉興が約18,000担で最多で、15,000担弱の杭県や嘉興、7,810担の海寧が続き[98]、繭生産の盛んな地域では土糸生産も盛んだった。だが、生糸生産者を兼ねる養蚕農家はその全産繭を土糸原料繭に供するのではなく、

繭価格と生糸価格の高低によって土糸原料繭の割合は変動した。浙西では産繭の約50％が土糸原料繭として保留され、呉興では繭販売額は土糸販売額の1割にすぎなかった[99]。また、33年春に嵊県・新昌の養蚕農家のほとんどが土糸を生産し[100]、同年秋には養蚕農家の大部分が土糸を繰り[101]、翌年春の収繭量は改良繭が126,000余担、土繭が177,000余担だったが、改良繭でさえその4割までが土糸となり[102]、36年にも全省の改良繭と土繭の生産量は46万担と43万担となっている[103]。そのうち、収繭量は改良繭が337,000余担、土繭が312,000余担だったから[104]、少なくとも30％弱が土糸になったことになる。

土糸が絹織物の原料として用いられる割合は人絹糸と廠糸の拡大によって低下した。ただし、30年代にも土糸に対する需要は根強く、絹織物の生産額と原料の割合は杭州市が約12万疋（31年調査）で、人絹糸が最多で約59％を占め、廠糸と土糸が約40％を占めたのに対し、呉興は約30万疋（33年調査）で、廠糸と土糸が各50％を占めた[105]。また、杭州市の消費原料比率を見ても、廠糸・土糸・人絹糸は、35年が12％・24％・64％、36年が13％・23％・64％、37年が11％・25％・64％だった[106]。

②特徴

江浙両省の蚕糸業構造にはかなりの違いが見られる。まず、「余杭及紹興の蚕種製造業は兎も角も独立せる立派な生産業の一つとして特色ある発展を遂げて」おり、「浙江省は湖州の一部を除き養蚕家は皆杭種若くは紹興種孰れかの蚕種を購入して育蚕に当るに反し、無錫を始め江蘇省の江南地方は養蚕家が各自採種する」という違いがあった[107]。また、養蚕業についても、無錫の養蚕業は上海製糸業が勃興するに及んで、その原料繭供給地として発達を遂げたもので、始めから繭を生産することが終局目的だった。これに対し、浙江省の養蚕業は古い歴史を有し、繭生産が単に糸を作るための生糸生産過程の一行程に過ぎず[108]、養蚕農家が土糸生産者を兼ねることを原則としていた[109]。

1913年の統計によれば、無錫の養蚕従事者は総人口の62％を占めていたのに対し、繰糸従事者は7％を占めるに過ぎなかったから[110]、無錫の農民にとって養蚕業がいかに重要だったかがわかる。また、30年代には無錫・武進・江陰

一帯では土糸がほぼ絶滅した[111]。一方、35年の調査によれば、呉興の農家の蚕桑収入が全収入の約30％を占め、そのうち、繰糸収入が26.85％を占めていたから[112]、繰糸収入が蚕桑収入全体に占める割合は約90％にもなり、呉興の農民にとって繰糸業がいかに重要だったかがわかる。

　そして、浙江省政府は改良繭を全面的に買い上げて土糸の原料へと流れるのを封じ込める措置を取った。だが、蕭山改良蚕桑模範区内でさえも土糸の厳禁には成功しなかった[113]。また、土糸として著名な七里糸も改良繭の繰糸を禁止されたため、土繭を集めて繰糸していた[114]。このことは土糸に対する需要が依然として多いことを表している。

　以上、江浙両省の蚕糸業構造にはかなりの差異があったことがわかる。無錫の養蚕業は、廠糸のための原料繭を生産することを目的として発展してきたため、養蚕と繰糸の過程は比較的分離し、生産費がやや割高でも廠糸の原料として適合的な改良繭の方が土繭よりも高価で売れるため、養蚕農家は従来の自家製蚕種（土種）を捨てて改良種を導入し、改良繭の生産に専念するようになり、30年代前半に無錫の改良繭が江浙一帯の産繭地で最も高価で売られ[115]、江蘇省では土糸が急速に駆逐されたのである。

　一方、「浙江省の養蚕は古来座繰製糸業の一過程とも言ふべく、収繭を終るや直ちに繰糸に着手するが故に、自ら採種に暇なきことや、育蚕に慎重なる彼等は蚕種の買入に吝かならざること等」[116]によって、生糸の生産に専念するために自家採種せず蚕種（土種）を余杭などから購入し、製種業が養蚕業から分離して独立した業種となっていた。だが、繭のままで販売するよりも生糸にして販売する方が利益が大きかったため、1930年代にも養蚕業と繰糸業は未分離で、養蚕農家の多くは土糸を生産し続けた。このため、土糸に対する需要は土種・土繭に対する需要をもたらした。特に、繭価が低い時はなおさらで、例えば、31年には浙江省の養蚕農家は平均して生繭１担につき4.6元の損失を出したとされるが、繭から土糸を繰って販売すると12.4元の利益があった。しかも、土糸の原料繭は、１担を生産するのに、改良種は７枚必要だったのに対し、嵊新種は１枚で足り、余杭種に至っては１枚で１担余りの繭を生産できた

ので、養蚕農家は土種を購入した(117)。余杭種は養蚕農家の自家製蚕種よりも質的に優れていたばかりでなく、価格や養蚕過程での手間暇などを総合的に勘案して改良種よりも得だと考えた農民も少なくなかった。さらに、余杭種生産者の大部分は養蚕農家だったため、重要な収入源となっていた土種を放棄しえず、見かけ上無料の土種を捨てて敢えて改良種を購入するのは不合理なことで、改良種の導入には抵抗せざるを得ない立場にあった。

## おわりに

　浙江省でも蚕種改良事業には多大の努力が払われ、しかも、一定程度の成果も上げていたとは言え、江蘇省のように容易には改良種が受け入れられなかった。これは、一つには、改良種の需要に対する供給不足が土種の存続に有利な条件を与えていたことにもよる。特に、1935年以降、生糸・繭価格が上昇して蚕種に対する需要が高まるにつれ、改良種の不足分を土種が代替・補充しかねない状況が生じていた。

　だが、両省の差異を決定的にしたのは、蚕糸業構造の差異だった。江蘇省では改良繭の生産に専念していったために改良種の導入が必要だったのに対し、浙江省では土糸の生産に専念していたために土種を必要とした。結局、1920～30年代の改良種の導入は、江蘇省では自家製種（土種）との代替だったが、浙江省では土種の生産と土糸の生産が地域間分業をなしつつ密接な一貫性を持つという蚕糸業構造全体への対抗を意味していた。よって、浙江省では、江蘇省と違って、改良種の導入による土種の駆逐が必ずしも順調に進まなかった。

注
(1)奥村哲は、浙江省の絹業が伝統の重みを持ち、製種が養蚕と分離し、土種製造業として独立しているために、改良種の導入に根強く抵抗したという示唆に富む指摘をしているが、研究の主眼が製糸に置かれているため、これ以上の詳しい言及はない（「恐慌下江浙蚕糸業の再編」『東洋史研究』第3巻第2号、1978年）。これに対して、

第3章　蚕種改良事業

ウェイドナーは、浙江省では改良種導入の際に指導・説明が不十分で、地方の指導者・農民の支持を得られなかったのに、改良種を強制したために暴動を引起こしたとし（Terry M.Weidner, "Local Political Work under the Nationalists: The 1930's Silk Reform Campaign", Essays in the History of the Chinese Republic: Part Two: Kuomintang Development Efforts during the Nanking Decade, 1983.)、また、上野章は、江蘇省の蚕種改良事業を論じ、合理主義に全幅の信頼を寄せるテクノクラートによって導入された近代的技術が慣習的農業を変革させたとして積極的に評価した（「経済建設と技術導入」中国現代史研究会編『中国国民政府史の研究』汲古書院、1986年）。だが、両者は江浙両省の改良種導入における差異を捨象している点で一致しており、その差異が生じた理由が説明できない。なお、徐秀麗は、浙江省における改良種普及の緩慢さの原因を土種より割高な飼育費に求めているが、これも江蘇省で改良種が急速に普及したことを説明できない（「試論近代湖州地区蚕糸業生産的発展及其局限（1840～1937）」『近代史研究』第2期、1988年）。

(2) 朱新予編『浙江糸綢史』（浙江人民出版社、1985年）は、浙江省蚕業改良事業における努力と成果を評価した上で、地主・土豪が土種製造業者を扇動して改良種の導入反対暴動を引き起こし、改良事業を妨害したとしている。

(3) 行政院農村復興委員会編『浙江省農村調査』（1935年）5頁。

(4) 葛綏成編『分省地誌・浙江省』（1939年）97頁。

(5) 楽嗣炳編『中国蚕糸』（世界書局、1935年）47頁。

(6) 鈴木智夫「洋務運動期における上海生糸貿易の展開」（シンポジウム運営委員会編『中国蚕糸業の史的展開』汲古書院、1986年）21頁。

(7) 秦惟人「清末湖州の蚕糸業と生糸の輸出」（『中嶋敏先生古記念論集・下』汲古書院、1981年）532頁。

(8) 東亜経済研究所編『経済に関する支那慣行調査報告書——支那蚕糸業に於ける取引慣行』（1944年。以下、『慣行調査報告書』と略す）124頁。

(9) 注（3）に同じ。

(10) 1897年創立の蚕学館を1914年に甲種蚕業学校と改め、同時に、女子蚕業講習所を創設し、人材の養成を本格化させ、1915年に原蚕種製造場が設立され、また、1918年には中国合衆蚕桑改良会が嘉興と諸曁に育蚕製種場を設立した（実業部国際貿易局編『中国実業誌（浙江省）』（1933年）第4編164～165頁）。

注　69

(11)前掲書、『浙江糸綢史』182頁。
(12)木暮慎太「輓近の支那蚕糸業」（『蚕糸学報』第18巻第11・12号、第19巻第1号、1936年）50頁。
(13)郭文韜・曹隆恭主編『中国近代農業科技史』（中国農業科技出版社、1989年）555～556頁。
(14)外務省通商局編『江浙養蚕業ノ現状』（1929年）44頁。
(15)常宗会「中国蚕糸業復興之路及蚕糸業と国民経済の関係」（興亜院華中連絡編『中支那重要国防資源生糸調査報告』1941年。以下、『報告』と略す）第3編1,686頁。
(16)李化鯨「浙江省新種業盛衰記略」（浙江省蚕種製造技術改進会編『浙江省蚕種製造技術改進会月報』第1巻第1期、1933年10月1日。以下、『月報』と略す。）6頁。
(17)曾養甫「政府厳令取締土製蚕種之意義」（浙江省建設庁編『建設週刊』第57期、1933年4月27日)。
(18)方顕廷（辰巳岩雄訳）「支那に於ける統制経済（二）」（『満鉄調査月報』第17巻第2号、1937年2月）142頁。
(19)大村清之助「抄録を通して見た支那の蚕糸業に就いて」（『報告』）第3編1,733頁。
(20)沈九如「本庁改良蚕業之経過及秋期計画」（『建設週刊』第64期、1933年6月15日）。
(21)楊寿生「分水県蚕業改良区二十四年春期事績報告」（『浙江省建設月刊』第9巻第2期、1935年8月）2頁。
(22)賈敏「一個蚕業指導員的日記」（『月刊』第3巻第2期、1935年8月15日）104頁・111頁。
(23)沈九如「十年来之浙江蚕糸業」（『浙江建設月刊』第10巻第11期、1937年5月）103頁。前掲書、『江浙養蚕業ノ現状』23頁。
(24)前掲、沈九如「十年来之浙江蚕糸業」104頁。
(25)李化鯨「八年来浙江省蚕業推広之検討」（『浙江省建設月刊』第9巻第3期、1935年9月）86頁。
(26)李化鯨「八年来浙江省救済蚕糸事業之概述」（『浙江省建設月報』第9巻第3期、1935年9月）78頁。
(27)前掲、李化鯨「八年来浙江省蚕業推広之検討」91～93頁。
(28)「新昌県在澄潭設立土製蚕種整理処」（『建設週刊』第58期、1933年5月4日）。前掲書、『浙江糸綢史』173頁。
(29)「令蕭臨両県長査禁売買土種」（『建設週刊』第58期、1933年5月4日）。

(30)「在模範区内禁止販売土種」(『建設週刊』第63期、1933年6月8日)。
(31)「蕭臨両模範区組織収繭委員会」(『建設週刊』第62期、1933年6月1日)。
(32)前掲、李化鯨「八年来浙江省蚕業推広之検討」95～96頁。
(33)「統制収買蚕繭之意義」(『建設週刊』第162期、1935年5月2日)。
(34)浙江省建設庁蚕糸統制委員会編『浙江省建設庁二十四年改良蚕桑事業彙報』(1936年) 章則、2頁。
(35)「余杭土製蚕種　各県未禁止銷售」(『建設週刊』第166期、1935年5月30日)。
(36)「改進余杭土蚕種」(『建設週刊』第202期、1936年2月6日)。
(37)前掲、沈九如「十年来之浙江蚕糸業」104～105頁。
(38)何兆瑞主編『浙江経済情報』(浙江経済調査協会、第2巻第13期、1937年5月1日)。ただし、原載は、『正報』1937年4月25日。
(39)『浙江経済情報』(第2巻第17期、1937年6月11日)。ただし、原載は、『浙江商報』1937年6月8日。
(40)求亮如「調査浙江省蚕業後有感(一)——論取締土種」(国立浙江大学農学院蚕桑系同学会編『蚕声』第2巻第3期、1933年7月1日) 8頁。
(41)前掲、常宗会「中国蚕糸業復興之路及蚕業と国民経済の関係」1,688頁。
(42)張範村「取締余杭土種之意義及其弁法」(『建設週刊』第56期、1933年4月20日)。
(43)同上。
(44)徐縉璈「第二改良蚕桑模範区二十三年秋期事績報告」(『浙江省建設月刊』第8巻第8期、1935年2月) 13～14頁。
(45)楊寿生「分水県蚕業改良区二十四年春期事績報告」(『浙江省建設月刊』第9巻第2期、1935年8月) 1～2頁。張渭城「新昌県蚕業改良区二十四年春期事績報告」(『浙江省建設月刊』第9巻第2期、1935年8月) 6頁。趙所藝「於潜県蚕業改良区二十四年春期事績報告」(『浙江省建設月刊』第9巻第2期、1935年8月) 10～11頁。前掲書『浙江省建設庁二十四年改良蚕桑事業彙報』132頁。
(46)前掲、李化鯨「八年来浙江省蚕業推広之検討」86～87頁。
(47)中央党部国民経済計画委員会編『十年来之中国経済建設(1927-1936)』(南京扶輪日報社、1937年) 第5章、47頁。
(48)注(26)に同じ。
(49)前掲、沈九如「十年来之浙江蚕糸業」102頁。
(50)前掲書、『十年来之中国経済建設(1927-1936)』46～48頁。

(51)注(47)に同じ。
(52)前掲、李化鯨「八年来浙江省蚕業推広之検討」97～100頁。
(53)前掲書、『中国近代農業科技史』558頁の表を参照。
(54)胡鴻均「日本原蚕種国家管理と我国蚕品種の研究を語る」(『報告』第3編) 1,633頁。
(55)沈九如「浙江省新種業之過去及将来」(『報告』第3編) 1,617頁。
(56)湖南第二農事試験場編『農業建設月刊』(第1巻第2期、1937年4月15日)。
(57)前掲、胡鴻均「日本原蚕種国家管理と我国蚕品種の研究を語る」1,634頁。
(58)前掲、沈九如「浙江省新種業之過去及将来」1,619頁・1,622頁。
(59)王学祥「浙江省新昌嵊県土製蚕種調査報告(1935年)」(『報告』第3編) 1,631頁。
(60)「換回土種分発飼育」(『申報』1935年6月14日)。
(61)胡仲本「浙江省余杭県土製蚕種調査報告(1935年)」(『報告』第3編) 1,626頁。
(62)前掲、沈九如「浙江省新種業之過去及将来」1,613頁。
(63)李化鯨「浙江省新種業盛衰紀略」(『月刊』第1巻第1期、1933年10月1日) 13頁。同「一年来本省製種業之回顧」(『月刊』第3巻第1期、1933年7月15日) 39頁。
(64)「蕭山農民反対改良蚕種」(『申報』1933年3月20日)。「浙省農民反対改良事件」(『申報』1933年6月27日)。
(65)「余杭農民暴動反対改良蚕種」(『申報』1933年3月26日)。前掲、李化鯨「八年来浙江省救済蚕糸事業之概述」82頁。
(66)「浙江臨安郷民騒動」(『申報』1933年4月20日)。
(67)注(20)に同じ。
(68)注(35)に同じ。
(69)前掲書、『浙江省建設庁二十四年改良蚕桑事業彙報』53頁・240頁。
(70)「金壇繭行発生風潮」(『申報』1934年6月7日)。
(71)苦農「絲繭統制下的無錫蚕桑」(中国農村経済研究会編『中国農村動態』1937年) 64～65頁。
(72)希曙「中国四大農産品之近況」(上海銭業同業公会銭業月報社編『銭業月報』第13巻第7号、1933年7月) 9～10頁。
(73)前掲書、『中国近代農業科技史』555頁。
(74)蚕糸業同業組合中央会編『支那蚕糸業大観』(岡田日栄堂、1929年) 106～145頁。
(75)前掲、楽嗣炳編『中国蚕糸』79頁。

⑺⑹呉暁震「浙江平湖的蚕桑業」(『新中華』第2巻第15期、1934年8月10日) 83頁。
⑺⑺前掲書、『支那蚕糸業大観』530頁。
⑺⑻前掲書、『中国実業誌(浙江省)』第4編186頁。
⑺⑼埼玉県蚕糸業組合聯合協会編『蚕糸業調査報告』65～66頁。出版地・出版年は不明。
⑻⓪前掲、楊寿生「分水県蚕業改良区二十四年春期事績報告」5頁。
⑻⑴東亜研究所編『支那蚕糸業研究』(大阪屋号書店、1943年) 87頁。
⑻⑵前掲書、『支那蚕糸業大観』103頁・110～114頁。
⑻⑶前掲書、『中国実業誌(浙江省)』第4編186～202頁。
⑻⑷前掲、胡仲本「浙江省余杭県土製蚕種業調査報告(1935年)」1,624頁。
⑻⑸王景清「新嵊蚕桑之状況」(浙江省立甲種蚕業学校校友会雑誌部編『浙江省立甲種蚕業学校校友会雑誌』第1期、1918年12月。以下、『雑誌』と略す。) 13頁。
⑻⑹前掲書、『支那蚕糸業大観』117頁・120頁。
⑻⑺兪鳳陽「蕭山蚕業談」(『雑誌』第4期、1921年12月) 16頁。
⑻⑻前掲書、『支那蚕糸業大観』121頁。
⑻⑼前掲書、『中国実業誌(浙江省)』第4編193～195頁。
⑼⓪前掲、王学祥「浙江省新昌嵊県土製蚕種調査報告(1935年)」1,628頁。
⑼⑴呉江県档案館江蘇省社会科学院経済史課題組編『呉江蚕糸業档案資料匯編』(1989年) 22頁。
⑼⑵前掲書、『中国実業誌(浙江省)』第4編192頁・202頁。
⑼⑶何兆瑞主編『浙江経済情報』浙江経済調査協会(第1巻第8期、1936年12月21日) 7頁。ただし、原載は、『浙江新聞』(1936年12月18日)。
⑼⑷前掲、木暮慎太「輓近の支那蚕糸業」21頁。
⑼⑸章有義編『中国近代農業史資料・第三編(1927-1937)』(生活・読書・新知三聯書店、1957年) 935頁。
⑼⑹銭天達『中国蚕糸問題』(上海黎明書局、1936年) 44～46頁の表を参照。
⑼⑺前掲書、『慣行調査報告書』100頁。
⑼⑻前掲書、『中国実業誌(浙江省)』第7編46頁の一。
⑼⑼前掲、『慣行調査報告書』99頁。
⑽⓪「商業新聞・糸茶」(『申報』1933年6月14日)。
⑽⑴前掲、李化鯨「八年来浙江省蚕業推広之検討」96頁。前掲、李化鯨「八年来浙江省救済蚕糸事業之概述」82頁。

(102)「本年春期実施蚕糸統制経過及今後応注意各点──蚕糸統制会沈秘書九如在紀念週報告」(『建設週刊』第171期、1935年7月4日)。
(103)華東軍政委員会土地改革委員会編『浙江省農村調査』(1952年) 303頁の表。
(104)前掲書、『浙江経済情報』(第2巻第13期、1937年5月1日) 201頁。
(105)前掲書、『中国実業誌(浙江省)』第7編52～54頁。
(106)前掲書、『報告』第3編1,104頁。
(107)前掲書、『支那蚕糸業大観』98頁・122頁。
(108)前掲書、『報告』第1編233頁。
(109)前掲書、『慣行調査報告書』99頁。
(110)高景嶽・厳学熙編『近代無錫蚕糸業資料選輯』(江蘇人民・古籍出版社、1987年) 9頁、「1913年無錫等四県的蚕糸生産統計表」。
(111)前掲書、楽嗣炳編『中国蚕糸』39頁。
(112)徐新吾主編『中国近代繰糸工業史』(上海人民出版社、1990年) 338頁の表4・28。
(113)「蕭山改良蚕桑模範区二十四年春期工作計画」(『蚕声』第3巻第3・4期、1934年7月1日) 49頁。
(114)前掲、木暮慎太「輓近の支那蚕糸業」53頁。
(115)前掲書、徐新吾主編『中国近代繰糸工業史』334頁の表4・24。
(116)前掲書、『支那蚕糸業大観』98頁。
(117)前掲書、『中国実業誌(浙江省)』第4編216～217頁。

# 第4章　棉花種改良事業

## は じ め に

　前章で1920～30年代の蚕種改良事業を検討し、省政府が土種を改良種に替えようとしたのに対して一部の農民が反対したことを見た。実は、これとほぼ同様の農民の反応は、土花・土棉（土着の在来棉）の栽培から洋花・改良棉（米棉・アメリカ棉と百万棉）の栽培への転換を目指した浙江省棉花種改良事業の中にも見出すことができる。

　ところで、30年代の浙江省棉花種改良事業については、すでに綿密な分析がなされており[1]、しかも、32年の浙江省の棉作面積は全国の4.51％を占めるにすぎず[2]、また、かつて中国の中で一定程度の重要な地位を占めていた寧波棉も、30年代にはその地位は大きく失墜しており、再検討の必要性は極めて小さいようにも思われる。

　だが、それにもかかわらず、本章で敢えて取り上げるのは、蚕種改良事業と同様に、農民の一部が反対した事情や背景を分析することが、農業の近代化について考える上で、極めて興味深くかつ重要だと思われ、また、この点については先行研究でもなお不十分だと感じるからである。

　よって、本章では、棉作農民の改良棉の栽培に対する受容ないしは拒否の態度を生み出している原因について、分析することにしたい。

## 1　改良事業の実施

⑴意図と背景

　1935～37年に全国経済委員会棉業統制委員会は、江蘇・陝西・河北・河南・山西・湖北の各省に棉産改進機関を設け、棉花種改良事業を実施した[3]。だが、

浙江にはこのような棉産改進機関は設置されず、独力で取り組み、また、銭塘江口のみが棉産地だったので、従来の土棉栽培地に改良棉を栽培せざるを得ず、土棉と改良棉は衝突することになった(4)。

浙江省棉花種改良の意図も細糸用の原棉として適する棉花の質的改良と原棉自給化のための増産にあった。例えば、譚熙鴻は33年1月の省棉産会議で原棉の自給化を実現して初めて綿紡績業の危機を減少させることができると説明している(5)。また、36年7月に省農林改良場長の邵亮熙は、棉花を直接紡績工場へ販売すれば、棉花の質的向上と中間商人の排除によって棉作農民と紡績工場の双方が利益を得ることができると述べている(6)。さらに、37年に省棉業改良場長の蕭輔は、綿業改良の最終目標が良質な原棉を供給して紡績業界の要求に適合することにあると明言している(7)。当時の紡績業界の需要は漸次細糸に向かっており(8)、細糸用の改良棉を必要とし、輸入棉花との代替が求められていた。ところが、浙江の土棉は8～14番手太糸を紡ぐことしかできなかったので(9)、省政府は改良棉の推進・普及に尽力し、紡績業界の需要に応えようとしたのである(10)。

ところで、必ずしも主要な棉産地とは言えず、米棉栽培に適さない浙江省で、なぜ棉花種改良事業を強力に推し進める必要があったのだろうか。

省建設庁長の曾養甫は、浙江省が紡績工場の最も多い上海に近く、運輸が非常に便利で、しかも、余姚・紹興の棉花は科学的な方法で改良すれば必ず良好な成績を得ると述べると同時に、日本が東北を強奪した主因の1つに広大な棉産地の獲得を求めたことを指摘している(11)。また、浙江省の別の識者は、日本が紡織で中国市場を操縦していることは武力侵略よりも深刻で、故に、抗日は綿業の救済から着手すべきだと述べている(12)。さらに、36年末に省農林場長の邵亮熙は、日本が華北の棉花を支配しようとしていることに警戒し、浙江省において棉花改良を急ぎ、国内の紡績工場の原棉需要を充たすべきだと述べている(13)。

それでは、浙江省内にあった紡績工場の原棉事情はどうだったのだろうか。棉花種改良事業が本格化する直前の32年頃に各紡績工場が生産した綿糸と主要

な原棉は、蕭山の通恵公紗廠が6～16番手・紹興棉花、寧波の和豊紗廠が10～14番手・余姚棉花だったが、杭州の三友実業社杭廠は20～42番手が中心で、75％が陝西棉花や米棉だった[14]。一般的に8～14番手しか紡ぐことができない土棉は、主に20～42番手を生産する三友実業社杭廠の需要を充たすことはできなかったので、棉花を移輸入せざるを得なかった。そもそも、三友実業社は12年に上海で蝋燭の芯を製造したのに始まり、第一次世界大戦中に急速に発展し、タオル生産にも乗り出し、29年1月に杭州の通益公紗廠を買収して三友実業社杭廠とし、31年に全盛期を迎えたが、翌年には第一次上海事変によって破壊されて操業を停止した上海の三友実業社総廠が閉鎖し[15]、生産の重心を杭州へ移した。

　このような事情から、三友実業社杭廠は棉花種改良事業に強い関心を持っていた。そして、棉花の改良と増産を決議した33年1月の省建設庁棉産会議には、実業部・上海紗廠連合会・棉産地各県政府代表と並んで、代表を参加させている[16]。また、同年、省建設庁は杭県・蕭山県棉業改良実施区で百万棉の栽培を奨励するために、三友実業社杭廠に対して棉作農民にタオルを配布させたが[17]、その見返りであろうか、実施区の皮棉1,300担余りの大部分が三友実業社杭廠に売却され、さらに、35年に実施区で挙行された棉産展覧会の経費3,000元のうち、1,000元は綿織物製品を出品した紡績企業に出させ、36年には実施区で収集された棉花5.4万担余りの大部分を三友実業社杭廠と和豊紗廠に売却した[18]。

　以上のように、浙江省でも棉花改良が急がれたのは、棉花の大消費地だった上海に近いこと以外に、日本の華北進出に伴う原棉供給地喪失の危機に対する保障的措置として浙江省の紡績工場が近場の棉花を確保しようとしたからだった。特に、細糸用の原棉を必要としていた三友実業社杭廠こそが棉花改良事業に最も熱心にならざるを得なかった。


(2)実施状況

　棉花改良事業は、省政府が19年冬に余姚県馬堰に60畝余りの省立棉種試験場

を設置したところから始まる。同試験場は、28年4月に省立棉業改良場（後に総場）に改組され、32年から本格的に改良事業を展開した。同年8月、総場は杭州市郊外の七堡に移されて省農業改良総場棉場と改名され、33年には杭県と蕭山県に棉業改良実施区が設立された（地図を参照）[19]。杭県喬司に設けられた棉業改良実施区は、同区内の棉作農家の姓名・年齢・棉作地を登記させ、農民が百万棉に疑いを持っていたので、綿製品展覧会を開いてその優良さを証明しようとした。また、農民の大部分は端境期に棉花の廉売を条件に喬司の商人から米を掛け買いしていたので、合作社を組織し、社員174人に永代小作権や棉花を担保にして棉作地1畝につき2元を貸した。一方、蕭山県では棉花商人の搾取を避けるために農工銀行から資金を借り、改良棉を土棉よりも20％高く買付けた[20]。

　33年に1,800余畝（183戸）だった杭県棉業改良実施区は、翌年には6,555畝（479戸）に拡大している[21]。また、余姚県馬堰・石堰・泰堰3郷にも棉業改良実施区が設立され、一律に百万棉栽培に改めさせ、全県への普及を目指し、郷長・隣閭長を通して農民に説明された。改良事業は閭長が各村を調査し、棉作農民の姓名・棉作面積・栽培地点・稲作面積を登記し、百万棉種受取証を配布し、棉作地1畝につき棉種7斤を配布することから始まり、879戸に棉種2斤余りを配布し、技術指導するとともに、馬堰郷合作社と余姚県農民銀行が大豆粕1,000張（1張＝51.5斤）と2,000張を低利で買付けた[22]。

　35年には、杭県棉業改良実施区の棉作地は15,261畝にまで拡大し、棉種の配布、播種、間引き、中耕除草、施肥、摘心、病虫害駆除、収穫、合作社の組織化、運搬・販売の経営に対する指導が行なわれ、農民夜校も開かれた[23]。また、3,085戸24,248畝の蕭山県棉業改良実施区でも、棉作農家に対する調査・登記、百万棉種貸与や土棉種との交換、播種・間引き・中耕除草・移植・施肥・病虫害駆除・排水・収穫・販売・留種に対する指導が行なわれ、盈囲・盛寧囲棉業生産合作社（棉作農家の約4分の1が入社）を組織し、銀行からの借款で油粕を購入して農民に貸付けた。その他、計31ヶ所で農事講習会を実施して農民教育を推進し、実施区の棉作農家の3分の1以上が参加し、県教育科の補助を受

78　第 4 章　棉花種改良事業

地図　浙江省の主要棉産地

1 改良事業の実施 79

けて農民夜校も開かれた[24]。さらに、28郷鎮3.6万畝に拡大した余姚県棉業改良実施区でも棉作地の登記、棉種の交換・配布、播種、間引き、中耕除草、施肥、排水を指導した[25]。

35～36年、定海・鎮海・海塩3県に棉業改良実施区が設立され、また、慈谿・上虞・鄞県3県に百万棉・訓化米棉を普及する棉業改良推広区が設立された（地図を参照）。ただ、これらの実施区・推広区の直属先は省農業推広委員会（35年1月～）、省建設庁（36年1月～）、省農林改良場（36年7月～）、省棉業改良場（37年2月～）と転々とした[26]。

ところで、省棉種試験場の試験によれば、20～21年の収穫量は米棉より土棉の方がやや多く、繰綿率の最高値は土棉が38.1％だったのに対し、米棉は31.9％だった[27]。だが、杭県の30年代初頭の土棉の一畝当たり実棉生産量は年平均40斤だったのに対し、百万棉のそれは61斤だった[28]。また、実施区の改良棉の1畝当たり平均生産量は、土棉より33年が10余斤多く、34年が20余斤多く、さらに、36年にも改良棉1畝当たりの平均生産量は土棉を凌ぐ120～200斤となったという[29]。その上、販売価格も、百万棉は土棉の姚花より1担当たり6元以上高く[30]、一般に改良棉は土棉より1～2割高かった。しかも、35年に上海に浙棉推銷処が設立されると、申新・民豊・三友・大綸の紡績工場が積極的に改良棉を買い付け、蕭山の百万棉を第一級丁等、余姚の百万棉を第二級甲等と各々格付けており、質的に上海の紡績工場の要求にも違わないものだった[31]。

もちろん、米棉と百万棉にも質的な違いがあった。例えば、百万棉が28番手までしか紡ぐことができなかったのに対して、米棉は40番手を紡ぐことができた[32]。また、34年に三友実業社杭廠は、16番手綿糸の強度は米棉の86ポンドに対して百万棉が67～72ポンドにすぎず、百万棉は改善の必要があると報告している[33]。

それでは、省政府はなぜ米棉のみを導入しなかったのだろうか。米棉は成熟が遅かったのに対し、百万棉は収穫期が早く、秋に台風が荒れ狂い、雨量も多い浙江省には頗る適していた[34]。また、相対的に早熟な百万棉は棉花の端境期の需要に適合していた[35]。ちなみに、生育期は米棉の一種の岱字棉が130～140

日だったのに対して百万棉は93日で、土棉の南陽種の123日よりも短かった⁽³⁶⁾。こうして、河川沿岸部では百万棉の普及を推進し、沿海部では塩分に対する抵抗力を持つ米棉の普及を推進することになった⁽³⁷⁾。

　以上、改良棉は土棉より土地生産性と販売価格が高かったので、農民にも利益があり、また、棉花商人の排除は彼らの搾取に苦しむ農民の救済にもなると考えられていた。だが、改良事業は、細糸の原棉を確保するという紡績工場の利益を最も考慮していた。

⑶成果

　改良棉の栽培面積は、35年に12万畝余りにまで拡大し、また、36年には前年より２万畝余り減少したものの、収穫量は一貫して増加して８万担余りとなった（表１・表２を参照）。もっとも、同年の棉作地は約171万畝で、生産量は85万担余りだったから、改良棉が全体に占める割合は栽培面積が約７％余り、また、生産量が約９％余りにすぎなかった。このように、省全体から見れば、抗日戦争以前には改良棉の栽培面積・生産量はかなり少なく、農民の多くは依然として土棉に固執し、改良棉をなかなか受け入れなかった。ただし、余姚・杭県・蕭山・鎮海・慈谿の改良棉栽培面積は、相対的に広いが、35年から36年にかけて、蕭山・余姚・慈谿では後退が激しかったのに対し、鎮海・定海では普及した（表２を参照）。ちなみに、37年の米棉栽培面積は、鎮海が前年よりも拡大して約3.4万畝だったのに対し、余姚が500畝、慈谿が1,750畝に激減した⁽³⁸⁾。また、各県の棉作地全体に占める改良棉の比率は、35年には、海塩・鎮海・杭県で高く、逆に、余姚・上虞・平湖で低かった。さらに、36年に改良棉は、定海・海塩・鎮海・鄞県・杭県ではかなり普及したが、余姚・上虞・平湖・蕭山・慈谿ではあまり普及しなかった。

　改良棉が比較的受け入れられた鎮海県でも地区によって差が見られ、35年の棉作地7.2万畝余りのうち、改良棉は2.7万畝余りで、その内訳は、龍淞分区（龍山・淞浦）が7,494畝、南泓分区（蟹浦・石塘頭）が9,600畝、梅山分区（梅山島）が10,030畝だった⁽³⁹⁾。そもそも、前年の棉作面積は、梅山分区が約

表1　浙江省各県棉産量
(単位：万担)

| 県名 | 年度 | 1933 | 1934 | 1935 | 1936 | 1937 |
|---|---|---|---|---|---|---|
| 余姚 | 土棉 | 16.8 | 21.6 | 25.0 | 47.6 | 25.5 |
| 余姚 | 百万棉 | － | 0.5 | 2.7 | 2.3 | － |
| 余姚 | 米棉 | － | － | 0.2 | 0.2 | － |
| 蕭山 | 土棉 | 10.0 | 8.2 | 5.0 | 10.0 | 3.7 |
| 蕭山 | 百万棉 | 0.1 | 0.4 | 1.8 | 1.8 | － |
| 紹興 | 土棉 | 2.6 | 2.2 | 1.9 | 3.7 | 1.2 |
| 慈谿 | 土棉 | 2.7 | 4.3 | 4.4 | 6.1 | 2.3 |
| 慈谿 | 米棉 | － | － | 0.7 | 0.3 | － |
| 上虞 | 土棉 | 2.0 | 1.7 | 1.5 | 3.4 | 3.1 |
| 平湖 | 土棉 | 1.3 | 3.3 | 1.6 | 4.2 | 4.7 |
| 鎮海 | 土棉 | 0.8 | 1.9 | 1.7 | 1.8 | 1.7 |
| 鎮海 | 米棉 | － | 0.4 | 1.0 | 1.6 | 1.2 |
| 海寧 | 土棉 | 0.1 | 0.1 | － | 0.2 | － |
| 杭県 | 土棉 | 2.0 | 1.7 | 1.3 | 3.3 | 3.2 |
| 杭県 | 百万棉 | 0.1 | 0.4 | 0.6 | 1.2 | － |
| 海塩 | 米棉 | － | － | － | 0.1 | － |
| 鄞県 | 土棉 | 0.1 | 0.1 | 0.2 | 0.4 | 0.2 |
| 鄞県 | 米棉 | － | － | － | 0.1 | 0.2 |
| 定海 | 土棉 | 0.1 | 0.1 | 0.2 | 0.2 | 0.5 |
| 定海 | 米棉 | － | － | － | 0.3 | 0.1 |
| 象山 | 土棉 | － | － | 0.1 | 0.2 | － |
| 寧海 | 土棉 | － | － | 0.1 | 0.2 | 0.2 |
| 黄岩 | 土棉 | － | － | 0.1 | 0.1 | － |
| 臨海 | 土棉 | － | － | 0.2 | － | 0.1 |
| 玉環 | 土棉 | － | － | － | － | 0.1 |
| 温嶺 | 土棉 | － | － | 0.1 | － | 0.1 |
| 合計 | 土棉 | 39.1 | 45.7 | 42.1 | 82.3 | 47.7 |
| 合計 | 百万棉 | 0.2 | 1.4 | 5.1 | 5.4 | － |
| 合計 | 米棉 | － | 0.5 | 2.0 | 2.8 | 1.7 |
| 総計 | | 39.1 | 46.2 | 46.1 | 85.2 | 49.5 |

典拠）中華棉業統計会『民国二十三年中国棉産統計』158～161頁。中華棉業統計会『民国二十五年中国棉産統計』51～96頁。蕭輔「十年来之浙江棉業改良与推広」(『浙江建設月刊』第10巻第11期、1937年5月）87～89頁。なお、土棉の数値には百万棉の数値を含む。

表2　浙江省各県棉作面積
(単位：万畝)

| 県名 | 年度 | 1933 | 1934 | 1935 | 1936 | 1937 |
|---|---|---|---|---|---|---|
| 余姚 | 土棉 | 73.9 | 75.0 | 74.9 | 75.6 | 72.7 |
| 余姚 | 百万棉 | － | 0.3 | 2.3 | 1.1 | － |
| 余姚 | 米棉 | － | － | 0.6 | 0.4 | － |
| 蕭山 | 土棉 | 26.0 | 26.1 | 26.0 | 26.2 | 21.6 |
| 蕭山 | 百万棉 | 0.1 | 0.4 | 2.4 | 1.5 | － |
| 紹興 | 土棉 | 10.6 | 10.7 | 10.6 | 10.6 | 7.4 |
| 慈谿 | 土棉 | 15.6 | 15.6 | 13.6 | 12.8 | 12.2 |
| 慈谿 | 米棉 | － | － | 2.0 | 0.7 | 0.1 |
| 上虞 | 土棉 | 9.8 | 8.3 | 8.3 | 8.2 | 8.8 |
| 上虞 | 米棉 | － | － | － | 0.1 | － |
| 平湖 | 土棉 | 9.8 | 10.0 | 15.0 | 14.0 | 12.8 |
| 鎮海 | 土棉 | 7.0 | 7.0 | 5.3 | 3.8 | 4.7 |
| 鎮海 | 米棉 | － | 1.0 | 2.8 | 3.3 | 3.4 |
| 海寧 | 土棉 | 0.6 | 0.6 | 0.6 | 0.6 | 0.7 |
| 杭県 | 土棉 | 6.7 | 7.1 | 9.0 | 9.0 | 9.2 |
| 杭県 | 百万棉 | 0.1 | 0.6 | 1.5 | 1.2 | － |
| 海塩 | 土棉 | 0.2 | 0.3 | － | － | － |
| 海塩 | 米棉 | － | － | 0.2 | 0.2 | 0.2 |
| 鄞県 | 土棉 | 1.0 | － | 0.7 | 0.6 | 0.7 |
| 鄞県 | 米棉 | － | － | － | 0.2 | 0.3 |
| 定海 | 土棉 | 1.5 | 0.5 | 0.5 | 0.8 | 1.5 |
| 定海 | 米棉 | － | 0.2 | － | 0.7 | 0.3 |
| 象山 | 土棉 | － | － | 0.8 | 0.8 | 0.4 |
| 寧海 | 土棉 | － | － | 0.9 | 0.8 | 1.1 |
| 黄岩 | 土棉 | － | － | 0.6 | 0.5 | 0.5 |
| 臨海 | 土棉 | － | － | 1.5 | 0.1 | 1.4 |
| 玉環 | 土棉 | － | － | 0.5 | 0.4 | 0.5 |
| 瑞安 | 土棉 | － | － | 0.1 | 0.1 | 0.2 |
| 楽清 | 土棉 | － | － | 0.1 | － | － |
| 温嶺 | 土棉 | － | － | 0.4 | 0.1 | 0.4 |
| 新登 | 土棉 | － | － | 0.1 | － | － |
| 合計 | 土棉 | 163 | 161 | 169 | 163 | 157 |
| 合計 | 百万棉 | 0.3 | 1.4 | 6.3 | 3.8 | － |
| 合計 | 米棉 | － | 1.3 | 5.9 | 5.8 | 4.9 |
| 総計 | | 163 | 163 | 175 | 171 | 162 |

典拠）表1に同じ。

1.6万畝、また、南泓分区が1,000畝で、その収穫量は土棉の4倍だったというから[40]、両分区では改良棉の受け入れが非常に進んだことがわかる。さて、35年に棉種配布のための登記を開始すると、南泓分区は最も順調に進行した。ところが、龍淞分区の棉作農民は抵抗が激烈で、また、南泓分区の農民の多くは棉作を専業として比較的精密に栽培したのに対し、龍淞分区の農民は水稲も栽培し、農繁期には棉作を顧みる暇がなくなると言われていた。だが、改良棉の収穫は、土棉に比べて1畝当たり30余斤の増収で、南泓分区が最良で、梅山分区が最も良くなく[41]、各地区で生じた米棉の収穫の差と米棉に対する反発とは必ずしも比例せず、むしろ棉作が農家経営の中で占める位置に差があったと予想される。

33年の杭県棉業改良実施区における改良棉1畝当たりの生産量は、兌園の82斤余り、坤園の75斤余り、学嫁園（学嫁草堂）の65斤余り、合興園（裏合興公司）の38斤余り、感化園（感化習芸所）の34斤余り、宏海園（宏海草堂）の34斤、丁嫁園（丁嫁公司）の27斤と各地域でかなり差があり、一般的に新たに棉業改良区に加えられた地域の土地生産量は相対的に低くなっている[42]。34年に合興公司や感化習芸所で改良棉に対する反対運動があったが、改良棉の栽培面積は、翌年には拡大し、また、36年は前年よりもやや減少したが、減少幅は余姚より小さかった。

## 2　農村側の反応

(1)反対の動き

改良棉の導入に反対する動きは主要な棉産地で見られた。例えば、杭県では34年春の棉農大会で合興公司経理が百万棉の導入を公然と非難する演説を行ない、棉業改良実施区の棉作地登記期間中に合興公司と感化習芸所の棉農200人余りが事務所に押し寄せて百万棉の栽培を強制しないように要求し、棉種配布の際に同実施区で人を集めて農民に百万棉を栽培しないように勧めた[43]。さらに、35年にも、杭県では播種期に騒動が起き[44]、蕭山では棉種配布の際に多数

の棉作農民が棉種を受け取りに来ようとせず[45]、寧囲の農民代表が省政府に対して百万棉栽培の免除と土棉栽培を請求した[46]。また、鎮海県龍山・淞浦でも棉種配布のための登記を開始したところ、棉作農民が激しく抵抗した[47]。そして、最も激しい騒動が起こったのは余姚で、省政府が警察隊を派遣して対処した[48]。特に同県新浦沿では省建設科長が農村へ出向き農民に勧告・指導したところ、突然、数千人の群衆が同建設科長を包囲し、実施区事務所に放火して破壊した[49]。さらに、隣接する慈谿の米商人は米棉を栽培すれば米を掛け売りしないと農民を脅し、余姚と同様の暴動が発生する危惧が生じたため、軍警が警備して緊迫した[50]。

　改良棉の買付けにおける中間商人の排除に対しても反発が見られた。鎮海県龍淞分区では、解恒泰花号が米棉の買付けを許可されていたが、同区内の花行は解恒泰花号が棉花を買い叩いているとして賠償金を要求し、もし期限内に要求を受け入れなければ家屋を焼き討ちすると脅したので、県政府は同花号に賠償金を支払わせ、花行にも買付けを許可した。また、合作社や花行が自由に買付けることになっていた南泓分区では、しばしばもめ事が起こったため、岑茂泰・岑順記の2つの花行と後海塘・沙地の2つの合作社にも買付けを許可した。さらに、和豊紗廠が買付けることになっていた梅山分区では、裏岙合作社も買付けを許された[51]。そして、慈谿でも当初は解恒泰花号のみに買付けを許していたが、買付けが遅れ、他の花行が密かに買付け、市場価格を独占・支配して農民に甚大な損失を与えたので、密かな買付けによる買い叩きを防止するため、東山頭恒記・協記・東新・観海衛姜益大・姜信大・葉天華の6つの花行にも買付けを許した。また、余姚では各郷鎮の棉花運銷合作社を統合した聯合会が百万棉を買付けたが、米棉の栽培地は交通の便が悪く、合作社を組織することができず、慈谿・鎮海の商人が密かに買付けたので、県政府は取締りを強化して恒豊花号のみに買付けを許可した。さらに、杭県棉業改良実施区では合作社と協力して聯合収花処を設立し、百万棉を買付け、農民が花行に百万棉を売ることを禁じたが、密売人が多かったため、県内の棉花移出地点数カ所に検査処を設けて監視した[52]。

以上、合作社が組織されなかった場合は、仲買商人の花号に対して改良棉の独占的な買付けを許可し、花号よりもやや小規模な在地商人の花行を排除しようとした。省政府としては、米棉の買付けに中間商人を多く介在させることは原棉コストの引き上げに繋がるが、それでも原棉は確保されるので、花号や花行に改良棉の買付けを許可するという譲歩を示すことは可能だった。だが、棉花種改良事業の中心的な意図が紡績工場に改良棉を手当てすることにあったから、改良棉の導入そのものに反対する農民の動きに対してはほとんど譲歩の余地がなかった。

(2)反対の動きに対する見方

棉作農民による改良棉の導入に対する抵抗の理由については、当時から様々な見方があった。例えば、35年における余姚の動向について、改良棉の品質は土棉に比して遙かに優秀だったが、指導方針が拙劣で、世界の棉花価格が下落し、農民からの買付価格は土棉と差異がなかったので、農家の収入は前年よりも減少し、特に新浦沿付近では天候が悪く、米棉に適さず、収穫が予想通りには増加しなかったために農民が激怒したという分析がある[53]。また、土棉は決して劣悪ではないのになぜ外国棉の栽培を強制するのかといった疑問や、改良棉は国外の土地・気候に適しても必ずしも中国には適さず、北方に適しても必ずしも南方には適さないとか、あるいは、百万棉は蕭山県には適するかも知れないが、杭県喬司鎮には適さないといった批判もあった[54]。

だが、このような批判は改良棉の単位面積当たり生産性・収益性が土棉より優位だと確信していた省政府側には、全く根拠のないものに思われたはずである。1935年に省棉業管理処副主任だった馮肇傳は、農民は怠惰で保守的で、知識が浅くて貧困で、生活費や生産費を仰いでいる土豪劣紳や商店の言いなりになっており、その上、政府が統制している改良棉は土棉と違って水や雑物を混入できず、生産量や租税額をごまかし難く、また、農民が改良棉を栽培すれば、農民に種子・米穀・肥料を貸付けていた商店は搾取の機会を失うことになり、しかも、土豪劣紳が農民の改良棉に反対する心理を利用して扇動していると分

析していた⁽⁵⁵⁾。馮肇傳に限らず、省政府は、農民が無知で保守的で、棉花改良の意義がわからず、土豪劣紳や棉花商人に唆されていると捉え、改良棉の受け入れを拒否する農民を「頑愚之輩」、逆に改良棉を受け入れる農民を「純良之農民」と見なしていた⁽⁵⁶⁾。

ところが、慈谿県洋山郷では、米棉の生産量が多く価格が高いのを知った郷長自らが、棉業改良実施区にやって来て米棉の栽培を要求して許可されている⁽⁵⁷⁾。また、鎮海では、当初、多数の棉作農民は米棉栽培に疑いを持っていたが、米棉の収穫が良かったので納得し、20余人の富裕な棉作農民が例年の土棉より300余元の増収となったとして謝意を表した⁽⁵⁸⁾とあるように、改良棉を積極的に受け入れようとする農民もいた。

このように、改良棉に対する農民の反応は必ずしも一様ではなく、単に改良棉と土棉の優劣を比較する方法や、上記の馮肇傳のような分析だけでは、ある一定の地域内に改良棉を積極的に受容する農民と土棉に固執する農民が並存していた理由を説明することはできない。そこで、以下では、在来綿業の再生産構造における棉作の位置を探ることにしたい。

## 3　土布業の再生産構造

(1)棉花の生産

県別に見ると、20世紀初め頃、蕭山の棉作地は約50万畝で⁽⁵⁹⁾、生産量が最も多かったと言われている⁽⁶⁰⁾。だが、表1～表3を見ると、26年以降、余姚が棉作面積・生産量ともに最多で、全省の約4割を占め続けた。また、30年代に棉作面積と生産量の多い県は、余姚が70万畝余りで約20万担、蕭山が約25万畝で10万担弱、慈谿が約15万畝で5万担弱、平湖が15万畝弱で約3万担、紹興が約10万畝で2万担強、杭県が10万畝弱で約2万担だった。このことから、30年代に、余姚・鎮海・杭県では棉作面積が拡大したのに対し、紹興・海寧では減少したことがわかる。

定海・鎮海・鄞県・慈谿・余姚・上虞・紹興・蕭山・杭県・海寧・海塩・平

86　第4章　棉花種改良事業

表3　浙江省各県における棉花栽培面積及び生産量

(単位：万畝、万担)

| 県名 | 年度 | 1920 | 1921 | 1922 | 1923 | 1926 | 1927 | 1928 | 1929 | 1930 | 1931 | 1932 |
|---|---|---|---|---|---|---|---|---|---|---|---|---|
| 余姚 | 面積 | 44.4 | 40.0 | 30.0 | 40.0 | 75.0 | 75.0 | 75.0 | 78.0 | 70.0 | 71.4 | 69.5 |
| | 産量 | 7.4 | 8.0 | 2.3 | 12.6 | 18.2 | 26.7 | 16.8 | 22.4 | 19.6 | 18.0 | 17.2 |
| 蕭山 | 面積 | 27.3 | 27.0 | 28.0 | 26.0 | 25.0 | 24.9 | 24.7 | 28.5 | 28.5 | 25.8 | 25.0 |
| | 産量 | 6.9 | 8.9 | 2.8 | 8.0 | 1.6 | 4.2 | 2.8 | 6.9 | 6.3 | 5.3 | 9.2 |
| 紹興 | 面積 | 21.6 | 20.0 | 20.0 | 20.0 | 16.0 | 16.0 | 16.0 | 11.0 | 10.6 | 10.3 | 3.2 |
| | 産量 | 5.5 | 5.7 | 2.0 | 5.7 | 2.1 | 5.4 | 4.8 | 2.6 | 2.7 | 2.3 | 21.7 |
| 慈谿 | 面積 | 9.4 | 9.0 | 4.0 | 4.0 | 21.0 | 31.2 | 21.3 | 21.4 | 17.0 | 16.6 | 3.8 |
| | 産量 | 1.5 | 1.8 | 0.2 | 1.0 | 1.5 | 6.3 | 3.9 | 4.1 | 3.6 | 3.6 | 7.9 |
| 上虞 | 面積 | 4.2 | 5.0 | 5.0 | 5.0 | 14.0 | 14.0 | 14.0 | 7.2 | 7.2 | 7.1 | 3.0 |
| | 産量 | 0.9 | 2.0 | 0.3 | 1.6 | 4.2 | 4.9 | 3.4 | 2.5 | 1.0 | 1.3 | 16.7 |
| 平湖 | 面積 | 14.3 | 13.2 | 16.0 | 14.0 | 12.3 | 12.2 | 12.0 | 9.9 | 18.1 | 19.0 | 2.4 |
| | 産量 | 1.7 | 3.2 | 1.6 | 2.0 | 3.0 | 2.6 | 1.2 | 1.0 | 8.3 | 4.2 | 6.0 |
| 鎮海 | 面積 | 1.2 | 1.6 | 3.0 | 1.0 | 4.0 | 4.0 | 4.0 | 5.0 | 6.0 | 9.0 | 0.8 |
| | 産量 | 0.1 | 0.2 | 0.1 | 0.2 | 0.7 | 1.3 | 0.9 | 1.0 | 1.7 | 0.2 | 0.5 |
| 海寧 | 面積 | 4.3 | 4.1 | 3.6 | 8.0 | 3.2 | 3.2 | 3.1 | 3.1 | 2.5 | 1.7 | 0.1 |
| | 産量 | 0.6 | 0.8 | 0.3 | 1.8 | 0.6 | 0.6 | 0.3 | 0.5 | 0.4 | 0.2 | 6.0 |
| 杭県 | 面積 | － | － | － | － | 1.8 | 2.0 | 2.0 | 2.5 | 1.6 | 12.6 | 1.1 |
| | 産量 | － | － | － | － | 0.3 | 0.3 | 0.1 | 2.4 | 2.2 | 1.4 | 0.2 |
| 海塩 | 面積 | － | － | － | － | 0.2 | 0.2 | 0.3 | 0.3 | 0.3 | 0.3 | 0.2 |
| | 産量 | － | － | － | － | 0.04 | 0.04 | 0.03 | 0.01 | 0.05 | 0.04 | 0.03 |
| 鄞県 | 面積 | 0.06 | － | － | 0.1 | 0.5 | 0.5 | 0.5 | 0.5 | 0.5 | 0.5 | 0.5 |
| | 産量 | 0.01 | － | － | 0.02 | 0.1 | 0.2 | 0.09 | 0.1 | 0.1 | 0.07 | 0.08 |
| 定海 | 面積 | － | － | － | － | － | － | － | 1.2 | 1.7 | 0.6 | 0.7 |
| | 産量 | － | － | － | － | － | － | － | 0.1 | 0.3 | 0.03 | 0.07 |
| 象山 | 面積 | － | － | － | － | － | － | － | 0.9 | 0.4 | 2.4 | 0.8 |
| | 産量 | － | － | － | － | － | － | － | 0.05 | 0.09 | 0.04 | 0.1 |
| 寧海 | 面積 | － | － | － | － | － | － | － | 2.3 | 0.4 | 9.0 | 0.9 |
| | 産量 | － | － | － | － | － | － | － | 0.1 | 0.08 | 0.1 | 0.1 |
| 黄岩 | 面積 | － | － | － | － | － | － | － | 1.2 | 0.5 | 0.7 | － |
| | 産量 | － | － | － | － | － | － | － | 0.06 | 0.09 | 0.03 | － |
| 臨海 | 面積 | － | － | － | － | － | － | － | 1.4 | 1.2 | 7.5 | － |
| | 産量 | － | － | － | － | － | － | － | 0.05 | 0.05 | 0.1 | － |
| 南田 | 面積 | － | － | － | － | － | － | － | 0.5 | 0.1 | 0.04 | － |
| | 産量 | － | － | － | － | － | － | － | 0.01 | 0.01 | 0 | － |
| 玉環 | 面積 | － | － | － | － | － | － | － | － | 0.7 | 0.6 | 0.4 |
| | 産量 | － | － | － | － | － | － | － | － | 0.06 | 0.03 | 0.06 |
| 永嘉 | 面積 | － | － | － | － | － | － | － | － | 1.3 | 1.0 | － |
| | 産量 | － | － | － | － | － | － | － | － | 0.09 | 0.06 | － |
| 瑞安 | 面積 | － | － | － | － | － | － | － | － | 1.2 | 0.8 | － |
| | 産量 | － | － | － | － | － | － | － | － | 0.09 | 0.04 | － |
| 楽清 | 面積 | － | － | － | － | － | － | － | － | － | 0.1 | － |
| | 産量 | － | － | － | － | － | － | － | － | － | 0 | － |
| 温嶺 | 面積 | － | － | － | － | － | － | － | － | － | 0.8 | － |
| | 産量 | － | － | － | － | － | － | － | － | － | 0.03 | － |
| 合計 | 面積 | 127 | 119 | 109 | 118 | 173 | 173 | 173 | 184 | 185 | 198 | 167 |
| | 産量 | 25 | 30 | 9 | 32 | 32 | 52 | 34 | 44 | 47 | 38 | 41 |

典拠）実業部国際貿易局編『中国実業誌（浙江省）』（1933年）第4編112～118頁より作成。なお、単位は旧畝で、1旧畝＝0.9216市畝。1924年と1925年は不詳。

湖・富陽・新登は、砂質地の故に棉作に適し、主要な棉作地となっており、寧波は主要な棉花集散市場となっていた。また、産量では、曹娥江以東の余姚・慈谿・上虞の姚花が最も多く、曹娥江以西の紹興・蕭山の紹花がこれに次いだ。姚花と紹花は繊維が粗短だが、産量が多く、衣服の中入綿や蒲団綿に頗る適し、太糸の原料になった(61)。このような姚花・紹花の特性は近代紡績工場の原棉としては最も不向きだったものの、丈夫さと耐久性を求める土布の原棉としては最も適していたと言える。しかも、その収穫期が上海棉に比して約2週間早かったため、端境期に重用されていた(62)。

さて、余姚で多く栽培されていた大葡種は、種子が大きく、繊維が極めて粗硬だったのに対し、蕭山県南沙で多く栽培されていた南翔(南陽)種は、種子が小さく、大葡種よりも繊維が軟らかく、繰綿歩合も多かったので、10年代末に徐々に栽培が拡大した(63)。また、大葡種は10番手以下の綿糸しか紡げなかったのに対し、南翔種は12番手前後の綿糸を紡ぐことができた。もっとも、余姚でも10年頃までは南翔種が栽培されたが、その後、大葡種の栽培へ転換して品質が悪化したと言われ(64)、余姚棉は16番手以下の混棉用に供され、中国棉中の最下位と評価されるまでになった(65)。

それは、棉花に水を加えて重量を増やそうとして、吸水量の多い大葡種に転換した結果であり(66)、このような悪弊を取り除くため、棉業公会を設立して数年尽力した結果、信用を年々回復していった。

(2)土布の生産

34年の調査によれば、浙江土布の年間生産量は約600万疋で、平湖で約200万疋、海寧・紹興で各約80万疋、鎮海・余姚で各10万疋以上の土布が生産され、また、海寧県硤石鎮では約100万疋の土布が販売された(68)。

平湖の棉作農民は自作棉花から紡いだ土糸で土布を生産し、稲作地・非棉産地の新埭鎮・鐘埭鎮でも棉花を購入して自給土布を生産していたが、清末に機械製綿糸(洋糸)が入ってくると、棉作地では土糸を用いた旧土布が徐々に新土布に駆逐され、棉花を販売するようになり、逆に、元来棉花を購入して自家

土布を生産していた稲作農民は新土布を生産し、最盛期の21年頃に160〜200万疋生産した(69)。また、非棉産地の海寧県硤石鎮では従来は土糸を購入して土布を織っていたが、20世紀初頭に洋糸が流入すると、新土布が生産され、早くから棉作・紡糸・織布の各工程が分離していた(70)。さらに、蕭山は古くから棉花・土布の生産が盛んだったが、やがて紡績工場が設立されると、新土布が生産され、土糸の使用は漸減した(71)。そして、鎮海でも19世紀末に洋糸が広く出回ると、土糸・旧土布の生産量は漸減した(72)。

余姚・慈谿では、元代には棉作が始まり、棉作の拡大とともに土布生産も盛んになり、やがて、洋布（機械製綿布）の流入によって土布も打撃を受けたものの、第一次世界大戦時期に外国綿布の流入が滞り、22〜23年には土布業が繁栄期を迎え、年間70〜80万疋の土布が売れた。そして、23年から販売量が減少したが、49年頃までは一定の販売市場を維持し、完全に淘汰されることはなく、しかも、その土布には長らく縦糸・横糸ともに土糸が用いられ、洋糸を用いたのは極めて遅く、その比率も非常に小さかった(73)。

以上のように、自作棉花を用いて土布を生産し続けた余姚・慈谿で、最も強く改良棉に対する抵抗が見られたことから、農民が改良棉を受容するか否かは、主要には土布業の再生産構造に大きく規定されていたと推測することができる。すなわち、従来から土棉を栽培し、それを原料にして土糸・土布を生産する農民は、改良棉の栽培を容易には受け入れなかったのではないだろうか。

## おわりに

浙江省の改良棉生産が全国に占める割合は、1936年に至っても栽培面積では約0.3％、生産量では約0.7％で、米棉だけを見ると、栽培面積では0.2％弱、生産量では0.4％弱にしかすぎなかった(74)。だが、1930年代に省内の三友・和豊・通恵公の3紡績工場の改良棉皮棉に対する年間需要量は約10万担(75)、あるいは約14万担だったが(76)、8万担余りの改良棉を生産することができた1936年には、省内にある紡績工場の需要量の半分以上を供給できたことになる。しか

も、高番手細糸用の改良棉を必要としていた三友実業社杭廠の年間原棉需要量は2.5万担だったから[77]、数字上は、約3.8万担の改良棉を生産した1935年にはその需要量を充たしてなお余りある状態となり、棉花種改良事業は省内の紡績工場の需要を充たすという当面の最低の目標からすれば、一定程度の成果を上げたと評価できる。

　もし、当時の省政府側に非難されるべき点があったとすれば、それは、省政府技術者官僚が近代的合理性をあまりにも信奉しすぎて性急に過ぎたことだろう。だが、その性急さこそは、1930年代の中国が置かれた危機的状況、すなわち、世界経済大恐慌の影響を受けて発生した経済的危機と、そして、何よりも満州事変以来の日本の動向に対する中国側の危機意識が高まる中で不可避的に生み出されたものだった。

　そして、本章では、1930年代に浙江省の一部の地域で棉花種改良事業に反対する暴動まで発生し、改良棉の受け入れが全面的には進まなかった主要な原因は、土布業再生産構造の差異にあったのではないかと推測した。もちろん、土布業の再生産構造は、決して固定的ではなく、常に変容する可能性を有していたが、経済政策の成果を大きく規定していた。なお、浙江省を含む華中東部の土布業再生産構造についての詳細な検討は、第2編に譲りたい。

注

(1) 飯塚靖「南京政府期・浙江省における棉作改良事業」(『日本植民地研究』第5号、1993年7月)。同稿では、農民の反対運動の根本的要因を百万棉・米棉が対象地域の気候風土に適せず、土棉と比べて優位性を発揮できなかったにもかかわらず、省政府が改良棉栽培を強制しようとしたことに求め、浙江省棉作改良事業は農業科学技術の応用や行政組織を動員した普及活動など、当時の中国としては極めて先進的な事例だったが、内包した様々な問題点のゆえに十分な成果に結び付かなかったと結論している。

(2) 実業部国際貿易局編『中国実業誌（浙江省）』(1933年) 第4編112頁。

(3) 中支建設資料整備委員会（上海・興亜院華中連絡部内）編『全国経済委員会棉業統制委員会三年来工作報告』(編訳彙報第6編、1940年) 4頁。

(4)「支那棉花ニ関スル調査（湖北省、河南省）」（臨時産業調査局『支那棉花ニ関スル調査（其ノ二）』1919年）5頁。
(5)譚熙鴻「改進中国棉業之急要——在棉産会議席上演講」（『浙江省建設月刊』第6巻第7期、1933年1月）7～8頁。
(6)邵亮熙「浙江棉業推広之途径」（『浙江省建設月刊』第10巻第6期、1936年12月）6頁。
(7)蕭輔「十年来之浙江棉業改良与推広」（『浙江省建設月刊』第10巻第11期・十週紀念専号、1937年5月）79頁・90頁。
(8)鳴春「浙江棉業推広事業概況」（『浙江農業推広』第2巻第3・4期、1937年1月）6頁。
(9)前掲書、『中国実業誌（浙江省）』第7編19頁。
(10)「本省棉業推広与農村問題——汪秘書兼棉業処主任英賓在本庁／紀念週報告」（『建設周刊』1935年12月5日、第193期）。
(11)曾養甫「振興中国棉業之根本問題——在棉産会議席上演講」（『浙江省建設月刊』第6巻第7期、1933年1月）6頁。
(12)周惕「日本侵略我国棉紗業之過去與現在」（『浙江省建設月刊』第7巻第8期、1934年2月）11頁。
(13)前掲、邵亮熙「浙江棉業推広之途径」5頁。
(14)前掲書、『中国実業誌（浙江省）』第7編19～21頁。
(15)陸志濂・陳立儀「三友実業社与陳万運、沈九成」（『浙江文史資料選輯』第39輯、1989年3月）201～208頁。
(16)「一関月之農鉱」（『浙江省建設月刊』第6巻第7期、1933年1月）39頁。
(17)省棉場「一年来棉業之推広」（『浙江省建設月刊』第8巻第1期、1934年7月）39～43頁。
(18)前掲、邵亮熙「浙江棉業推広之途径」3～4頁。「共三千元　棉産展覧会経費」（『建設週刊』第196期、1935年12月26日）。
(19)浙江省農業改進所編『浙江省農業改進史略』（神州図書公司、1946年）14～15頁。
(20)注(17)に同じ。
(21)「杭県棉業改良実施区二十三年工作報告」（『浙江省建設月刊』第9巻第4期、1935年10月）8～9頁。
(22)「余姚県棉業改良実施区半年来之工作」（『浙江省建設月刊』第8巻第6期、1934年

12月）11～13頁。
(23)「杭県棉業改良実施区二十四年工作概況」(『浙江省建設月刊』第10巻第3期、1936年9月）1～3頁。
(24)「蕭山県棉業改良実施区二十四年工作概況」(『浙江省建設月刊』第10巻第3期、1936年9月）4～8頁。
(25)「余姚県棉業改良実施区二十四年工作概況」(『浙江省建設月刊』第10巻第3期、1936年9月）17頁。
(26)前掲書、『浙江省農業改進史略』14～15頁。
(27)「浙江之棉業」(『中外経済周刊』第158号、1926年4月17日）20頁。
(28)「浙江省棉業推広最近之概況（続）――棉業管理処馮副主任肇傳在　紀念週報告」（『建設周刊』1935年6月20日、第169期）。
(29)前掲書、『中国実業誌（浙江省）』第7編19頁。
(30)邵亮煕「浙江棉業推広之検討」(『浙江省建設月刊』第9巻第12期、1936年6月）13頁。
(31)前掲、邵亮煕「浙江棉業推広之途径」3～4頁。
(32)前掲、蕭輔「十年来之浙江棉業改良与推広」86頁。
(33)「農総場進行　改進百万棉拉力　購弁測験機以利弁別又建築稲麦場農具室」(『建設周刊』1934年9月27日、第131期）。
(34)潘萬里『浙江沙田之研究』(蕭錚主編『民国二十年代中国大陸土地問題資料』69、成文出版社有限公司・（美国）中文資料中心、1977年）36,353～36,354頁。
(35)姚方仁・方悴農「一年来之浙江経済」(『国際貿易導報』第9巻第2号、1937年2月15日）74頁。
(36)浙江省慈谿市農林局編『慈谿農業志』（上海科学技術出版社、1991年）139～140頁。
(37)前掲、蕭輔「十年来之浙江棉業改良与推広」85頁。
(38)中華棉業統計会編『民国二十五年中国棉産統計　附二十六年中国棉産統計』1937年（1939年華北棉産改進会調査科翻印）96頁。
(39)「鎮海県棉業改良実施区二十四年工作概況」(『浙江省建設月刊』第10巻第3期、1936年9月）9頁。
(40)王郁岐「浙江省二十四年　棉産調査之估計」(『浙江省建設月刊』第9巻第12期、1936年6月）15～16頁。
(41)前掲、「鎮海県棉業改良実施区二十四年工作概況」10頁・11頁。
(42)前掲、「杭県棉業改良実施区二十三年工作報告」8～9頁。

⑷同上、「杭県棉業改良実施区二十三年工作概況」16～17頁。
⑷前掲、「杭県棉業改良実施区二十四年工作概況」1頁。
⑷前掲、「蕭山県棉業改良実施区二十四年工作概況」5頁。
⑷「政策已定悉力以赴」(『建設周刊』1935年5月2日、第162期)。
⑷前掲、「鎮海県棉業改良実施区二十四年工作概況」10頁。
⑷前掲、「余姚県棉業改良実施区二十四年工作概況」17頁。
⑷「棉農反対改良棉」『申報』1935年4月20日。
⑸「慈谿県棉業改良実施区二十四年工作概況」(『浙江省建設月刊』第10巻第3期、1936年9月)14頁。
⑸「浙東改良棉之収穫運銷及展望――棉業改良場馮場長肇傳 在記念週報告」(『建設週刊』第188期、1935年10月31日)。前掲、「鎮海県棉業改良実施区二十四年工作概況」11頁。
⑸前掲、「浙東改良棉之収穫運銷及展望」。前掲、「慈谿県棉業改良実施区二十四年工作概況」16頁。前掲、「余姚県棉業改良実施区二十四年工作概況」18頁。「本庁頒発布告厳禁私運百万棉」(『建設週刊』第188期、1935年10月31日)。
⑸前掲書、『浙江省経済便覧』249頁。
⑸前掲、「本省棉業推広与農村問題」。
⑸前掲、「浙東改良棉之収穫運銷及展望」。
⑸前掲、「杭県棉業改良実施区二十四年工作概況」1～3頁。前掲、「蕭山県棉業改良実施区二十四年工作概況」8頁。前掲、「鎮海県棉業改良実施区二十四年工作概況」12頁。
⑸前掲、「慈谿県棉業改良実施区二十四年工作概況」16頁。
⑸前掲、「鎮海県棉業改良実施区二十四年工作概況」11頁。
⑸「江蘇、浙江地方産繭視察報告」(『通商彙纂』第15号、1912年7月1日)62頁。
⑹「浙江省棉花概況」『通商彙纂』明治41年第28号、1908年5月23日、12頁。
⑹前掲書、『中国実業誌(浙江省)』第4編108～109頁。
⑹「支那ノ棉花ニ関スル調査(江蘇省、浙江省、安徽省)」(臨時産業調査局『支那棉花ニ関スル調査(其ノ一)』1918年)112頁。
⑹前掲、「支那ノ棉花ニ関スル調査(江蘇省、浙江省、安徽省)」111頁。
⑹前掲書、『中国実業誌(浙江省)』第4編109頁・110頁。同書は、余姚県で南翔種から大葡種への転換が起こったのは、大葡種が南翔種に比べて吸水力が強く、綿に水気を含ませて重量を増して利益を上げようとしたためだとし、また、1920年代にも

同様の指摘がなされていたが（「浙江之棉業」『中外経済週刊』第158号、1926年4月17日、11〜12頁）、これでは、蕭山県で南翔種が栽培され続けたことを説明できない。
(65)興亜院華中連絡部編『中支那重要国防資源棉花、麻、調査報告』（華中連絡部調査報告シアリーズ第46輯、1940年）10頁。
(66)「浙江之棉業」（『中外経済週報』第158号、1926年4月17日）12頁。
(68)厳中平『中国棉紡織史稿　1289-1937年――従棉紡織工業史看中国資本主義的発生与発展過程』（科学出版社、1955年）261頁。なお、資料の出典は、全国経済委員会棉業統制委員会編『華東区四省棉紡織品産銷調査』（未発表）となっている。
(69)徐新吾主編『江南土布史』（上海社会科学院出版社、1992年）667〜689頁。
(70)前掲書、『江南土布史』693頁。
(71)張宗海・楊士龍等重修『蕭山県志稿』（1935年）巻一．域門、物産、土布・土棉紗。
(72)洪錫範・王栄商等『鎮海県志』（1932年）巻四十二．物産、紫花布。
(73)前掲書、『江南土布史』664〜674頁。
(74)本章表2〜表3及び前掲書『民国二十五年中国棉産統計　附二十六年中国棉産統計』。
(75) 前掲、邵亮熙「浙江棉業推広之途径」4頁。
(76) 前掲書、『中国実業誌（浙江省）』第4編126頁。
(77) 同上書、『中国実業誌（浙江省)』第7編19頁。

# 第5章　アメリカ棉種の受容に見る地域差

## はじめに

　中華民国期の農業政策が単に反動的で成果がなく無意味だったという評価は、すでに過去のものとなり、むしろ、近代的かつ合理的な志向性を有し、あるいは、一定程度の成果を生んでいたことが認められるようになってきた[1]。その中でも、国民政府時期の棉花種改良事業は、当時から相当の成果を上げたものとして評価されてきた[2]。

　棉花種改良事業は19世紀末に開始され[3]、1930年代に本格化して一定程度の成果を上げた。そして、これに関する従来の研究は、政策史的視点からの分析が多く[4]、あるいは、農民ないし農村側の反応をも組入れた分析もある。だが、このような研究でも、米棉栽培を受け入れず、土棉栽培に固執する農民については、地主・商人による妨害、あるいは、改良事業を担った省政府の資金・政治面における非力さや農民に対する無理解が指摘されている[5]。確かに、このような説明は、それに適合的ないくつかの現象を資料中に見出すことができ、必ずしも全面的に否定されるべきではない。だが、ある一定の地域内に米棉栽培を受け入れた農民と受け入れない農民がいた原因を必ずしも十分に説明しきれてはいない。

　そこで、本章では、すでに前章で浙江省棉花種改良事業を分析したのを受け、農民が米棉を受容するか否かという選択の違いが生じる原因については、棉花のみに着目して土棉と米棉の優劣を比較するのではなく、棉作を土布業再生産構造の中に位置付けて考えたい。

## 1 土棉と米棉

　18〜19世紀には江蘇省松江府が最大の綿布生産地で、江蘇省と湖北省が二大棉産地を形成し[6]、1904年の棉産量420〜430万担のうち、通州（南通）[7]が100万担、上海・浦東が130万担、寧波が60万担、漢口が100万担、天津・青島が20〜30万担で[8]、20世紀初頭頃までは華中が中心的な棉産地だった。ところが、30年代には、米棉栽培の拡大で華北が中心的な棉産地になり、しかも、栽培面積と生産量で米棉が土棉を凌駕した。すなわち、土棉が30年の2,520万畝・564万担から36年には2,673万畝・706万担へと約1.2倍の増加に留まったのに対し、米棉は30年の1,239万畝・316万担から36年には2,948万畝・744万担へと2倍余りも増加した[9]（図1を参照）。

　しかし、ここで注目したいのは、米棉が土棉を駆逐して拡大したのではなく、土棉は一定程度の栽培地を維持しつつ、米棉栽培地が一方的に拡大した点である。このような傾向は、特に華北で明確に見て取れる。すなわち、華北では、土棉栽培地が30年の914万畝から36年に877万畝へ、生産量は276万担から219万担へとやや減少したのに対し、米棉栽培地は30年の451万畝から36年に2,019万畝へ4倍強も増加し、生産量は100万担から498万担へ約5倍も増加した[10]（図

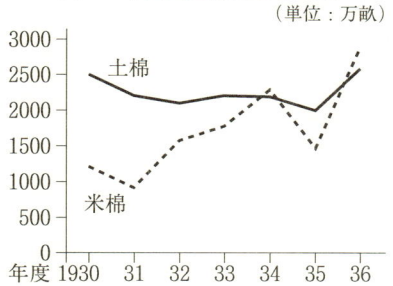

図1　中国全国棉花栽培面積
（単位：万畝）

図2　華北棉花栽培面積
（単位：万畝）

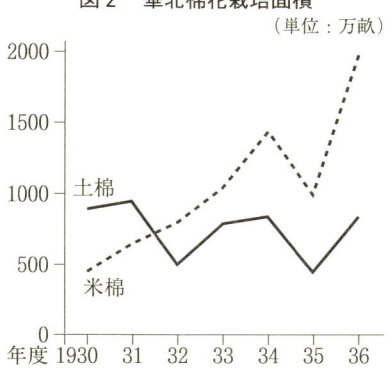

典拠）中華棉業統計会編『民国二十三年中国棉産統計』、同『民国二十五年中国棉産統計』。以下、図10まで典拠は全て図1に同じ。

2を参照)。これに伴って、華北の棉花が全国に占める割合も、栽培面積では36％から51％へ、生産量では42％から49％へと上昇し[11]、30年代には棉作の中心地が華中から華北へ移行しつつあった。

30年代に米棉が華中よりも華北で急速に普及した原因について、すでに名和統一が、自然的・気象的条件と耕作・輪作体系の2点から説得力に富む説明をしている。すなわち、華北の雨量不足は棉花の播種期に障害となるが、逆に開花期には有利な条件となり、一方、華中は湿潤で、それに対する抵抗力の弱い米棉栽培には不利となる。そして、華北では一般作物は二年三毛作、棉作は一年一作なのに対し、華中では普通二毛作が行なわれ、冬作の小麦の後に夏作の米・棉花が栽培されるが、土棉より栽培期間の長い米棉を栽培すれば小麦栽培を犠牲にしなければならず、小麦・棉花の二毛作は栽培期間の関係から土棉のみが可能で、しかも、華中は米が主要作物で、米は棉花よりも一層土地利用集約度の高い作物であるため、米棉栽培への転換が起こり難いと[12]。また、天野元之助は、長江流域では米棉種の退化現象の故に、米棉の品質が黄河流域に比して大差あることを指摘している[13]。

以上のような説明は、確かに華北と華中で生じた差異の原因に関しては説得力を持つが、省や県によっても相当の差があり、名和や天野の説明だけでは不十分で、その他の要因を見出す必要がある。そこで、主要棉産地における30年代の状況を見ていきたい。

華北の陝西・山西・河南3省では、米棉の栽培面積が急速に拡大して棉作面積全体の中で圧倒的な割合を占めるようになった。すなわち、30～36年における米棉栽培面積の増加程度と36年の米棉栽培面積が各省における棉作面積全体に占める割合を見ると、陝西は3.6倍（100％）、山西は約10.7倍（97.9％）、河南は4.3倍（73.1％）で、特に陝西・山西はかつては棉作がそれほど盛んではなかったが、30年代に米棉栽培が急速に拡大した（図3～図5を参照）。だが、同じ華北の河北・山東では36年にようやく米棉栽培面積が土棉のそれを凌駕したが、土棉栽培地は依然として棉作地全体の中で相当の割合を占め続け（図6～図7を参照）、米棉栽培地の割合は、河北が55.8％、山東が58.7％だった[14]。

1　土棉と米棉　97

図3　山西省棉花栽培面積
（単位：万畝）
米棉　土棉

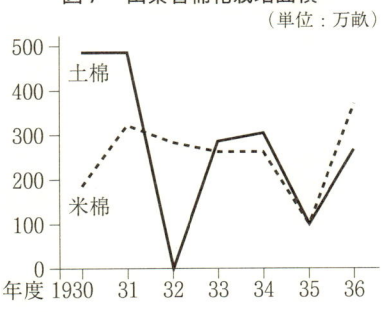

図4　陝西省棉花栽培面積
（単位：万畝）
米棉　土棉

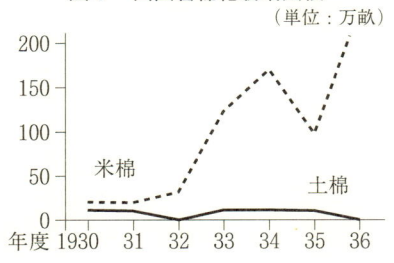

図5　河南省棉花栽培面積
（単位：万畝）
米棉　土棉

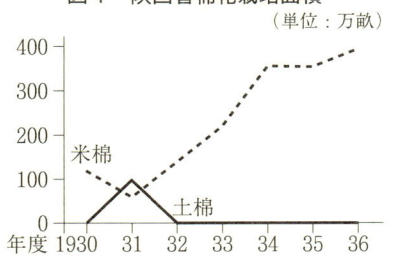

図6　河北省棉花栽培面積
（単位：万畝）
土棉　米棉

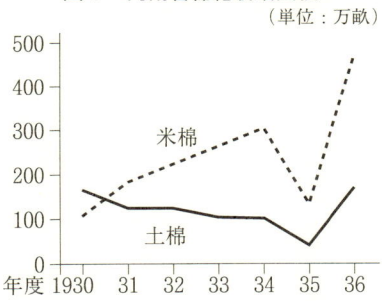

図7　山東省棉花栽培面積
（単位：万畝）
土棉　米棉

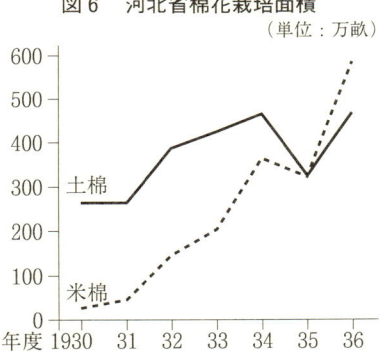

図8　江蘇省棉花栽培面積
（単位：万畝）
土棉　米棉

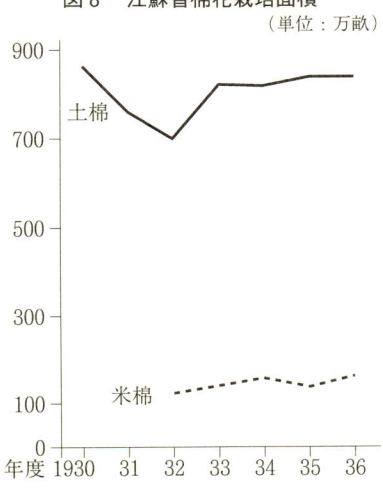

図9　湖北省棉花栽培面積
（単位：万畝）

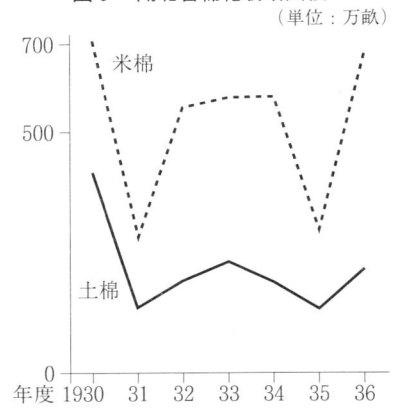

図10　浙江省棉花栽培面積
（単位：万畝）

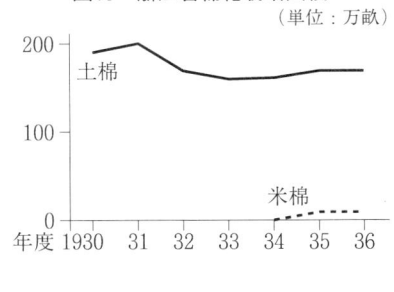

　一方、華中を見ると、米棉は、浙江省ではほとんど受け入れられず、また、江蘇省でも土棉には及ばなかったが、湖北省では土棉を圧倒しているばかりでなく、華北諸省をも圧倒している[15]（図8～図10を参照）。

　以上のように、華北や華中の中でも、各省によって米棉の普及には相当の差が認められ、単に、華北と華中とに分けて分析するだけでは不十分である。そこで、以下では、県レベルの棉作面積の状況について1936年を中心に見ていきたい。

　河南省の棉作地は、安陽71.5万畝・武安39.6万畝・太康39.2万畝・洛陽33.1万畝・鄧県25.8万畝・偃師24.5万畝・臨漳21.3万畝・新郷19.5万畝・湯陰18.9万畝・霊宝18.5万畝と各地に広がっており、武安・太康を除く各県の棉花の90％以上は米棉だった[16]。そもそも、18年の推計によると、棉産量は約47万担に達し、新野などの南部3県は合計約4.5万担、霊宝などの西部6県は合計約8.6万担だったのに対し、安陽は約16万担、武安と臨漳は合計約5万担となっており、同省全体の棉花の4割以上が北部の安陽・武安・臨漳3県で生産されていた。しかも、土棉は各地で栽培され、米棉は南部棉産地の大部分と西部・中部棉産地の一部分で栽培され、北部ではほとんど土棉が栽培されていた[17]。

　山東省の棉作地は、臨清56.8万畝・館陶50万畝・夏津46.8万畝・高唐45.5万畝・清平43.8万畝・邱県31.5万畝・恩県29.9万畝などの西部に集中している[18]。

1 土棉と米棉　99

同地域は10年代末にも重要な棉作地で[19]、36年に夏津・高唐では米棉栽培面積の比率が90％を越えたものの、その他の県では土棉と米棉はほぼ同程度だった[20]。

　河北省の棉作地は、土棉が趙県33万畝・晋県28万畝・束鹿26万畝・正定20万畝などの西部に集中し、米棉が威県36万畝・冀県28万畝・永年25万畝・豊潤21万畝・寧晋20万畝・武清19万畝などの南部・東北部に広がっている。しかも、土棉栽培面積が棉作面積全体に占める割合は趙県81％・晋県88％・束鹿74％・正定78％で、米棉のそれは威県71％・冀県78％・永年65％・豊潤92％・寧晋56％・武清84％となっていた[21]。

　このように、華北では、米棉が主に非棉作地に普及するとともに、部分的には土棉に代替するようにして棉産地にも普及していった。

　では、華中はどうだろうか。江蘇省では、土棉栽培は南通144万畝・如皋72万畝・海門57万畝・太倉56万畝・南匯55万畝・阜寧50万畝・奉賢43万畝・崇明38万畝・嘉定37万畝となっており、崇明及び蘇南の太倉・南匯・奉賢・嘉定・松江・上海・宝山・青浦・江陰・金山・常熟の上海周辺地域では米棉が全く栽培されていなかった。一方、米棉栽培は蘇北沿海部の東台91万畝・阜寧25万畝・啓東25万畝・如東20万畝に集中していた[22]。ちなみに、棉作面積が広かった県から挙げると、18年は南通・南匯・海門・崇明・太倉・奉賢・宝山となっており[23]、また、29年にはこれに如皋・東台・常熟・嘉定・塩城・阜寧が加わっている。このうち蘇北沿海部の東台・塩城・阜寧では米棉のみが栽培されたのに対し、長江両岸地域の南通・南匯・太倉・崇明・常熟・奉賢・嘉定では土棉のみが栽培されていた[24]。これを上記の36年の状況と比較すると、従来から棉作が盛んだった上海周辺地域には米棉がほとんど栽培されなかったことがわかる。

　湖北省では、土棉栽培は黄岡33万畝・麻城24万畝・孝感20万畝・黄梅17万畝・雲夢13万畝など、東部の家郷地方で盛んで、そこでは米棉が全く栽培されていなかった。逆に、米棉栽培は棗陽98万畝・襄陽65万畝・江陵62万畝など、中西部で盛んで、そこでは土棉が全く栽培されなかった[25]。

　浙江省では、棉作地全体の半分近くを余姚が占めていたが、1936年になっても同県の米棉の栽培面積は、それほど拡大していなかった[26]。

以上、従来からの棉産地ではあまり米棉が受け入れられなかったのに対し、従来の非棉産地では米棉が受け入れられた。では、なぜ、このようなことが起こったのだろうか。そもそも、土棉と米棉は具体的にどのような違いがあったのだろうか。

一般的に、米棉は強靭かつ柔軟で、繊維が頗る細く色沢があったのに対し、土棉は繊維の長さや弾力性で米棉よりも劣っており[27]、20番手以上の細糸の原料にはならなかった[28]。土棉は繊維の長さによって細分化されている。土棉甲種に格付けされた江蘇省南通棉は米棉に匹敵する良質棉で、南通城を中心に生産する上沙花の品質は華中棉中で優良なもので、20番手の紡績用に適していたが、土棉乙種に格付けされた江蘇省太倉棉・上海棉は16番手以下の紡績用に供給された[29]。また、土棉丙種に格付けされた浙江省寧波棉は繊維が非常に短く紡績には適さず、多くは紡績外の用途に用いられ[30]、あるいは、16番手以下の混棉用に供給され、中国棉花中で最下位だった[31]。さらに、土棉丁種に格付けされた河北省西河棉は35年に同省産棉花の80％を占め、繊維は短かったが、強靭さや弾性に富んでいたため、敷物・布団・火薬の原料に使用され、また、紡織混入用としては世界一と言われていた[32]。この西河棉生産の中心地だった晋県の棉花は天津市場に独占的地位を占め[33]、大部分が蒲団綿中入綿に好適な繭棉で、棉花のままで販売され、土布の原料として用いられた紫棉の栽培は極めて僅かだった[34]。やがて、晋県でも米棉が34年に初めて栽培され、36年にキングス種が導入されると、その普及率は39年に約2割になった[35]。

湖北省の土棉は種類が極めて複雑で、品質は江蘇省産より劣り、寧波棉程度だったが[36]、東部の家郷棉は繊維が細長く、品質は通州棉と上海棉とを混合したものに相当した[37]。そもそも、家郷棉が質的に優れていたのは、農民が棉作に熱心で栽培法の丁寧なことと、元来土布生産で知られた地方には選棉に注意を払う風習があるからだとされる。さらに、古来からの土糸生産地で多く栽培されてきた黒子種は、繊維が細軟で繰棉歩合は少ないが、棉実油分が多く、樹性は乾燥に対して抵抗力が強かったとされている。これに対し、米棉は土布原料としては繊維が細軟に過ぎ、弾棉の際の損失量が多く、布が軽く、耐久力が

弱いので、一般の嗜好に適さなかった[38]。

　土棉と米棉は収益性でも差異があった。例えば、1920年代の湖北では米棉は土棉より2～3両高価で[39]、30年代の浙江でも棉業改良実施区の改良棉の平均収穫量は、土棉より多かった上に、販売価格も1～2割高かった[40]。資料上の制約から、ここで収益の計算はできないが、積極的に米棉を受け入れた農民がいたことから、米棉は土棉よりも多くの生産コストと手間暇を必要としたとしても、収益性も高かったと考えられる。

　以上、土棉と米棉は、品質や収益性ばかりでなく、その用途にも違いがあった。すなわち、米棉は土棉に比して繊維が長いために高番手細糸の原料として適していたのに対し、土棉は衣服や布団の中入綿として適していた。ただし、河北省晋県と湖北省家郷地方は土棉栽培が極めて盛んで、土棉の品質が優れていたという点で共通していたが、湖北省家郷地方の土棉が土布の原料として使用されたのに対し、河北省晋県の土棉の大部分を占める繭棉は土布の原料とはならなかった。このように、土棉栽培と土布生産との結びつきの有無が土棉から米棉への転換と密接な関係にあったことが推察できる。

## 2　土布業の再生産構造

　土布業の再生産構造は棉花生産の有無によってほぼ2つに大別できる（図11を参照）。このような土布業の再生産構造が洋布や洋糸の流入によって一定の変容を余儀なくされたことについては、すでに詳細な検討がなされているが[41]、棉作をも

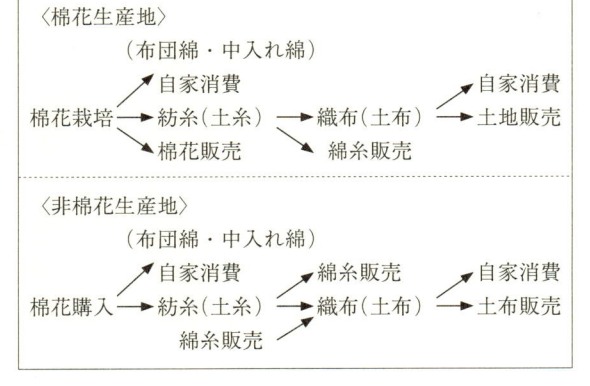

図11　中国在来綿業の再生産構造

〈棉花生産地〉
（布団綿・中入れ綿）
棉花栽培 → 紡糸（土糸）→ 織布（土布）→ 自家消費／土地販売
　　　　　↗自家消費　　　　　　↘綿糸販売
　　　　　↘棉花販売

〈非棉花生産地〉
（布団綿・中入れ綿）
棉花購入 → 紡糸（土糸）→ 織布（土布）→ 自家消費／土布販売
　　　　　↗自家消費　↗綿糸販売
　　　　　↘綿糸販売

含んだ分析はこれまでほとんどなされていない(42)。そこで、以下では、棉作と土糸・土布生産の関係に留意しながら、数省の20世紀前半における土布業の状況を見ていきたい。

河南省洛陽・新野・太康・禹県・許昌は10年代末に土布生産量が多く、洛陽・新野・太康は土糸のみを用い、許昌・禹県は殆ど洋糸のみを使用し、洛陽では当地と霊宝・陝県の棉花を用いて約10万疋の土布を生産した(43)。30年代には禹県・新郷・汲県・開封・温県・密県・許昌・孟県・南陽・臨穎で毎年10万疋前後の土布を生産していたが、かつて土糸のみを用いて土布を生産していた洛陽・新野・太康の名は見えない(44)。しかも、36年の土棉栽培面積とその割合は、太康が約11万畝・30％、洛陽が約33万畝・99.5％、新野が10.8万畝・98.6％で、洛陽と新野では土棉がほとんど栽培されなくなっており、かつて洛陽に土棉を供給していた霊宝や陝県では米棉のみが栽培されていた(45)。以上から、20世紀前半の河南では棉作と紡織はかなりの程度分離し、土布生産者の多くは原棉を他県から購入せざるをえなかったと考えられる。

山西省では、10年代末に産棉地で自作棉花を紡織していたが、土布生産は家内工業の発達に伴って漸減し、棉花移出量を増大するに伴い、棉花は漸次米棉に変化した(46)。なお、34年の調査によれば、同省は土布業があまり発達せず、年間10万疋以上の土布を生産する県は9県にすぎず、それらの土布はほとんど移出されることもなかった(47)。

山東省では、10年代末に生産された土布は縦糸に紡績糸を用いたものが最も多く、両方に用いたものがこれに次ぎ、自家紡糸のみで織ったものは自家用に消費された(48)。30年代には西部の棉産地では棉作農家で紡織を兼ねる者が多かったが、東部の非棉産地では新土布が生産された。また、35年の調査によれば、10万疋以上の土布を生産したのは長清などの西部13県と織布地区の中心だった濰県などの東部6県だったが(49)、必ずしも主要な棉産県と一致してはいなかった。

河北省では、10年代末に土布生産量が多く、縦糸・横糸共に紡績糸を使用し、自家紡糸で織った土布は多くが自家用に供された(50)。高陽の土布生産量は、20年代後半の最盛期に380万疋以上、32年にも130万疋以上だった。また、宝坻で

は23年の最盛期に約480万疋、33年にも約160万疋生産された。さらに、定県では15年の最盛期に約400万疋の土布が移出され、31年にも160万疋以上の土布が生産された[51]。

華北の土布生産は、30年頃に山東省濰県と河北省高陽・宝坻で全体の約45％を占めたが[52]、これらの地域は主要な棉産地とは言えず、土布の原料は洋糸となっていた[53]。これに対し、定県の土布は横糸には土糸を用い続けたが、その多くは購入されたものだった。すなわち、定期市で土布生産者は土糸生産者に棉花一斤と銅銭40～50枚を手渡して土糸一斤を買ったという[54]。さらに、31年の調査によれば、定県の紡糸従事農家28,367戸のうち、紡糸のみに従事する者が約80％を占め、一方、織布従事農家13,385戸のうち、織布のみに従事する者は約83％だった[55]。このように、土布の横糸に土糸を用い続けた定県でも濰県や高陽と同様に棉作・紡糸・織布の分業はかなり進展していた。

他方、江蘇省では、土布・中入用の消費量が11年に通州棉・上海棉・太倉棉で70万担とされ、また、10年代末には40～50万担と推定され[56]、相当量の土棉が中入綿や土布原糸となったとされている。また、34年の調査によれば、南通・江陰・武進・常熟で各200万疋以上、崇明で100万疋以上、松江・海門・呉県・無錫・溧陽・鎮江・南京・銅山で各10～90万疋の土布が生産された[57]。南通では1884年頃に縦糸にのみ洋糸を用いた新土布が生産され[58]、30年代初め頃には新土布が多くなり、土糸のみを用いた旧土布はこれに押されて消滅した[59]。また、非棉産地の武進では江陰・常熟・南通から棉花を購入して土布を生産していたが、20世紀初めに新土布が生産されるようになり、旧土布は抗日戦争前にほとんど淘汰され、また、無錫では20世紀初めに盛んになった新土布の生産が20年代には漸次衰退した[60]。これに対して、江陰では棉作農家が紡織を兼ね、非棉作農家は購入棉花で紡織するか、購入土糸で織布したが、洋糸流入後は洋糸を用いるものも現れ、36年には、小布が約230万疋、郷丈大布が約100万疋に留まったのに対し、洋糸のみを用いた改良土布は約350万疋も生産された。小布は土糸のみを用いたものから縦糸に洋糸を用いたもの、洋糸のみを用いたものへと変化したが、この変化は緩慢で、土糸は駆逐されずに相当残った。従来

104 第5章 アメリカ棉種の受容に見る地域差

は土糸のみを用いた郷丈大布も1905年頃に縦糸に洋糸が用いられた。同じく、古くから土棉・土布生産が盛んだった常熟では、清末に縦糸のみに洋糸を用いた熟布（小布）や洋糸のみを用いた放機布も盛んに生産され、20〜30年に生産された1,200〜1,500万疋のうち、熟布が700〜800万疋を占めたが、30年から放機布の生産量は20年代の約半分に減少し、抗日戦争直前には土布生産量が800〜900万疋に減少した[61]。

　湖北省は、古くからの土布生産地で、10年代末に河南・湖南・江西・四川・陝西・甘粛・イリ・新疆にも移出された[62]。また、34年の調査では、年間土布生産量690万疋のうち、黄岡で約220万疋、孝感で約70万疋、光化・天門・宜昌・武昌・麻城・宜都・襄陽・江陵・荊門・応陵・漢陽・雲夢で各10〜50万疋生産されたとしている[63]。そして、上等品は洋糸のみを用いたが、中・下等品は洋糸を縦糸とし土糸を横糸とするもので、土糸のみを用いた土布は2割に過ぎないとされている[64]。その中でも黄岡を代表とする東部の家郷地方は土棉・土布生産が盛んで、その土布の原料は10年代末に土糸のみを用いたものが大部分を占め[65]、30年代にも黄岡の年間土布移出額は50〜60万元に達し、棉花の全収穫高の60％を売出し、40％を秋冬季自家の紡績用とした[66]。ちなみに、36年には、移出棉花180.5万担を除いた69.5万担のうち、手紡糸用の棉花は25万担にも達すると予想され[67]、省内の棉花消費量全体の約36％もの棉花が土糸・土布になると見込まれていた。一方、西部の沙市は従来土布の一大産地で、荊布として知られ、四川・雲南・貴州へ移出されるものが多かった[68]。19〜20世紀交に大布（荊荘大布、荊布）は横糸に洋糸、縦糸に土糸を用いるものが多くなり、洋糸のみを用いるものも現れ、生産額は沙市周辺地域で生産される土布中で最も多かった[69]。また、荘布（梭布）も洋糸を縦糸に用いるようになり、さらに、小布の原料は大布と同じく土糸と洋糸あるいは洋糸のみのものもあった[70]。こうして、15年には大布が約40余万疋、荘布が約27〜28万疋にまで激減したという[71]。このように、19世紀末から大布が洋糸を用いた新土布へと変化したのは、その最大の仕向地だった四川で新土布が生産されるようになり、徐々に沙市周辺地域の旧土布を駆逐したのに対抗したためだった[72]。20年代前半には土布生

産との関連を断ち切られた沙市地方の棉花は、土棉の減少と米棉の増加によって漸次移輸出向けが増加し[73]、沙市周辺地域では30年代には米棉栽培が盛んになった。

浙江省の土布生産量は、34年の調査によれば、平湖で約200万疋、海寧・紹興で各約80万疋、余姚・鎮海で各10万疋以上で、海寧県硤石鎮では約100万疋の土布が販売された[74]。ただし、平湖の棉作農家は自作棉花で紡織したが、綿糸を購入して土布を織っていた非棉産地の硤石鎮では20世紀初頭に新土布生産が発展し、旧土布を駆逐したと言われ、早くから紡糸と織布の工程は分離していたのに対し、主要な棉産地の余姚・慈谿の土布は20世紀前半にも土糸のみを用い、棉作農民は土糸を紡ぎ、土布を織って販売した[75]。

以上、華北では棉作と土布生産は相当程度分離していたのに対して、華中では状況はかなり異なっていた。洋糸流入後に江蘇省南通の新土布は縦糸と横糸の両方に洋糸を用いたが、江陰や常熟の土布の多くは横糸に依然として土糸を用い続け、土棉栽培、横糸用土糸・土布生産が一貫して行なわれ、また、湖北省家郷地方や浙江省余姚・慈谿では土棉・土糸・土布の一貫生産が存続していた。これは、農民が土糸のための棉花を栽培するのであれば、販売価格が米棉に比して多少安くとも生産コストの低い土棉を選択した方がよいと判断したためだろう。なお、常熟の棉作農家は家庭内の老人や子供の労働力を利用して横糸を紡ぎ、一家の収入を増加させていたが[76]、もし棉作農家が縦糸と同様に横糸用の綿糸をも購入することになれば、老人や子供の仕事を奪うことになるので、洋糸は縦糸に用いるのみで、横糸と縦糸の両方に洋糸を用いることはなかった。

棉作・紡糸・織布の分業化が相対的に進行している華北の方が、華中より高い発展段階にあるという評価を下すことは、果たして妥当だろうか。棉作・紡糸・織布の一貫生産は自給自足の自然経済であり、発展段階としては低いと見なされがちだが、華中の土布業の実態を見ると、このような捉え方には問題があるように思われる。

## おわりに

　農民が米棉の栽培を受け入れるか否かは、自然的・気象的条件や輪作体系の差異に加えて、在来綿業の再生産構造のあり方も重要な規定要因だった。

　米棉を受け入れた地域は非棉産地と棉産地に大別できる。このうち、非棉産地で米棉の栽培を受け入れた典型的な地域が陝西・山西・蘇北沿海部だった。これらの地域で米棉が受け入れられたのは、陝西・山西では米棉が気候に適し、収益も他作物よりも高かったためで、また、蘇北沿海部ではアルカリ土質の故に米棉のみが栽培できたためだった。逆に、棉産地で米棉を受け入れた典型的な地域が、河北省晋県や湖北省沙市周辺地域だった。晋県の棉作農家は、土布を生産せず、棉花のほとんどを販売していたため、米棉栽培による収益が明確に土棉のそれを越えると、急速に土棉から米棉へ栽培を転換していった。また、沙市周辺地域では土布生産が盛んだったが、やがて、土布の販売先の需要に合わせて旧土布から新土布の生産へと転換したため、旧土布用の土棉・土糸に対する需要は減少し、土棉から米棉へと転換した。

　一方、米棉の栽培を受け入れなかった地域は、古くから棉作が盛んだった上に、その棉花を用いて土布を生産していた。その典型的な地域が、蘇南の上海周辺地域、湖北省東部の家郷地方、浙江省の杭州湾沿岸地域だった。

　米棉は土棉より生産コストが高いが、細糸用の原棉に適していたため、販売価格が高く、収益性も高かった。このため、当初より紡績工場向け原棉生産農家は米棉を栽培するようになった。これに対し、土棉は衣服の中入れ綿・布団綿・棉毛混入の織物・カーペットの原料・混棉用・太糸の原棉として適し、土棉栽培農家は自作棉花の一部を冬季用衣服の中入綿や布団綿としたり、土糸・土布の原料として用いた。しかも、米棉より生産コストの低い土棉は土布の原棉として好まれた。

　計算上は、農民が米棉栽培を受け入れるのは、非棉産地では米棉栽培による収益が他作物による収益よりも高いという条件で十分である。だが、棉産地の

土糸・土布生産も盛んな地域では米棉栽培による収益が棉作と紡織による収益の合計分を明確に超過しなければ、土棉から米棉への栽培の転換は起こりにくいと考えられる。さらに、現実には、これに老人や子供による紡糸の作業が加わり、家族構成員全員の労働力が完全燃焼されていた。

このように見てくると、土棉・土糸・土布を一貫生産するような農民にとっては、もし土棉栽培を放棄せざるをえないような事態になれば、それは同時に従来行なってきたような形態での土糸・土布生産をも放棄することにもつながりかねなかったわけである。


注
(1) 拙稿「中華民国期農業に関する日本の研究動向——1980年代以降の研究を中心として」(『近きに在りて』第24号、1993年11月)を参照。
(2) 例えば、丁佶「支那棉業最近の発達」(日本国際協会太平洋問題調査部編『支那経済建設の全貌』日本国際協会、1937年)226頁、興亜院華中連絡部編『上海ヲ中心トスル中支棉花事情』(興亜院華中資料第74号、中調聯商資料第14号、1939年)6～7頁、華北産業科学研究所『国民政府ノ農業政策』(1937年)97頁などがある。また、戦後も、王樹槐「棉業統制委員会的工作成效（1933-1937）」(中央研究院近代史研究所編『抗戦前十年国家建設史研討会論文集（1928-1937）』下冊、1984年)が全国経済委員会棉業統制委員会の棉花改良事業に言及し、1936年に中国棉花が入超から出超に転じた主因を棉花の品質改善と生産量の増加に求め、高く評価した(758～759頁)。
(3) 趙岡・陳鍾毅『中国棉業史』(聯経出版事業公司、1983年。初版は1977年)51頁。
(4) 外務省調査部『支那ニ於ケル棉花奨励誌』(調査29号、1935年)。前掲、丁佶「支那棉業最近の発達」。渡辺信一「支那に於ける陸地棉移植普及工作の沿革」(『経済学論集』第13巻第1号、1943年1月1日)。胡竟良『中国棉産改進史』(商務印書館、1947年。ただし、初版は、重慶版が1945年、上海版が1946年)。
(5) 飯塚靖「南京政府期における棉作改良事業の展開——湖南省を中心に」(『日本植民地研究』第2号、1989年6月)。同「南京政府期・浙江省における棉作改良事業」(『日本植民地研究』第5号、1993年7月)。なお、同「中国近代における農業技術者の形成と棉作改良問題（Ⅰ）——東南大学農科の活動を中心に」(『アジア経済』

第33巻第9号、1992年9月）では、南京国民政府が「農業政策の中で棉作改良を重視し、しかも一定の成果をあげることが可能となった」要因を、1920年代以来の棉作改良に関する「技術力・技術者の一定の蓄積」に求めている（45頁）。

(6) 前掲書、趙岡・陳鍾毅『中国棉業史』50頁。

(7) 興亜院華中連絡部『中支那重要国防資源棉花、麻、調査報告』（華中連絡部調査報告シアリーズ第46輯、国防資源資料第7・19号、農産資源資料第1・13号、1940年）によれば、長江以北の南通・海門・崇明などの棉花を通州棉と総称した（9頁）。

(8) 橋本奇策『清国の綿業』（1905年）2頁。

(9) 中華棉業統計会『民国二十五年中国棉産統計 附二十六年中国棉産統計』（1937年。1939年、華北棉産改進会調査科翻印。以下、『民国二十五年中国棉産統計』と記す。）3〜11頁。

(10) 同上。

(11) 同上書3〜11頁より算出。

(12) 名和統一「支那に於ける紡績業と棉花——支那に於ける工業と農業との聯繫に関する一個の研究」（神戸正雄編『東亜経済研究（1）』有斐閣 1941年）。

(13) 天野元之助『中国農業史研究 増補版』（御茶の水書房、1979年）648〜650頁。

(14) 前掲書、『民国二十五年中国棉産統計』3頁・9頁より算出。

(15) 注(9)に同じ。

(16) 前掲書、『民国二十五年中国棉産統計』37〜42頁。ただし、武安と臨漳は、現在、河北省に属し、1936年の武安と太康の米棉の栽培比率は、各々60％と69.9％だった。

(17) 「支那棉花ニ関スル調査（湖北省、河南省）」（臨時産業調査局『支那棉花ニ関スル調査（其ノ二）』1919年）157頁・161頁。

(18) 前掲書、『民国二十五年中国棉産統計』26〜31頁。

(19) 「支那棉花ニ関スル調査（山東省、直隷省、山西省）」（臨時産業調査局『支那棉花ニ関スル調査（其ノ一）』1918年）20頁。

(20) 前掲書、『民国二十五年中国棉産統計』26〜31頁より産出。

(21) 前掲書、『民国二十五年中国棉産統計』17〜25頁より産出。

(22) 興亜院華中連絡部『中支棉花ノ改良並ニ増産』（興亜華中資料第235号、中調聯農資料第15号、1940年）6〜7頁。

(23) 「支那棉花ニ関スル調査（江蘇省、浙江省、安徽省）」（臨時産業調査局『支那棉花ニ関スル調査（其ノ一）』1918年）12〜14頁。

⑷華商紗廠聯合会棉産統計部『中国棉産統計』（1929年）44～45頁。
⑵前掲書、『中支棉花ノ改良並ニ増産』13～15頁。
⑶前掲書、『民国二十五年中国棉産統計』51～52頁。
⑶金国宝『中国棉業問題』（商務院書館、1936年）48頁。
⑶台湾総督府『支那ノ棉花』（大正6年8月殖産局商工課調査、南支那及南洋調査第19、1918年）24頁。
⑶前掲書、『中支那重要国防資源棉花、麻、調査報告』8～10頁。
⑶前掲書、『支那ノ棉花』25頁。
⑶前掲書、『中支那重要国防資源棉花、麻、調査報告』10頁。
⑶南満州鉄道株式会社北支事務局調査班『天津棉花運銷概況（附天津棉花統計）』（北支経済資料第39、1937年）第三表：河北省各県棉花産額表（民国二十四年）、6頁。
⑶南満州鉄道株式会社調査部『河北省晋県農村実態調査報告書——晋県に於ける棉作事情調査を中心として』（満鉄調査研究資料第53編、北支調査資料第26輯、1942年。以下、『河北省晋県農村実態調査報告書』と略記する。）9～10頁。
⑶前掲書、『河北省晋県農村実態調査報告書』81頁。なお、南満州鉄道株式会社調査部『北支棉花綜覧』（日本評論社、1940年）によれば、繭棉は繊維が極めて粗剛だが、純白で弾力に富み、他方の紫棉は繊維が比較的柔軟だったという（211～212頁）。
⑶注⑶に同じ。40年に導入されたストンビル種の普及率は、41年に約8割に達した。
⑶前掲書、『中支那重要国防資源棉花、麻、調査報告』11頁。
⑶前掲書、『支那ノ棉花』26頁。
⑶前掲、「支那棉花ニ関スル調査（湖北省、河南省）」21～27頁。
⑶「沙市地方に於ける棉花の収穫」（『大日本紡績聯合会月報』第350号、1921年10月）85頁。
⑷邵亮煕「浙江棉業推広之途径」（『浙江省建設月刊』第10巻第6期、1936年12月）3～5頁。
⑷小山正明「清末中国における外国綿製品の流入」（近代中国研究委員会編『近代中国研究』第四輯、東京大学出版会、1960年）を参照。
⑷なお、中国綿業の近代的再編における阻害的現象については、価格差に着目する従来の見方に対して、地域差を重視し、棉花をも含む市場構造を分析した黒田明伸「中国近代における綿糸棉花市場の特質」（『歴史学研究』第624号、1991年10月）がある。

⑷₃前掲、「支那棉花ニ関スル調査（湖北省、河南省）」191～192頁。
⑷₄厳中平『中国棉紡織史稿　1289-1937年――従棉紡織工業史看中国資本主義的発生与発展過程』（科学出版社、1955年。以下、『中国棉紡織史稿』と記す。）260頁。なお、資料の出典は、全国経済委員会棉業統制委員会編『河南省棉紡織品産銷調査報告』（未発表）となっている。
⑷₅前掲書、『民国二十五年中国棉産統計』37～42頁。
⑷₆前掲、「支那棉花ニ関スル調査（山東省、直隷省、山西省）」121頁・125～126頁。
⑷₇前掲書、『中国棉紡織史稿』259頁。
⑷₈前掲、「支那棉花ニ関スル調査（山東省、直隷省、山西省）」40頁。
⑷₉前掲書、『中国棉紡織史稿』258～259頁。
⑸₀前掲、「支那棉花ニ関スル調査（山東省、直隷省、山西省）」82頁。
⑸₁前掲書、『中国棉紡織史稿』257頁。
⑸₂北支経済調査所編『灤県土布業調査報告書』（南満州鉄道株式会社調査部、1942年）22頁。
⑸₃前掲書、『中国棉業史』215頁。なお、高陽の土布業については、呉知著、発智善次郎・岩田弥太郎・近藤清・信夫清三郎訳『郷村織布工業の一研究』（岩波書店、1936年。原典は、呉知『郷村織布工業的一個研究』商務印書館、1936年。）をも参照。
⑸₄張世文『定県農村工業調査』（中華平民教育促進会、1936年）80頁。
⑸₅同上書、50～51頁。
⑸₆前掲、「支那棉花ニ関スル調査（江蘇省、浙江省、安徽省）」68頁。
⑸₇前掲書『中国棉紡織史稿』260頁。なお、資料の出典は、前掲書『華東区四省棉紡織品産銷調査』・実業部国際貿易局編『中国実業誌（江蘇省）』（1933年）第8編89～90頁。
⑸₈徐新吾主編『江南土布史』（上海社会科学院出版社、1992年）610頁。同書は、聞き取り調査・報告書からの引用が多く、内容的に貴重なものを含み、資料的価値も高い。
⑸₉林挙百『近代南通土布史』（南京大学学報編輯部、1984年）34頁・146頁。
⑹₀前掲書、『江南土布史』543～544頁・565頁。
⑹₁同上書、470～479頁・508～513頁。
⑹₂前掲、「支那棉花ニ関スル調査（湖北省、河南省）」136頁。
⑹₃前掲書、『中国棉紡織史稿』262頁。なお、資料の出典は、前掲書『華東区四省棉紡

織品産銷調査』（未発表）となっている。
(64)「漢口を中心としての綿絲布」（『大日本紡績聯合会月報』第308号、1918年4月）21〜22頁。
(65)前掲、「支那棉花ニ関スル調査（湖北省、河南省）」137頁。
(66)国松文雄・岩田弥太郎編訳『支那棉花の問題』（興中公司大阪出張所、1938年）252〜253頁。
(67)横浜正金銀行調査課『湖北の棉花』（調査報告第102号、1936年）16〜17頁。
(68)「沙市織布公司新設」（『大日本紡績聯合会月報』第248号、1913年4月）42頁。
(69)「沙市綿布」（『大日本紡績聯合会月報』第97号、1900年10月）37〜38頁。
(70)「沙市綿布（承前）」（『大日本紡績聯合会月報』第98号、1900年11月）30頁。
(71)「沙市地方の土布」（『大日本紡績聯合会月報』第279号、1915年11月）38頁。
(72)森時彦「華西のマンチェスター──沙市と四川市場」（『東洋史研究』第50巻第1号、1991年6月）97頁。
(73)「沙市棉花状況」（『大日本紡績聯合会月報』第377号、1924年1月）61頁。
(74)前掲書、『中国棉紡織史稿』261頁。なお、資料の出典は、前掲書『華東区四省棉紡織品産銷調査』（未発表）となっている。
(75)前掲書、『江南土布史』664〜665頁、677頁、693頁。
(76)同上書、『江南土布史』531頁。

## 小　結

　稲麦・蚕・棉花は、浙江省農業の中でも重要な位置を占め、それらの品種を改良する事業は、様々な農業改良事業の中で最も簡便で速効性の期待できる施策と見なされ、また、質的向上と量的増大をもたらし、さらに、農民の収入をも増加させるものとして期待されていた。だが、それらの品種改良事業に対して一部の農民が反発を示した。このような農民の反応は、農村経済構造を反映したものだった。

　まず、第1章で見たように、1934年の旱魃は華中東部農村に大量の飢餓民を生み出すほどの極めて深刻な食糧不足の状態をもたらした。だが、これは、宋代に主要な産米地となっていた華中東部農村が明代以降は自給食糧の生産をも犠牲にして桑や棉花などの商品作物を栽培するようになり、さらに、地域間分業構造を形成しつつ、養蚕・蚕糸業や土糸・土布業などの手工業生産に極端なまでに特化するようになっていたことを反映したものだった。

　そして、第2章では、1934年の旱魃によって最も深刻な被害を受けた浙江省で翌年から食糧の増産と自給を目指して稲麦種改良事業が本格的に実施され、収穫量が増加するなどの成果を挙げ、それが農民にも概ね歓迎されていたことを見た。

　これに対して、第3章及び第4章では、これに先立って20年代末・30年代初頭から本格的に実施された蚕種・棉花種改良事業について、改良蚕種に対しては杭州周辺地域の農民が激しく反発し、また、改良棉花種に対しては寧波周辺地域の農民が反対したことを見た。

　さらに、第5章では、改良棉花種である米棉種は、華北の非棉産地あるいは土糸・土布が生産されていなかった棉産地で急激に普及したが、古くから棉花・土糸・土布を一貫生産してきた華中ではあまり普及しなかったこと、換言すれ

ば、第4章と同様に、棉作農家が土糸・土布を生産していたか否かが米棉種の受容と関係していたことを確認した。

　以上のように、旱害の被害程度や改良品種に対する農民の反応に見られた地域差は、決して農民意識の地域差や省政府官僚テクノクラートの意欲・努力・能力・技能などの差異を反映したものではなく、主要には農村経済構造の地域差を反映したものだった。特に、浙江省でほぼ同時期に行なわれた品種改良事業のうち、稲麦種の改良事業がほとんど全く農民の抵抗もなく、非常に順調に実施されたのとは対照的に、蚕種・棉花種改良事業が一部の農民から激しい抵抗を受けた。これは、稲麦作が1930年代に養蚕や棉作に比して収益性で優位になったことも否定できないが、むしろ稲麦作が米麦生産構造の全てだったのに対し、養蚕・棉作は蚕糸業・綿業再生産構造の一部にしかすぎなかったというように、再生産構造の差異にこそ主要な原因があったと考えられる。

　すなわち、農民が担う作業工程は、稲作（稲種→稲＝種子）や麦作（麦種→麦＝種子）では工程分業が生じなかったのに対し、養蚕（蚕種→繭）・繰糸（繭→生糸）や棉作（棉花種→実棉）・繰綿（実棉→綿）・紡糸（綿→綿糸）・織布（綿糸→綿布）では工程分業が生じており、繭や棉花のままでは販売せずに生糸（土糸）や土布の生産を最終目的とし、土糸（生糸）や土布までを一貫生産する養蚕農家や棉作農家にとって、その原料の土繭や土糸（綿糸）は見かけ上無料であり、改良種よりも土種が必要とされていた。

　そして、土蚕種・土棉の飼育・栽培は、土蚕種→土繭→土糸、あるいは、土棉→土糸→土布という土糸（生糸）あるいは土布を生産するための最初の一工程にしかすぎなかったのに対し、改良繭や改良棉花はそれ自体が製糸工場や紡績工場の原料として土繭や土花よりも高値で買い取られていた。とりわけ、改良繭の価格が土繭のそれを下回ることは決してなく、土糸（生糸）生産が最終目的であれば、改良繭よりも安価な（養蚕農家にとっては見かけ上無料の）土繭を用いることになった。この点は、次の第2編で述べるように、土糸（手紡ぎ綿糸）よりも安価な洋糸（機械製綿糸）を用いた新土布が生産されるようになった綿業の場合とは少し異なっている。

114　小　　結

　よって、養蚕・棉作農家が生糸（土糸）・土布の生産を最終目的とし、それに固執するのは、養蚕や棉作の後にさらに生糸や土布を生産して付加価値を増すことによって繭や棉花のままで販売するよりも多くの収益を上げようとしたと考えるのが妥当であろう。一方、棉作農家の中でも、土糸を紡ぐことができず、ましてや織布機を購入できないような貧しい農家は、付加価値を付けずに棉花のままで売らざるを得ず、逆に、このように棉花の販売を最終目的とする農家は、土棉よりも高い収益を可能にする改良棉花種の栽培へ転換することになった。

　ところで、以上のような農村経済構造の多様化は、商品経済と手工業の発展を基礎として歴史的に形成されてきた社会的分業ないし地域間分業とも関連していた。

　19世紀末頃にまず江蘇省無錫や浙東の紹興から繭の商品化が始まったのは、両地ともに新興の産繭地だったために、蚕糸業の長い伝統を持つ湖州・嘉興を初めとする浙西地方のようには高品質の生糸が出来ず、かなり安値でしか販売できなかったからだったとされている[1]。これに対し、浙西の余杭県などでは蚕種の生産を専業とする蚕種製造業が成立していたばかりでなく、すでに明末清初の湖州・嘉興地方では、あたかも肥料と同様にごく一般的な商品として桑葉が販売されており、桑葉の販売を目的にした栽桑業も成立していた[2]。しかも、栽桑業に従事する農家の多くは、自ら播種することはなく、桑苗を購入しており、浙西の海寧県などでは桑苗の販売を目的にした桑苗業も成立していた[3]。

　このように、近代浙江省農村は、桑苗生産地、桑栽培地、蚕種製造地、繭生産地、繭・生糸の一貫生産地、桑栽培・蚕種自家採取・養蚕の一貫生産地などに分かれており、養蚕を行なわずに生糸のみを生産することはなかった。とりわけ、生糸生産地として最も有名な湖州を初めとする浙西は、繭・生糸の一貫生産地だったのである。浙西における蚕糸業の発展は地域ごとに桑苗生産地、桑栽培地、蚕種製造地、繭・生糸生産地に特化する地域間分業構造の上に築かれたものだった。

一方、土布業は棉作地、土糸生産地、土布生産地、土糸・土布生産地、棉花・土糸・土布の一貫生産地などに分かれ、特に浙江省の中で最も著名な土布生産地だった浙東は、棉花・土糸・土布の一貫生産地だったが、綿業構造は養蚕・蚕糸業よりも一層複雑な地域間分業構造に基づいて形成されていたと考えられる。そして、土布業は上海で古くから発展し、華中東部農村で広範に展開するようになった。そこで、次の第2編で華中東部の土布業を詳しく分析することで、商品経済と手工業の発展に基づいて歴史的に形成されてきた農村経済構造の実態と動態に迫りたい。

注

(1)曾田三郎「江浙地方における繭取引について」（広島史学研究会『史学研究』第156号、1982年）。なお、同著『中国近代製糸業史の研究』（汲古書院、1994年）に所収。
(2)田尻利「清代の太湖南岸における桑葉売買（上）・（下）」（『鹿児島経大論集』第27巻第4号・第28巻第1号、1978年2月・4月）。なお、同著『清代農業商業化の研究』（汲古書院、1999年）に所収。
(3)実業部国際貿易局編『中国実業誌（浙江省）』（1933年）第4編176頁。

第 2 編　華中東部における土布業の変容

# 第1章　土布業に関する研究動向

## はじめに

　中国における手工業製品の輸出額は、1934～36年の3年間に13,434万元、15,040万元、19,818万元と増加し、それが全輸出額に占める割合も23%、26%、28%と増加し、30年代にも依然として手工業が中国経済の中で重要な地位を占めていたことが窺える[1]。

　30年代当時、中国経済における農村工業の役割を重視する考え方は、費孝通をまつまでもなく[2]、かなり一般的だった。例えば、方顕廷は、農村では労働力が低廉で、地方の原料や副産物を利用していることから、都市工業に対して農村工業が優越していると見なし、トーネイ（R.H.Tawney）・ソルター（Sir Arther Salter）・テーラー（J.B.Tayler）も同様の見解だったと紹介している[3]。また、江蘇省建設庁は、農村工業生産合作社の設立を提唱した際に、①合作社の利益は各社員の提供した労働力、原料、資本に応じて比例平均分配して利益の独占を防ぐ、②余剰労働力を利用して過剰人口を消化する、③原料は当該・近隣地域から選ぶ、④販路はまず近隣一帯に、その後で大都市に求め、輸出を増加して輸入を防止する、⑤他の地方が容易に模倣できないようにする、という基本方針を掲げていた[4]。

　さて、綿業は中国経済の中で重要な地位を占め、中国近代経済史を理解する上でも重要であり、その一部を構成する土布業（手工制在来綿業）についてもすでに数多くの論者が言及している。そこで、本章では前近代的・非近代的と見なされてきた土布業に関する研究を例として取り上げ、その近代化について再検討したい。

## 1　近代土布業に関する研究動向

　近代土布業の展開を最初に動態的に捉えたのは、戦前の有沢広巳らの一連の研究である。方顕廷らが河北省高陽・宝坻土布業の発展に限界性を看取したと批判する有沢広巳は、すでに家内仕事の域を脱した独立小生産者の経営・問屋制家内工業・零細マニュファクチュア等の経営形態が相互に関連しつつ共存し、基本的には資本主義的発展に向かっていると見なし[5]、また、発智善次郎は、方顕廷らが問屋制と工場制手工業を異なる発展段階と見なして農村工業が厳マニュ段階にあったことを看取できなかったと批判し[6]、発智の方顕廷に対する批判を支持する尾崎五郎も、定県土布業が未だ家内手工業の域を脱していないが、漸次技術革命が進行し、農村工業と農業・土地の結合を解体させ、従業者を土地から分離させる傾向にあり、華北土布業の中で最も典型的な発展過程を辿った高陽土布業に追随して変化しつつあると見ていた[7]。このように、有沢らは高陽土布業の展開の中にマニュファクチュアの形成にまで至る資本主義的発展過程を見出そうとした点で共通していた[8]。

　しかし、49年以降、機械制大工業を基準に据えて手工業の生産関係の遅れ・技術的低位性や農民の貧困さと農家経営の停滞性が強調され、また、近代以降、中国農民は国内封建勢力と帝国主義列強から二重の圧迫を受け、在来手工業も衰退したと理解された。

　近代土布業の動向については、洋布（機械製綿布）の流入によって衰退・消滅は必至であるという見方と資本主義的発展の過程を見出そうとする見方があったが、戦前・戦中期には、前者の見方はその原因を土布業の後進性と中国経済の停滞性に求め、これが一面では日本の軍事的侵略の口実として利用され、また、他面では洋布の流入を過大に評価し、資本主義的発展の可能性を否定的に見る中国共産党の見解と適合的だったのに対し、後者の見方は中国社会停滞性論を批判することにつながったが、革命的手段を用いることなしには中国の資本主義的な経済発展（＝近代化）は不可能だと見る中国共産党の理論とは相反

することになり、1949年に中国共産党が政権を掌握してから前者の見方が通説的理解となった。

　戦後の通説的理解を代表するのが厳中平の研究である。洋糸布が特に1870年代以降に通商港やその周辺地域で急速に土糸（手紡糸）を駆逐する一方で、資本主義的生産関係の発生を加速させたが、工場制手工業は洋布との競争に勝てなかったばかりでなく、生産量では家庭手織業にも及ばず、農業と結合した土布業こそが洋糸布の流入に頑強に抵抗し、1937年以前は土布が国内消費綿布の中で重要な地位を占め続けたと見ていた[9]。このように、洋糸布の流入が土布業を破壊しつつも、他方ではその近代化を促進したという捉え方は、土布業の衰退的側面が重視されており、その後も中国の研究で長く継承されていった[10]。

　これに対し、60年代に、小山正明が、洋糸の流入によって農村家内手工業からマニュファクチュアへの転化が民国初年より、特に第一次世界大戦中の好機を把えて相当の進展を見せたと判断し、洋糸を原料とする新土布業の発展は単なる量的拡大ではなく、マニュファクチュアへの質的発展だったとした[11]。そして、70年代に、田中正俊は、小山正明の力説する機械制大工業やマニュファクチュア的な経営形態よりも河北省高陽・宝坻・定県、山東省濰県、江蘇省南通などに広く成立した前貸問屋制生産を重視すべきだと主張した[12]。このような研究が戦前における有沢らのそれと分析視角で連続していたことは明らかである。

　しかし、80年代に、中井英基は、人口増大が自活できる最小経営面積以下の零細農を生み出し、農村内に供給価格のより低い労働力を拡大再生産したことで、明・清時期には江南土布業が発展し、また、清末・民国時期には外国・国産機械製品に頑強に抵抗しえた半面、明・清時期には家族以外の人手を必要とする改良技術の普及を拒み、また、民国時期には生存水準以下への賃金切下げによって製品価格を近代部門（あるいは都市立地のマニュファクチュアを含めて）が利潤を上げられなくなる水準にまで下げることができたため、織布マニュファクチュアが必ずしも優位に立てなかったと見なした[13]。

　このように、80年代初頭までは、近代の土布業を、主要には農業と結合した

家内手工業（小商品生産、小営業）だったと見なすか、あるいは、一定程度の資本主義的展開があったと見なすか、さらに、その発展段階（生産・経営形態）をめぐって見方が分かれた。

他方、アメリカでは、定量分析の手法を用いて、1965年にマイヤーズ（Ramon H.Myers）が、1936年にも洋糸に対する需要の約4分の3が土布となっていたことを挙げ、土布業が根強く存続していたと主張し[14]、また、フォイヤーワーカー（A.Feuerwerker）は、1870～80年と1900～10年の2つの時期における綿糸・綿布について、洋糸が土糸を駆逐したのとは対照的に、土布は洋布によっては駆逐されず、土糸生産者が土布生産者へ移行したことによってむしろ土布の生産量が増加したと説明している[15]。だが、定量分析は土布業の動態的把握としては不十分である。

そして、1980年代には、中国でも、徐新吾が発展段階論の視点に立ちながら定量分析の手法を用いて分析している。すなわち、洋布は全体に占める割合が小さく、日清戦争以前までは農工結合の小農経済の頑強な抵抗を受けて商品土布の一部を駆逐したにすぎず、また、洋糸は非棉産地には流入したが、棉作の盛んだった江南にはほとんど流入せず、江南の土布は基本的には「土経土緯」（縦糸・横糸ともに手紡糸を使用）を維持していたとした[16]。その上で、土布に洋糸が使用された比率は1840年が0.4％、60年が0.56％にすぎなかったが、94年に23.42％に増加し、さらに、1913年には72.33％に増加したが、20年には50.76％に減少し、36年に75.94％に増加し、また、土布が綿布に占める比率は1840年が99.54％、60年が96.82％、94年が85.85％、1913年が65.17％と減少し続けたが、20年に71.45％に上昇し、36年には43.16％に減少したことを指摘している。ただし、1840年と1936年の自給土布の生産量の減少は1割にも満たなかったことから、土糸・土布は洋糸・洋布によって完全には淘汰されなかったとしている[17]。

以上のような徐新吾の見解を支持して、呉承明は洋布による土布の代替の過程がかなり緩慢だったとし[18]、20世紀初めに出現した前貸問屋制が30年代以降に普及したが、紡糸の生産効率が低すぎたことと紡糸工具の後進性によって土

布業が小農経済と牢固に結合した家内手工業段階に停留したことが中国経済の遅れの一因だったと見なした[19]。

また、趙岡・陳鍾毅『中国棉業史』は、新土布業の中心地が非棉産地で、紡績工場のある通商港や大都市に隣接していたこと、余剰労働力が比較的多かったこと、新技術を採用して土布の品質を継続的に向上させたことを列挙し、他の副業収入が土布業のそれを超過すれば、農民は土布生産を放棄すると説明し、1930年代に土布業が衰退した主因を西北部の大旱害や長江の氾濫による国民購買力の低下、日本軍の侵略による土布市場の喪失に求めた[20]。ただし、定量分析と同様に、動態的把握という点では不満が残る。

なお、近代紡績業から土布業を位置付けた研究もあった。まず、副島圓照は、19世紀末の棉花高・綿糸安という状況下で、洋糸と競合する土糸業が成立し得なくなり、棉作は手紡業との結びつきを絶たれることにより、機械紡績業の原料生産に転じたとしている[21]。また、中井英基は、19世紀末葉に洋糸布の流入と、原棉の日本向輸出を契機として南通土布業が再編され、大生紗廠の設立にとって有利な洋糸への需要と原棉の供給という二つの市場的条件が準備されたとしている[22]。さらに、久保亨は、中国の紡績工場が紡ぎ出した綿糸の多くを土布の原料として販売していた点を論じ[23]、紡績工場と新土布業とは相互にその発展を支え合っていたと指摘した。そして、定量分析の手法を用いた森時彦も、1880年代半ば以降、土糸に対して価格の点で圧倒的な優位に立ったインド綿糸は主に経糸の分野で急速に土糸を駆逐して農村市場に浸透していったが、自家用土布原糸の土糸では機械製綿糸との代替化は容易には進まず、一方、主に商品生産用の分野における土糸から機械製綿糸への転換という大きな変動を伴なって、土布生産は開国前夜の1840年から1世紀の長きに渡ってその生産規模を維持し続けたとしている[24]。

さて、80年代になると、郷鎮企業の発展の動きにも刺激され、その動きと20世紀前半における農村工業との連続性に着目し、近代土布業の存続・発展が重視されるようになった。例えば、リンダ・グローブは、高陽土布の生産量の変動は景気の変動・循環によるもので、長期的には織布機の技術的進歩や労働生

産性の上昇が認められ、また、問屋商人が技術導入、資金、綿布販売などで土布業の発展に積極的な役割を果たしたと評価した[25]。

中国でも80年代には近代土布業の発展を論じる研究がいくつか見られた。丁世洵は、高陽土布業が34～37年に3回目の発展期を迎えた客観的原因は、35年からの農業生産好転による農民購買力の増加と日貨排斥（日本商品ボイコット）運動の高揚による土布市場の拡大を挙げ、また、主観的原因は、生産・販売する土布の重点を競争の激しい白布から競争の少ない麻布や花色布へ移したこと、市場の需要に応じて絶えず種類を更新して適切な販売先を追求したこと、技術革新を重視して製品の品質と労働生産性を高めたことにあるとしている[26]。また、夏林根は、上海土布業が30年代中頃まで発展し続けたと見なした上で、それでも徐々に衰退した原因についてはタオル・靴下・レース生産の副業や都市工場での賃労働などの新たな就業機会が生まれたことに注目すべきだと指摘したが、土布業が根強く存続した主因を農民生活の貧困と小農経済思想の劣悪さに求めた点は従来の通説的理解を踏襲したと言える[27]。さらに、唐文起は、19世紀末に南通土布が洋糸を用いて質を高めたことが東北における販売・消費の拡大につながり、また、主要な販売先だった東北の営口土布市場の動向を基礎形成期（1842～1903年）、繁栄期（04～25年）、衰退期（26～31年）に分け、営口土布市場の盛衰が南通土布の売れ行きに影響したと見ている[28]。

90年代には土布業に対する再評価の動きが一層明確になり、日本では星野多佳子が南通土布業の根強い存続と発展を強調し、農業との関連にも言及し[29]、また、中国でも土布業の資本主義的発展の側面を重視する研究がいくつか発表された[30]。

そして、2001年に、森時彦は、1905年前後に武進農村の家内手工業では機械製綿糸が流入し、土糸→機械製綿糸→千切糸という原糸の近代化が地機→バッタン→脚踏織機という生産用具の近代化との相乗効果で、製織能率を2.5倍から7倍へ、製織量を5倍から12倍にも急増させ、このような量的変化が工場制手工業の出現と農村織布業における前貸問屋制家内手工業への移行という質的な変化を顕在化させたとしている[31]。機械制織布工場成立までの発展過程を近

代江南農村の土布業に見出したのは、研究史上初めてのことで、この点では画期的である。また、前貸問屋制から手工制工場への生産・経営形態の移行が製織能率の較差によってではなく、前貸した原糸のごまかしを防ぐために生産品を管理する必要性から生じていた事実を検証したことは、前貸問屋制手工業と工場制手工業の関係あるいはその経済史的位置付けを考える際に、非常に示唆に富むものである。ただし、戦前の有沢広巳らの研究以来の発展段階論的な視点からの分析の精度を高めた一方、そのような視点からの分析の枠内にとどまったとも言える。

三品英憲の研究は、華北の河北省定県土布業を取り上げて、やはり発展段階論的な見方に立ちながらも、農業の状況をも組み入れて分析した点で注目される[32]。

以上の他にも、なお取り上げるべき研究を取りこぼしていたり[33]、あるいは、取り上げた研究の論旨を読み違えたものもあるかもしれないが、その点はご寛恕いただきたい。

## 2 近代土布業に関する研究の課題

近代土布業に関する研究は、土布業が衰退したとする見方から、80年代を境にむしろ存続・発展していたとする見方へ変化したが、その分析には2つの特徴があった。

まず、第一に、農村家内手工業（小商品生産、小営業）→前貸問屋制家内手工業→工場制手工業（マニュファクチュア）という発展段階論的な視点に立ち、土布業の展開の中に機械制工場の発生に先行する前貸問屋制家内手工業や工場制手工業の形成という資本主義的発展の側面を見出すことに力点を置くか、あるいは、逆に、外国資本の圧迫と国内の封建勢力が資本主義的発展に歪みと限界性をもたらしたと強調した。以上の見方は、一方が資本主義的発展を強調することで中国社会停滞論の打破を目指したのに対し、もう一方は資本主義的発展の強調が資本主義列強の侵略を免罪・擁護することにつながると考え、2つの

相違する見解になったが、家内手工業をより封建的・前近代的なもの、工場制手工業をより資本主義的・近代的なものと見なす点では基本的に一致していた。

また、第二に、土布業の展開を機械制綿工業の単なる前史として捉えるのではなく[34]、むしろ土布業を包括する農村経済の中で捉えた。だが、これまでの多くの研究は、農民の貧困さに農村家内手工業の展開の必要性・必然性とともにその限界性をも求めた[35]。すなわち、近代土布業の生産・経営形態（の発展段階と程度）と農業における生産関係（＝土地所有状況）を重視し、土布生産者の零細性・貧困さ（＝遅れ・後進性）を強調するあまり、土布業が低い発展段階に停滞したという結論を導くことになった。

以上のことを勘案すれば、今後は、従来の発展段階論的な視点からの分析に対して修正を加える必要がある。従来、理論上の発展段階に適合しないズレを停滞・遅れとして認識してきたが、発展段階論はいわゆる発展の型（歴史的展開の連続性・必然性）を理論化したもので、逆に個別具体的な実態を理論化された発展段階の序列の中に位置付け、その遅れや発展を測定する手段として用いるべきではない[36]。そもそも、土布業の発展段階と機械制綿工業の展開とを短絡的ないし直接的に連続した一直線上で結び付けるべきではない。もちろん、土布業から近代的機械制綿工業への連続・継承性や両者の関連性を軽視するべきではないが、近代中国綿工業の遅滞の理由を土布業の後進性に求めるべきではない。

そして、近代中国では機械制綿工業と土布業が同時並行的に展開したという事実から、土布業の展開・動向を単に機械制綿工業の前期的・初期的段階あるいはその前史や残滓としてではなく、農村経済の一部を構成するものとして、その本来の位置において捉えるべきである。すなわち、土布業を他の産業から切り離して分析するのではなく、農村経済構造全体の中で考えるべきであり、また、土布業の発展や衰退の経済的意義を農村経済構造に着目しつつ考察するべきである。そもそも、近代中国経済を分析する際にしばしば逢着する統計・数値の不足という問題は、農村経済の分析について一層深刻である。その点からも、数値ばかりでなく、関係性に着目して農村経済構造を明らかにする必要

がある。

注
(1)張覚人「農村手工業品的対外輸出」(実業部統計処編『農村副業与手工業』1937年) 84頁。
(2)費孝通著、小島晋治ほか訳『中国農村の細密画――ある村の記録 1936〜82』(研文出版、1985年)、費孝通著、大里浩秋・並木頼寿訳『江南農村の工業化――"小城鎮"建設の記録 1983〜84』(研文出版、1988年)を参照されたい。
(3)方顕廷「支那の工業化と農村工業」(キール大学世界経済研究所編・重藤威夫訳『支那の工業化』1942年)13頁・25頁・32頁。なお、方顕廷「支那の工業化と農村工業」(方顕廷編・梨本祐平訳編『支那経済研究』改造社、1939年)もあるが、前者の訳文の方が優れている。また、テーラーやトーネイの見解については、J.B.Taylor「発展中国小規模工業的一個建議」(『東方雑誌』第28巻第9号、1931年5月10日)やR.H.トーネイ著、浦松佐美太郎・牛場友彦訳『支那の農業と工業』(岩波書店、1941年、初版は1935年)で知ることができる。
(4)江蘇省建設庁合作課編『江蘇省合作事業之縦切与横剖』(1936年)12〜13頁。
(5)有沢広巳編『支那工業論』(改造社、1936年)編者序文。原典は、方顕廷『中国之棉紡織業』(国立編訳館、1934年)。なお、方顕廷「北支の農村織物業と問屋制」の中の高陽土布業についての詳細は、呉知『郷村織布工業的一個研究』(商務印書館、1936年)としてまとめられており、また、発智善次郎・岩田弥太郎・近藤清・信夫清三郎共訳『支那織布工業の一研究』(岩波書店、1942年)がある。
(6)発智善次郎「支那経済研究の出発点」(『満鉄調査月報』第17巻第4号、1937年4月)。
(7)尾崎五郎『支那の工業機構』(白揚社、1939年)128〜129頁、327〜328頁。
(8)明清時期の綿業との関連から、幼方直吉は、南京木綿(土布)の生産が近代的棉業の先行形態で、19世紀の中国における近代的生産の端初として現れ、当時の最も進んだ生産を代表したと指摘する(「南京木綿興亡史」『東亜論叢』1輯、1944年)。また、西嶋定生は、松江府における織布経営の支配的形態は軋核経営・紡績経営・織布経営に分業化し、それが中国社会が古代において固定したという停滞性理論に対する反措定の意味を持つと考えたが、土布業は零細過小農の家計補足手段としての副業的商品生産手工業で、土地所有者から解放されず、工業経営者として独立しておらず、そこにはマニュファクチュアはもとより問屋制度的経営組織をも見出し難

(9) 厳中平『中国棉紡織史稿』（科学出版社、1955年）。同書は、『中国棉業之発展』（1942年、初版）の改訂・再版である。なお、邦訳として、依田憙家『中国近代産業発達史――『中国棉紡織史稿』――』（校倉書房、1966年）がある。

(10) 陳詩啓「甲午戦前中国農村手工棉紡織業的変化和資本主義生産的成長」（『歴史研究』第2期、1959年）。段本洛・張圻福『蘇州手工業史』（江蘇古籍出版社、1986年）236～262頁。段本洛「近代中国棉紡織業的機械化」（『蘇州大学報』1990年2期）。

(11) 小山正明「清末中国における外国綿製品の流入」（近代中国研究委員会編『近代中国研究』第4輯、東京大学出版会、1960年）。また、波多野善大「アヘン戦争後における棉織の生産形態」（『中国近代工業史の研究』（京都大学文学部内）東洋史研究会、1961年）もほぼ同様の見方に立っている。

(12) 田中正俊『中国近代経済史研究序説』（東京大学出版会、1973年）198～200頁。これに対して、狭間直樹は、洋布が当初は農業と結合した家内手工業を全面的に崩壊させるには至らず、農民は一層孤立完結的な家内生産にしがみつき、洋布に対抗したが、やがて洋布と土布の競合、そして家内手工業の破壊の過程を通じて棉花は原料として先進資本主義国へ輸出されるようになったと捉えた（「中国近代史における「資本のための隷農」の創出、およびそれをめぐる農民闘争」『新しい歴史学のために』99号、1964年）。また、西川喜久子「中国近代史研究方法論批判――田中正俊『中国近代経済史研究序説』批判」（『東洋文化』55号、1975年）も狭間とほぼ同様の見方から批判し、さらに、秦惟人「清末郷村綿業の展開――浙東を中心にして」（『講座中国近現代史』第2巻、東京大学出版会、1978年）は洋糸布の流入で浙東では原棉生産者化が進展したが、高陽では新土布の生産が勃興したとして狭間と田中の見解の調和を図ろうとした。

(13) 中井英基「清末における南通在来綿織物業の再編成――大生紗廠設立の前史として」（『天理大学学報』第85輯、1973年）。

(14) Ramon H.Myers, "Cotton Textile Handicraft and the Development of the Cotton Textile Industry in Modern China", *The Economic History Review,* Secound Series, Volume XVIII, No.3, December 1965.

(15) Albert Feuerwerker, "Handicraft and Manufactured Cotton Textiles in China, 1871-1910", *Journal of Economic History*, 30-2, June 1970.

注　129

⒃徐新吾「中国和日本棉紡織業資本主義萌芽的比較研究」『歴史研究』第6期、1981年12月)。なお、奥村哲による邦訳・解説がある(『歴史の理論と教育』66・67号、1986年4月)。

⒄徐新吾主編『江南土布史』(上海社会科学院出版社、1992年)204～206頁。同書は、すでに1961年4月より資料収集が開始されて1965年には初稿が完成し、途中、文革による中断を挟んで、1978年9月より再び原稿の整理と資料の補充が行なわれたとされ、遅くとも1980年代にはほぼ完成していたと思われる。

⒅呉承明「中国資本主義的発展述略」(『中国資本主義与国内市場』中国社会科学出版社、1985年)。ただし、『中華学術論文集』(中華書局、1981年)からの転載である。

⒆呉承明「我国手工棉紡織業為什么長期停留在家庭手工業段階？」(『中国資本主義与国内市場』中国社会科学出版社、1985年)。ただし、原載は、『文史哲』(1983年1期)。

⒇趙岡・陳鍾毅『中国棉業史』(聯経出版事業公司、1977年)215～216頁。

㉑副島圓照「日本紡績業と中国市場」(『(京都大学人文科学研究所)人文学報』33号、1972年2月)78頁・125～126頁。

㉒中井英基「中国農村の在来綿織物業」(『プロト工業化期の経済と社会』日本経済新聞社、1983年)。同著『張謇と中国近代企業』(北海大学図書刊行会、1996年)に再録されている。

㉓久保亨「近代中国綿業の地帯構造と経営類型」(『土地制度史学』第113号、1986年10月)。

㉔森時彦「中国近代における機械製綿糸の普及過程」(『東方学報』第61冊、1989年3月)。同著『中国近代綿業史の研究』(京都大学学術出版社、2001年)にも所収されている。

㉕リンダ・グローブ口頭報告「中国近代化における農村工業──河北省高陽県を中心に」(「第4回中国近現代経済史シンポジウム＜近現代中国農業・農村経済史再考＞の記録」『近きに在りて』第14号、1988年11月)、リンダ・グローブ(笠原志保里訳)「1980年代高陽県における織物工業について」(『老百姓の世界』第6号、1989年6月)。なお、Linda Ann Grove, Rural Society in Revolution : The Gaoyang District, 1910-1947. A Dissertation Presented to the Faculty of the University of California, In Candidacy for the Degree of Doctor of Philosophy, December 1975. も参照されたい。

㉖丁世洵「1934年至1949年的高陽土布業」(『南開学報』総第39期、1981年1月)。

(27) 夏林根「論近代上海地区棉紡織手工業的変化」(『中国社会経済史研究』1984年3期)。
(28) 唐文起「営口土布市場興衰及其対南通土布業的影響」(『江海学刊(経済社会版)』1985年第5期)。
(29) 星野多佳子「近代中国における在来綿織物業の展開――南通の土布業について」(『(日本大学)史叢』第49号、1992年10月)、同「南通在来綿業の再編――1931-45」(『近きに在りて』第22号、1992年11月)。
(30) 陳恵雄「近代中国家庭棉紡織業的多元分解」(『歴史研究』総第204期、1990年4月)。闞景奎「民国初年山東手工棉紡織業生産関係初探」(『民国档案』1996年第2期)。史建雲「論近代中国農村手工業的興衰問題」(『近代史研究』総第93期、1996年5月)。《中国近代紡織史》編輯委員会編『中国近代紡織史』(中国紡織出版社、1997年)。
(31) 森時彦「武進工業化と城郷関係」(森時彦編『中国近代の都市と農村』京都大学人文科学研究所、2001年)。同著『中国近代綿業史の研究』(京都大学学術出版社、2001年)にも所収されている。
(32) 三品英憲「近代における華北農村の変容過程と農家経営の展開――河北省定県を例として」(『社会経済史学』第66号第2号、2000年7月)。
(33) 陳慶悳「論中国近代手工業発展的社会基礎」(『雲南財貿学院学報』1990年第3期)及び載鞍鋼「近代皖人織布工場在滬述略」(『安徽史学』第2期、1996年)についても論じるべきだったが、入手できなかった。
(34) 日本史でも、農村工業の発展を産業革命や工業化の始動との関わりを前提として評価することを否定する見方が出されている(谷本雅之『日本における在来的経営発展と織物業』名古屋大学出版会、1998年)。
(35) この点で、「土地所有面積・経営面積が小さいために、農業だけでは生活できず、副業や出稼ぎに従事する」のではなく、「個別経営を越えた社会の論理」からすると、「商品経済の発展・都市経済による包摂が零細所有・経営を導く」とする奥村哲の捉え方は注目に値する(奥村哲「日中戦争前後の華中農村調査をめぐって――江蘇省無錫県の場合」『(東京都立大学人文学部)人文学報』第238号、1993年3月)。
(36) この点に関連して、マニュファクチュアが『資本論』における相対的剰余価値生産の一つの形態という次元(論理次元)での理論化であって、歴史・具体的なマニュファクチュアの理論とは異なるとする中村哲の指摘は参考になる(『日本初期資本主義史論』ミネルヴァ書房、1991年、第一部第二章)。しかも、社会的生産全体を含む歴史理論を構成するために、①相対的剰余価値生産に絶対的剰余価値生産(その基本形態は小資本家経営と資本主義的家内工業)を加え、②資本主義的生産に小

営業（都市手工業と農民の小商品生産工業）、商業資本、自給的家内工業を加え、③工業以外の、特に農業を加えることを目指している点にも賛同できる。特に、将来の課題とされている④は、本稿が分析しようとしている方向性と一致している。

# 第2章　上海土布業の近代化

## はじめに

　近代土布業が外国綿製品の流入によっていかに変容したのかについてこれまでの研究が明らかにしているところを概括すると、以下のようになる。イギリス機械製綿布（洋布）が当初期待されていたほどには中国市場に流入しなかったのとは対照的に、安価なインド機械製綿糸（洋糸）は、まず、1880年代にかつて華北やインドの棉花を購入していた非棉産地の華南に、その棉花の代替品として10番手前後の太糸が流入して土糸を駆逐して新土布生産への転換を促し、続いて、1880年代後半には土糸・土布生産地ではなかった華北にも流入して新土布生産が始まり、さらに、1890年代には棉花・土布生産地だった長江中流域にも流入して新土布生産への転換を促したが、古くからの棉花・土布生産地だった長江下流域には19世紀末〜20世紀に上海に新設された紡績工場の綿糸が流入した[1]。

　すでに前章で見たように、近代土布業に関する研究は、より高い発展段階に達したと見なされた河北省や山東省の新土布業の分析に偏重し、上海土布業は低い発展段階に停滞したと見なされ、ほとんど分析の対象とならずにきた[2]。このような従来の捉え方は、19世紀末の上海土布の生産状況に言及した波多野善大が、旧い生産方法が最も早く消失していると推測される上海付近でさえも問屋制的な代金・原料の前貸関係はなく、農民は自作棉花で織布する伝統的な遺風を固執していたと述べていることにもよく反映している[3]。だが、商品経済が発展した上海で土布業のみが自給自足的な自然経済の状態に留まっていたという捉え方は、整合性に欠け、生産関係や生産形態に重点を置く、従来の発展段階論的な見方では近代上海土布業の動向を充分に説得的に説明しきれないように思われる。

そこで、本章では、近代上海における土布業のみを取り上げてその発展の有無や程度を探るだけではなく、近代綿工業及び農村経済と土布業の展開の相互連関にも分析の範囲を広げ、土布業が地域によって衰退したり、発展したりする背景や事情を明らかにしたい。

## 1 土布の生産

(1)土布の生産地と種類

明清時代の地方志を見ると、いわゆる松江布は、まず元の元貞年間（1295〜96年）に、烏泥涇（上海県龍華鎮西湾村一帯）において、崖州（海南島崖県）から進んだ綿紡織技術・工具を持ち帰った黄道婆の教えによって生産が始まり、番布と呼ばれた。暫くして、松江県沙岡・車墩一帯では苴墩布が生産され、松江府城東門外雙廟橋では丁娘子布（飛花布）が生産され、その後、各地で様々な土布が生産されるようになった[4]。

19世紀末〜20世紀前半における主要な土布生産地は、表1〜表4と図1を見ると、上海県を中心として嘉定・川沙・宝山・南匯の上海市街地周辺部に広がっ

表1　上海における主要な土布の種類と生産地

| 名　　称（別　　称） | | 生　　産　　地 |
|---|---|---|
| 套布 | 東套（標布） | 〈上海県〉三林塘・陳家行・中心河・題橋、〈南匯県〉周浦、〈川沙県〉楊思橋・川沙 |
| | 北套 | 〈上海県〉北新涇、〈宝山県〉大場・江湾、〈嘉定県〉江橋・婁塘 |
| | 翔套（扣套、翔標、標套、北套） | 〈嘉定県〉南翔一帯 |
| | 紫套（赤套、紫標、北套） | 〈宝山県〉宝山・呉淞・月浦・楊行・大場・江湾 |
| | 加套 | 〈宝山県〉大場、〈嘉定県〉真如 |
| | 廿八套 | 〈嘉定県〉戬浜橋 |
| 稀布 | 西稀（清水布、洋莊稀、南門稀） | 〈上海県〉七宝・幸莊・龍華 |
| | 東稀（稀布、北門稀） | 〈上海県〉三林塘・北新涇・幸莊・七宝、〈宝山県〉江湾、〈嘉定県〉南翔・真如・江橋 |
| | 単扣稀、杜扣稀 | |
| 白生（喬布） | | 〈川沙県〉高橋・高行・陸行・金行橋・張家橋 |

典拠　徐新吾主編『江南土布史』（上海社会科学院、1992年）352〜356頁より作成。この他に、蘆紋布、螞蟻布、斗紋布、大格布、柳条布などの花色土布もあった。単扣稀と杜扣稀は農民の自給用綿布。

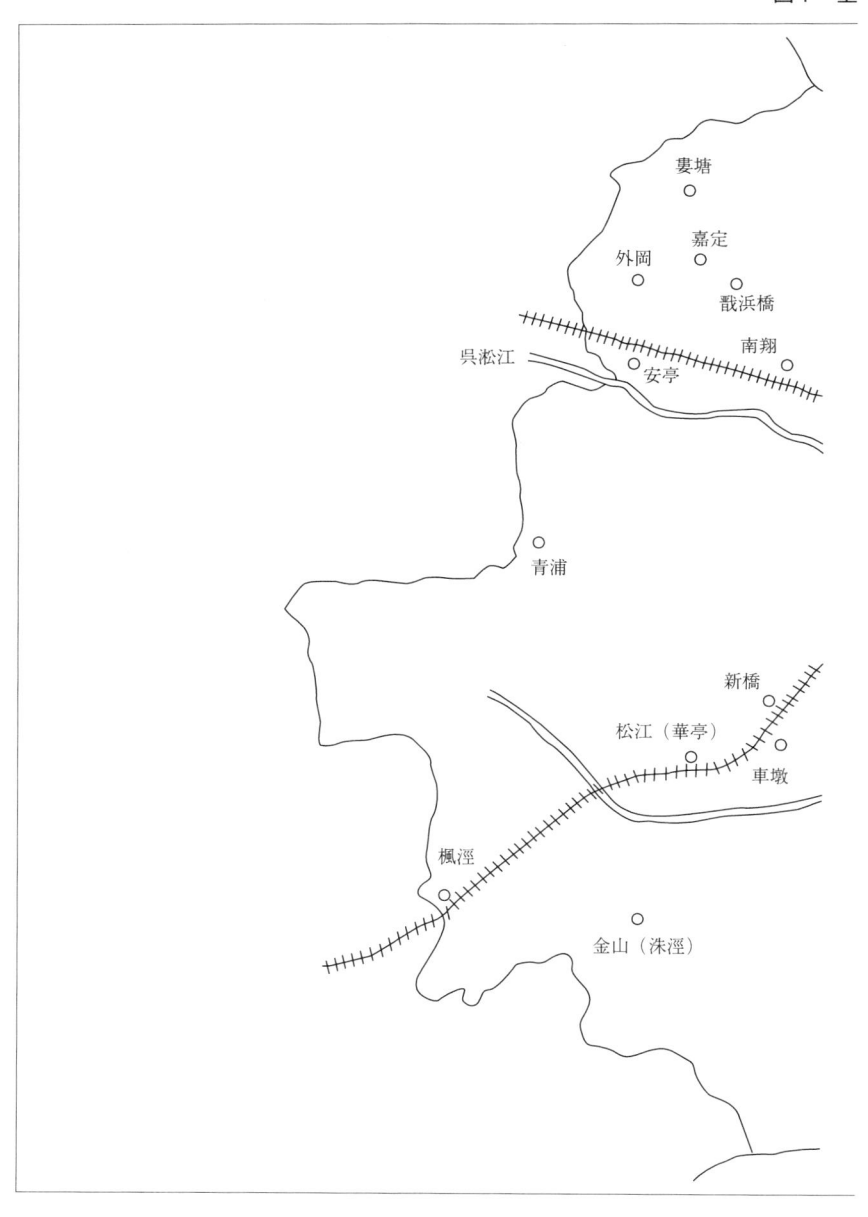

134　第 2 章　上海土布業の近代化

図 1　上

- 婁塘
- 外岡
- 嘉定
- 戩浜橋
- 呉淞江
- 安亭
- 南翔
- 青浦
- 松江（華亭）
- 新橋
- 車墩
- 楓涇
- 金山（洙涇）

1　土布の生産　135

海の地図

```
                                羅店 ○
                                    月浦 ○
                                  宝山 ○   黄浦江
                                楊行 ○
                                      呉淞 ○   高橋 ○
                              大場   江湾 ○
                                  ○ ○ 沈家行   東溝 高行
                                                ○  ○      顧家路口 ○
                              彭浦 ○  虹口 ○  引翔港 ○              襲家路口 ○
                          江橋   真知 ○      ○      張家橋 ○       合慶 ○
                          ○                金行橋  陸家行 ○
                     北新涇 ○    徐家匯 ○  洋涇            小湾 ○        蔡家橋
                              法華 ○    厳家橋          孫小橋 ○          （蔡路）
                         漕河涇 ○  龍華 ○   北蔡 ○     川沙 ○       六団湾 ○
                      七宝 ○         楊思橋
                                長橋 ○   三林塘 ○                  六竈（六灶）
                     梅家弄（梅隴） 烏泥涇 ○                             ○
                      ○          華涇 ○  中心河        周浦 ○
                           朱家巷（朱行）  陳家巷（陳家行）
                                      塘口 ○  題橋  蘇家廟          坦直橋 ○
                     上海（幸荘）    曹家橋 ○                                      四団倉（塩倉）
                      ○           関上（関港） ○  邵家楼                             ○
                       馬橋   北橋   関行 ○    杜家行 ○  航頭 ○                   南匯 ○
                         ○    ○
                                         閘港 ○
                                                          新場 ○         三墩 ○
                                                周家弄 ○

                                    奉賢（南橋）
                                       ○

                                              道院 ○



                                              ++++++ 鉄道
```

表2　上海県の各土布の生産

| | 生産地<br>（1918年頃） | 生　産　量 | | | 販　売　先<br>1918～36年頃 |
|---|---|---|---|---|---|
| | | 1874年頃 | 1918年頃 | 1936年頃 | |
| 東稀 | 「四郷」 | 30余万疋 | 20余万疋 | 50～60万疋 | 東三省、各省、南洋諸島 |
| 西稀（清水布） | 西南各郷 | 約100万疋 | 40～50万疋 | 10余万疋 | 東北、直隷、山東、広東 |
| 套布（東套、標布、大布） | 東南各郷 | 130～140万疋 | 60～70万疋 | 40～50万疋 | 東三省、北京、山東、浙西 |
| 三二毛宝布 | | | | 50～60万疋 | 広東、広西、 |
| 三二灰色布 | | | | 約20万疋 | 南洋諸島、香港 |
| 印花布 | | | | 約20万疋 | |
| 白生（小標） | 洋涇、高行、東溝、張家橋 | | 20～30万疋 | 「銷路日微」 | 東三省、山東 |
| 龍稀 | 龍華鎮 | | 「現今市上已無」 | | |
| 柳條布、格子布 | 塘湾、閔行 | | | 「産銷倶無」 | 上海 |
| 蘆紋布 | | | 4～5万疋 | 約10万疋 | 蘇州、杭州、徽州、天津、上海 |
| 雪青布 | | | | 4～5万疋 | 蘇州、杭州、徽州、上海 |
| 斗紋布（正紋布） | 洋涇 | | | 「産銷倶無」 | 上海、福建、浙江 |
| 高麗布 | 金家 | | 3～4万疋 | | 広東、上海 |
| 高麗巾 | 張家橋 | | 4～5万疋 | | 上海、近隣各省、福建、広東、山東 |

典拠）『上海県続志』（1918年）巻八．物産、布之属。『上海県志』（1936年）巻四．農工、工作品、布帛之属。

表3　嘉定県・宝山県・南匯県の土布の種類と生産地

| | 生　産　地 |
|---|---|
| 刷線布［刷経、拍漿］（小布、扣布、中機） | 〈嘉定県〉東南郷・南郷・南翔・真如、〈南匯県〉新場・下沙・各郷鎮〈宝山県〉大場・劉行・高橋・羅店 |
| 漿紗布［単扣（単穿）、雙扣］（稀布） | 〈嘉定県〉西北郷、〈宝山県〉城淞・楊行 |
| 標布［平稍、套段］（大布） | 〈南匯県〉周浦 |
| 套布 | 〈宝山県〉高橋 |
| 斜紋布 | 〈嘉定県〉婁塘 |
| 飛花布（小布） | 〈嘉定県〉外岡 |
| 蘆席紋布 | 〈嘉定県〉東南郷 |
| 薬斑布、黄紗布、綦花布 | 〈嘉定県〉安亭 |

典拠）『嘉定県志』（光緒11年）巻八．風土志、土産。『嘉定県続志』（1930年）巻五．風土志、物産、天然物、布之属。『川沙庁志』（光緒5年）巻四．民賦志、物産、服用之属。『宝山県続志』（1921年）巻六．実業志、工業、女工。『奉賢県志』（光緒4年）巻十九．風土志、物産。『南匯県志』（光緒5年）巻二十．風俗志、物産。

表4　上海における套布・東稀・西稀の平均的規格と生産地

| | 幅 | 長さ | 筬数 | 重量 | 生　産　地 |
|---|---|---|---|---|---|
| 套布 | 1尺 | 16.8尺 | 1,000 | 1斤 | 陳家行、塘口、三林塘、中心河、題橋、杜家行、曹家橋、閘港、邵家楼、華涇、引翔港、沈家行、虹口、蘇家橋、周浦、坦直橋、航頭、新場、四団倉(塩倉)、三墩、六竈(六灶)、瓦雪墩、二団倉、孫小橋、北蔡、蔡家橋(蔡路)、川沙、六団湾、合慶、襲家路口、顧家路口、小湾、九団倉、唐家弄、一六菴、張家柵、三官塘頭橋、大生寺、新漲、海灘、竺家橋、印家行、南城、道院、周家弄、南橋 |
| 東稀 | 1.2尺 | 18.8尺 | 960 | 1.2斤 | 三林塘、北新涇、法華、徐家匯、龍華、幸荘、梅家弄(梅隴)、常熟、真如 |
| 西稀 | 1.1尺 | 16.8尺 | 920 | 1斤 | 龍華、長橋、華涇、曹家橋、徐家匯、法華、馬橋、閔行、幸荘、北新涇、梅家弄、朱家巷(朱行)、関上(関港)、宝山、呉淞、新橋、顓北、翟鎮 |

典拠) 沈書勳「淞滬土布業之調査」(『華商紗廠聯合会季刊』第3巻第4期、1922年10月20日) 170〜171頁より作成。

ていた。

　また、松江布は模様の有無によって番布と木棉布に大別され、番布の流れをくむ豆子花布には5色の綿糸が用いられた[5]。県別に見ると、上海では、扣布・希布・高麗布に分類され、布幅が狭くて布目が詰んでいる小布（扣布）、布幅がやや広くて上等な三林塘産の標布、綾織りの高麗布・斜紋布・正文布（斗文布）、紫花という棉花を用いた紫花布があり、他にも、染坊で加工された刮絨布・踏光布・印花布（薬斑布）があり、さらに、東稀・西稀（清水布）・套布（東套）・白生（小標）・龍稀・蘆紋布・柳條布・格子布・雪青布・高麗巾・糸光布・愛国布・絲布があった[6]。また、嘉定にも、同じように様々な土布があったが、綿糸に糊付けした漿紗布と撚糸を擦り洗いした刷線布とに白布を区分していた[7]。あるいは、法華郷では、優れたものを尖布、劣るものを皮布、長いものを套段、短いものを小布、幅の広いものを希布と呼び、龍華希や七宝希が最も名を馳せていた[8]。他に、川沙では、小布（扣布）は中機布、大布は標布とも呼ばれ、また、長さから平稍と套段に分けられ、さらに、希布には単扣と雙扣があり、全部で72種類もの土布があったと言われ、全て女性の手によって織られていた[9]。なお、その他の地方志から、漿紗布は稀布であり、刷線布は

表5　上海における主要な土布の種類と生産地

| 名　　称（別　　称） | | 規　　格 | |
|---|---|---|---|
| | | 幅 | 長さ |
| 稀　布<br>（漿紗） | 東稀 | 1.12～1.18尺 | 17.5～19尺 |
| | 西稀（清水布） | 1.07～1.14尺 | 16～17.5尺 |
| | 七宝稀 | 1.2尺 | 20尺余り |
| | 龍稀 | 1.1尺 | 22尺 |
| 標　布<br>（大布） | 平稍 | － | 16尺 |
| | 套段 | － | 20尺 |
| 套　布 | 東套 | 0.93～0.98尺 | 16～18尺 |
| 高麗布<br><br>（洋袍） | 二八袍 | 0.92～0.98尺 | 17尺 |
| | 三三袍 | 0.92～0.98尺 | 21尺 |
| | 三七袍 | 0.92～0.98尺 | 27尺 |
| 白生（小標） | | 0.95～0.98尺 | 13～13.5尺 |
| 蘆紋布 | 老機 | 1.3～1.35尺 | 17.5～18尺 |
| | 新機 | 1.42～1.47尺 | 20～21尺 |

典拠）『宝山県続志・宝山県新志備稿』（1921年）巻六．実業志、工業。『南匯県志』（光緒5年）巻二十．風俗志・物産。『嘉定県続志』（1930年）巻五．風土志、物産。『法華郷志』（1922年）巻三．土産、服用之属より作成。

光沢があって厚手で丈夫な扣布だったことがわかる[10]。

そして、嘉定では、綿糸800本を一塊りにした布経が東北部で盛んに作られ、南部に売られて刷線布が織られ、また、外岡で生産された飛花布（丁娘子布）は小布であるとされる[11]。さらに、光緒20年以前は布経の売買が盛んに行なわれ、紡糸のみに従事し、織布を行なわずに土糸を販売する農家がいたが、洋糸流入後は布経の売買が衰退し、土糸生産が消滅した。また、西北郷で漿紗（稀布）が、また東南郷で刷線（小布）が生産されたが、洋糸流入後は東南郷でも刷線から漿紗の生産への転換が起こった[12]。

　1922年頃には、上海地区の土布は縦糸・横糸にともに16番手の綿糸を用いた套布、14番手の横糸と16番手の縦糸を用いた東稀、縦糸・横糸にともに14番手の綿糸を用いた西稀が主要で、品質は套布が最も良く、東稀がやや劣り、西稀が更に劣り、1疋当たりの平均市価は套布が9.5角、東稀が9角、西稀が7角だった[13]。また、表4や表5をも合わせて見ると、東稀は套布よりもやや大きめで重量も多く、布目が粗く、稀布は標布（大布）や套布よりも幅・長さともにやや大きめだったこと、また、主要な生産地は、套布が東南部地域、東稀が西部地域、西稀が西南部地域となっていたことがわかる。

　以上、上海地区の土布は実に多種多様であり、農家の女性が織った土布（白布）以外に、刮絨布・踏光布・印花布（薬斑布）のように染坊・踹坊で染色・

艶出をした綿布もあった。近代の主要な土布（白布）は、その大きさや質から、布幅が狭くて布目が詰んでいる小布（＝扣布＝中機布＝刷線布、飛花布）、より大きな大布（＝標布＝東套＝套布）、さらに大きくて布目の粗い稀布（＝漿紗布）の3つにまとめられる。

　上海県は、1918年頃に龍華で龍稀に代わって東稀・西稀が生産され、七宝・莘荘・龍華では西稀に代わって東稀が生産されるようになった(14)。また、上海県三林塘や南匯県周浦では東北向けの套布に代えて華南・東南アジア・浙江向けの稀布を生産するようになり、民国期に三林塘の標布の販路が減少していくと、多くの農民が東稀を織るようになった。あるいは、嘉定県江橋では三林塘の套布を模倣するとともに同じく三林塘から北新涇を通って伝わってきた東稀の生産も盛んになった。こうして、東稀は三林塘以外の北新涇・真如・莘荘・七宝・江湾・南翔・江橋でも広く生産されるようになった(15)。

　上海土布は、全体として、東北向けの套布から華南・東南アジア・浙江省向けの稀布へ、そして、稀布の中でも西稀からそれよりやや大きめの東稀へ変化した。上海県の東稀は東北に販売されるものがかつては10万疋余りあったが、1918年頃には3～4万疋にすぎなくなり、国内と東南アジアに販売されるものは染色されたものが多く、西稀も東北・河北・山東に販売されるものは白布だったが、染色されたものが広東に販売されるようになった(16)。また、東稀は12～13年頃は白布が多かったが、30年代には染色したものが9割を占め、さらに、三二毛宝布と三二灰色布は一疋半の東稀から作られ、印花布は東稀や西稀にプリントしたものだったから(17)、上海県の土布生産は20世紀初頭までは東北・華北向けの白布がほとんどだったが、やがて東南アジア向けの染色布へ変化したことがわかる。

(2)土布の生産量と仕向地

　『江南土布史』では、1895～1949年の上海土布業の動向を衰退期（1895～1913年）・復興期（14～22年）・衰退期（23～37年）・崩壊期（37～49年）に分け、復興期の年間販売量は2,300余万疋で、その内訳は、東稀690万疋、北套

（紫套・白套）560万疋、東套（標布）300万疋、清水布（西稀）176.4万疋、什色東稀150万疋、白坯東稀・月藍東稀・藍地印花布各100万疋などとなっており、また、東稀690万疋の90％が染色されて三二毛宝布となったとされているから、加工された土布も相当の割合に達していた[18]。

表2を見ると、上海県では、東稀の生産量が1874年の30万疋余りから1918年頃に20万疋余りへと減少したものの、36年頃には1874年の約2倍に増加した。これに対し、西稀は1874年の約100万疋から1918年頃にほぼ半減し、36年頃には1874年の約1割に激減し、東套も1874年の130～140万疋から1918年頃にほぼ半減し、35年頃には1874年の約3分の1に減少している。1921年に約25万疋生産されていた龍華尖・七宝尖・三林稀布は29年には10～12万疋に減少した[19]。また、浦東産の利布（毛巾布）もタオル（毛巾）が出回るようになってからはほとんど売れなくなり、32年の調査では年間販売量は1万疋となっていた[20]。ただし、中心河・題橋・陳家行を含む上海県三林塘一帯では、1905～12年における土布の年間収買量は200万疋近くだったし、幸荘・七宝では15年頃から土布業が衰退し始めたが、その速度は緩慢だったという[21]。

嘉定県江橋では、20世紀初頭の年間土布収買量が70～80万疋で、06年頃から套布の販売量が漸減したが、稀布の生産は抗日戦争前後まで盛んで、土布業の衰退は上海の他地域よりも緩慢だった。また、南翔では07～20年には年間約300万疋の土布が収買されていたが、24～32年には規模のやや大きな土布店が閉鎖した[22]。なお、清末に約20万疋売れていた土布の月布は1930年代初頭にはわずか7,000～8,000疋になった[23]。

同治年間に90万疋余りだった宝山土布の年間移出量が[24]、1932年に約180万疋にも及んだのに対し、清末に約200万疋も販売されていた赤大布や各種の赤白套布は、1932年には10万疋余りに激減した[25]。なお、呉淞では36年にも依然として多くの女性が胶布やタオルを生産し、劉行一帯では各農家が木製織布機を用いて土布を織っており[26]、江湾稀の生産も1900年頃に衰退し始めたが、嘉定県江橋と同じく、その衰退は緩慢だった[27]。

川沙では、洋糸布の流入後、土布業が衰退し[28]、清末に平稍布40万疋・東套

布20万疋・白生布30万疋が生産されていたが⁽²⁹⁾、1919年頃は60～70万疋となった⁽³⁰⁾。

　これに対し、松江では、1907年の滬杭鉄道開通後に洋布の流入が増加して土布生産は減少し始め、30年頃には自給用以外の土布はほとんど生産されなくなり⁽³¹⁾、例えば、以前は自紡自織の土布を用いた葉樹郷でも1920年代後半には洋布が充ちるようになり⁽³²⁾、また、青浦では光緒年間中葉以後、特に東北部では洋糸布流入後、梭布（土布）の生産が低落し、1930年頃には市場では絞布以外の土布を見ることができなくなった⁽³³⁾。

　以上、上海地区では20世紀前半に土布生産量が減少したが、松江・青浦のように土布生産が急速に衰退した地域と上海県莘荘・七宝、嘉定県江橋、宝山県江湾のように衰退が緩慢だった地域があり、全体としては相当量の土布が抗日戦争直前まで生産され続けた。

　さて、上海の布荘（土布商人）は、仕向地別に、牛荘（営口）・琿春・哈爾濱・煙台・北京・天津・ウラジオストックを主とする北幇（関荘）と広東・広西・香港・東南アジアを主とする広幇（南邦）に分かれていた⁽³⁴⁾。北幇の主要な綿布仕向地で、東北市場の窓口でもあった牛荘に輸入された綿布のうち、19世紀末には、洋布は増加の傾向があったものの、土布需要の多さには及ばず、南通の大尺布が最も多く、次いで上海県三林塘の白套布・清水布、川沙県高橋の高橋布が続き⁽³⁵⁾、20世紀初頭もほぼ同様の状況だった⁽³⁶⁾。

　このように、19世紀末～20世紀初期に東北で需要された綿布は南通や上海の土布が圧倒的に多く、1902～05年に東北や華北に販売された土布のうち、上海の套布が約4分の3、南通の大尺布が約4分の1を占めたが、1905年から上海土布の売れ行きは悪くなり、南通土布に徐々に駆逐された⁽³⁷⁾。だが、南通土布の東北向けの販売量も26年から徐々に減少し⁽³⁸⁾、31年に9.18事変が勃発すると、上海経由で東北に販売されていた紗は20万疋余りから3～4万疋に激減し⁽³⁹⁾、また、南通・如皋・崇明・海門の通布や上海の東稀・西稀・套布の東北への販売もほとんど途絶した⁽⁴⁰⁾。こうして、北幇は20世紀初頭には上海土布よりも南通土布の方が主要な地位を占めたが、全体としては衰退した。

142　第2章　上海土布業の近代化

　これに対し、広幇の土布の移輸出量はむしろ1905～13年に増加した[41]。もっとも、30年代には東南アジアのゴム産業の不振による購買力の低落もあって広幇の土布の販売量も減少したが[42]、36年1～9月には土布の輸出量が前年同期の2倍以上に増加しており、その際に、輸出量が最も多かったのは東南アジア向けだった[43]。

　上海の布荘は、近郊農村の土布生産量が減少していくと、南通土布の取扱量を増やすとともに、江陰・常熟の布荘に放紗収布（前貸問屋制生産）を委託して土布を確保するようになった。また、布荘は、踹坊（踏坊）・漂坊・染坊に委託して買い集めた土布（白布）に艶出・漂白・染色をして販売することも多く、中には、祥泰布号や恒乾仁布号のように布号自ら染坊を設けるものもあった。踹染業は明代に楓涇や洙涇で相当発展していたが、その中心はすでに18世紀中葉に松江府から蘇州府へ移り、近代には上海土布の減少と機械制染色工場の設立によって手工踹染業は衰退した[44]。

　以上から、近代江南で土布生産の地域間分業が形成されていったことがわかる。すなわち、20世紀前半に上海土布が徐々に減少していく中で、上海の布荘は南通土布の買い付けと江陰や常熟の布荘に対する前貸問屋制生産の委託によって土布を確保していた。こうして、土布の生産基地は上海からその周辺地域の南通や江陰・常熟に移っていき、上海は土布の生産地から集散地としての性格を強めていった。

(3)土布の生産をめぐる変化

　上海における土布の生産は、近代以降も旧態依然たる状況だったと見なされてきたが、実際には、原糸・織布機・生産形態などの面で一定の変化があった。

　まず、原糸から見ていくと、松江布は棉作農家の女性が自作棉花を用いて紡糸・織布の一貫作業によって生産するのが一般的だったが、明代の地方志を見ると、非棉作農家で紡糸のみを行なう者や織布技術の低劣さ故に織布をせずに紡糸のみを行なう者もおり、金山で紡がれた綿糸は織布に優れた松江に販売されたと言い[45]、さらに、浙江省海塩・嘉善では棉産量が少なく、棉花を購入し

綿糸を生産して松江に販売したというから(46)、前近代の上海地区には、自作棉花を用いて紡織を行なう者以外に、綿糸を購入して織布を行なう者もいたことがわかる。すなわち、棉作農家には紡糸・織布の一貫作業を行なう者や織布を行なわずに紡糸のみを行なって綿糸を販売する者がおり、非棉作農家には棉花を購入して紡糸のみを行なう者や綿糸を購入して織布を行なう者がいた。

　一般的に、土糸生産を放棄して洋糸を購入して用いることで紡糸にかける時間を省いてそれだけ多く織布に従事できることと、19世紀末以降の花貴紗賤（棉花高綿糸安）の状況下で、土経土緯（縦横の両糸に土糸を使用）→洋経土緯（縦糸に洋糸、横糸に土糸を使用）→洋経洋緯（縦横の両糸に洋糸を使用）と変化したと把握されている。

　ところが、上海では、1890年以前まで全て土経土緯だった土布が、1908年頃には稀布は洋経洋緯、套布は洋経土緯となり、その2～3年後には洋経土緯の套布の生産は減少し、洋経洋緯の稀布が織られるようになり、20世紀初頭に、嘉定県南翔・江橋の東稀布・稀布、宝山県の楊行稀、上海県三林塘の稀布は洋経洋緯となったが、川沙県楊思橋の自給用の稀布、三林塘・嘉定県南翔周辺・江橋の套布、上海県華涇・梅隴・七宝・莘荘・龍華の西稀布は洋経土緯だったし、三林塘の套布には土経土緯のものさえあった。また、川沙県孫小橋の土布の大部分が洋経洋緯となったのは1920年頃で、上海県厳家橋の自給綿布の大部分は1920年頃にも洋経土緯で、套布は1912年頃まで洋経土緯を保持していたが、中でも嘉定県南翔の翔套は23年頃まで洋経土緯だった。さらに、稀布の中でも、宝山の江湾稀が1911年頃に洋経土緯となってから32年の1・28事変が発生して土布業全体が没落するまでずっと洋経土緯のままで、上海県梅隴・七宝・莘荘・龍華の西稀布は抗日戦争前まで洋経土緯が維持された。このように、意外にも根強く土糸が用いられ続けたのは、新土布や洋布に比べて土糸を用いた土布は厚みがあって丈夫で、色あせもしないという質的な面が重視されただけではなく、棉作農家にとっては自ら紡いだ土糸を用いた方が洋糸を購入するよりも幾分かでも収入を増加させることができたからだった(47)。この点は、19世紀末の日本側の調査報告も、上海土布は自作棉花を使用して実収を多くすることを固

守し、縦糸・横糸ともに自作棉花から紡いだ土糸を使用していたと説明している[48]。

　上海のある一定の地域で20世紀初頭まで土糸が根強く存続した根本的な理由は、消費者の質に対する嗜好だけではなく、各地域の経済状況の差異にも求めるべきであろう。20世紀前半に上海土布の原糸が土糸から洋糸へ変化したことは、農家経営から見れば、①非棉作農家の土布生産（棉花ないし綿糸を購入）→洋経洋緯への急速な転換、②棉作農家の商品用土布生産→洋経土緯への転換→洋経洋緯への緩慢な転換、③棉作農家の自給土布生産→土経土緯への固執→洋経土緯への部分的転換のほぼ3類型があったと考えられる。

　次に、織布機については、嘉定県江橋では1910年頃に投梭機から手拉機へ変化し、また、織布工場で用いられた織布機は、洋糸の使用とともに、投梭機（腰機、居坐機、地機）→手拉機（木機、バッタン）→脚踏機（鉄輪機、鉄機、鉄木機、独脚機）→全鉄機（動力機、力織機）へと変化していったところもあったが、一般の上海の農村では19世紀末から20世紀初め頃までは投梭機のままで、宝山県の江湾稀、上海県華涇の西稀、上海県幸荘の稀布、嘉定県南翔の東稀布などの生産でも全て投梭機が使用され続けた。では、上海の織布機が投梭機のままで留まったのはなぜだろうか。例えば、川沙県孫小橋では、1920年頃、手拉機で織った土布は投梭機で織った土布に比べてしっかりしていなかったので、多くの農家が投梭機を用いたとされ[49]、質の問題が指摘されているが、むしろ織布機の変化につれて織布能力も高まり、その購入価格も高くなることから、織布機の変化は土布業の副業から本業への転化と並行していたのであり、上海では個々の農家経営の中で土布業が副業から本業へ変化するほど大きな位置を占めることはなかったと考えられる。

　さらに、土布の生産・経営形態については、前貸問屋制はほとんど見られず、多くは家内手工業であり、一方で、改良土布を生産する手工制織布工場（布廠）が、すでに1907年に100余り設立され、25年に1,500余り、36年には2,000余りに増加した[50]。

　一方、表6と表7を見ると、清末～民国初期にあたる20世紀初頭から上海県

表6 1913年における嘉定・松江・宝山の織布工場

| 県名 | 工場名 | 設立年 | 労働者数 | 綿布生産量 |
|---|---|---|---|---|
| 嘉定 | 振華織布廠 | 1911年 | 170人 | 1.5万疋 |
| 嘉定 | 符永昌織布廠 | 1913年 | 350人 | 2.6万疋 |
| 嘉定 | 日新織布廠 | 1913年 | — | — |
| 華亭(松江) | 仁昌布荘 | 1900年 | 1,264人 | — |
| 華亭(松江) | 宏興布荘 | 1909年 | 770人 | — |
| 華亭(松江) | 茂昌布荘 | 1912年 | 407人 | — |
| 宝山 | 裕生織布廠 | 1905年 | 237人 | 1.8万疋 |
| 宝山 | 大成織布廠 | 1905年 | 224人 | 2万疋 |
| 宝山 | 信通織布廠 | 1911年 | 26人 | — |
| 宝山 | 信通織布廠 | 1913年 | — | — |
| 宝山 | 春涵織布廠 | 1913年 | — | — |

典拠）段本洛・張圻福『蘇州手工業史』(江蘇古籍出版社、1986年) 253〜255頁より作成。

表7 1932年頃における上海の織布工場（資本金1,000元以上の工場のみ）

| 県名 | 工場 | 労働者数 | 綿布生産量 |
|---|---|---|---|
| 上海 | 94工場 | 14,839人（81工場） | 申新廠81.9万疋、永安廠113万疋、恒豊紡織新局53.5万疋など |
| 松江 | 久豊など3軒の線毯廠 | 69人 | 2,600ダース・1.5万疋（線毯） |
| 松江 | 華成など4軒の布廠 | 161人 | 1.2万疋（紗布）、1.8万碼（印花被単布） |
| 松江 | 松江、華成の2軒の棉織廠 | 80人 | 1,000疋（紗布）、4,000ダース（線毯） |
| 松江 | 協興染廠 | 52人 | 2,400疋（紗布） |
| 松江 | 友利染織廠 | 56人 | 2,400疋（紗布） |
| 川沙 | 民生織廠 | 16人 | 紗布 |
| 川沙 | 永興布廠 | 16人 | 720疋（綿布）、720疋（紗布） |
| 川沙 | 同益織布廠 | 86人 | 14,100疋（甬布）、2,100疋（線呢） |
| 川沙 | 華興織廠 | 74人 | 6,000疋（線布） |
| 嘉定 | 大豊裕織布廠 | 61人 | 5,400疋 |
| 嘉定 | 大豊恆織布廠 | 204人 | 16,200疋 |
| 嘉定 | 嘉定染織公司 | 297人 | 58,200疋 |
| 南匯 | 綸新織布廠 | 64人 | 4,000疋（甬布） |

典拠）実業部国際貿易局編『中国実業誌(江蘇省)』(1933年) 第8編68〜85頁より作成。線毯は綿糸織りの敷物。

や上海市街地を中心に織布工場が続々と設立されたことが確認できる。なお、これらの工場労働者の多くは農村の女性で、かつては土糸・土布生産者だったが、工場労働者数はまだそれほど多くなく、土糸・土布生産を放棄した者の大

部分を織布工場が吸収したとは言えない。そして、再び表6を見ると、1913年に華亭（松江）にあった3軒の織布工場は布荘で、布荘の中には織布工場を設立するものもあったが、川沙の鼎新染織廠は上海市街地の綢布店が31年に裕源織布廠を設立して改名したもので、34年には川沙県楽安に鼎新染織二廠を増設したという例もあり[51]、上海の織布工場は布荘からばかりではなく、綢布店から転換したものも多かった。

　以上、土糸を横糸に用い続けた土布も相当あり、また、織布機では相変わらず投梭機を用い続ける農家が相当いたが、これは、棉作と密接に関係していたと同時に、土布業が農家経営の中であくまで副業に留まっていたことの反映だったと考えられる。さらに、近代上海では前貸問屋制はほとんど展開しなかったが、20世紀初頭には手工制ないし機械制の織布工場が次々と設立されていった。このように、近代上海における綿業の動向は、家内手工業→前貸問屋制→手工制工場→機械制工場という発展の序列は辿らずに、家内手工業、手工制工場、機械制工場が並存する状況にあった。

## 2　農業・農村経済の変容

(1)農産物作付の変化

　上海地区は、砂質土で高燥だったため、水稲作には不向きだったが、棉作には適し、宋末に烏泥涇で始まった棉作は徐々に松江府全域に普及した[52]。このような棉作の拡大は、他作物に対する収益の比較優位性によるものだった。ちなみに康熙年間（1661〜1722年）に、上海地区における1畝当たりの年間収穫量は、米が2石（300斤）生産できて銀1両6銭に値したのに対し、実棉が1担（100斤）生産できて銀3両に値した。また、農家の女性は一日に1疋の標布を織ることができたが、標布1疋は3斤の棉花を必要とした[53]。以上から、1畝100斤の棉花で33疋の生産が可能であり、生産できる土布が1ヶ月で30匹として年間10ヶ月程度で約300疋とすれば、棉花900斤（棉作地9畝）が必要となる。

2 農業・農村経済の変容 147

表8 上海の棉花栽培面積
(単位：万畝)

| 年度 | 南匯 | 奉賢 | 嘉定 | 宝山 | 上海 | 上海市 | 松江 | 川沙 | 金山 | 青浦 | 合計 |
|---|---|---|---|---|---|---|---|---|---|---|---|
| 1913 | 64.9 | 38.6 | 38.3 | 17.8 | — | — | — | 12.4 | 9.9 | 0.8 | — |
| 1919 | 78.5 | 42.3 | 30.0 | 15.0 | 11.0 | — | — | 12.0 | — | — | 188.8 |
| 1920 | 75.0 | 40.0 | 30.0 | 15.0 | 10.0 | — | — | 15.0 | — | 1.0 | 186.0 |
| 1921 | 74.0 | 35.0 | 30.0 | 15.0 | 15.0 | — | — | 10.0 | — | — | 179.0 |
| 1922 | 65.9 | 31.3 | 27.6 | 33.2 | 39.5 | — | 24.0 | 13.3 | 9.2 | 7.0 | 251.0 |
| 1923 | 66.6 | 30.0 | 27.7 | 34.0 | 39.0 | — | 20.0 | 12.5 | 9.0 | 6.5 | 245.3 |
| 1926 | 72.0 | 31.2 | 35.0 | 30.0 | 20.0 | — | — | 13.7 | — | — | 201.9 |
| 1927 | 70.0 | 33.0 | 38.0 | 33.7 | 27.2 | — | — | 13.5 | — | — | 215.4 |
| 1928 | 70.0 | 33.0 | 40.0 | 34.0 | 25.0 | — | — | 12.5 | — | — | 214.5 |
| 1929 | 78.0 | 39.6 | 34.3 | 21.6 | 13.4 | — | 12.0 | 14.1 | 7.0 | 12.5 | 232.5 |
| 1930 | 57.7 | 33.5 | 36.7 | 19.1 | 12.0 | 19.6 | 11.9 | 14.0 | 5.7 | 4.8 | 215.0 |
| 1931 | 55.8 | 23.4 | 30.0 | 19.2 | 13.0 | 25.0 | 23.0 | 11.5 | 5.7 | 9.3 | 203.9 |
| 1932 | 50.7 | 22.9 | 34.6 | 20.0 | 24.5 | 23.7 | 24.0 | 10.4 | 5.7 | 9.5 | 226.0 |
| 1933 | 70.5 | 36.9 | 32.7 | 20.0 | 21.3 | 23.8 | 27.0 | 10.0 | 5.8 | 11.4 | 259.4 |
| 1934 | 70.4 | 37.4 | 30.3 | 24.0 | 22.0 | 28.3 | 26.0 | 11.2 | 5.9 | 13.7 | 269.2 |
| 1935 | 69.8 | 45.5 | 30.5 | 25.0 | 8.6 | 20.0 | 26.9 | 10.9 | 5.9 | 14.4 | 257.5 |
| 1936 | 55.1 | 42.9 | 33.6 | 24.8 | 8.6 | 30.0 | 30.0 | 10.8 | 5.6 | 11.5 | 252.9 |
| 1937 | 65.5 | 44.7 | 27.5 | 32.8 | 8.4 | 30.3 | 14.2 | 10.7 | 6.5 | 10.9 | 251.5 |

典拠)「江蘇省実業行政報告書・江蘇省各県棉業表」(中国第二档案館編『中華民国史档案資料匯編』第三輯．農商 (一)、江蘇古籍出版社、1991年)。華商紗廠聯合会棉産統計部編『民国九年至十八年中国棉産統計』、中華棉業統計会編『民国二十三年中国棉産統計』・『民国二十五年中国棉産統計　附二十六年中国棉産統計』。

表9 上海の棉花生産量
(単位：万担)

| 年度 | 南匯 | 奉賢 | 嘉定 | 宝山 | 上海 | 上海市 | 松江 | 川沙 | 金山 | 青浦 | 合計 |
|---|---|---|---|---|---|---|---|---|---|---|---|
| 1918 | 28.0 | 16.0 | 12.0 | 3.7 | — | — | — | 4.3 | — | — | 64.0 |
| 1919 | 14.0 | 8.0 | 2.4 | 1.5 | 4.0 | — | — | 2.5 | — | — | 32.4 |
| 1920 | 19.8 | 10.0 | 7.5 | 5.0 | 2.9 | — | — | 5.4 | — | 0.2 | 50.8 |
| 1921 | 8.5 | 3.2 | 5.4 | 1.8 | 2.0 | — | — | 1.4 | — | — | 22.3 |
| 1922 | 5.5 | 2.7 | 6.1 | 6.2 | 3.7 | — | 2.3 | 1.3 | 0.9 | 0.6 | 29.3 |
| 1923 | 13.0 | 6.0 | 5.5 | 7.0 | 8.0 | — | 4.0 | 3.0 | 1.8 | 1.3 | 49.6 |
| 1926 | 12.2 | 5.3 | 6.3 | 4.8 | 3.4 | — | — | 2.3 | — | — | 34.3 |
| 1927 | 13.0 | 6.8 | 8.1 | 7.0 | 5.7 | — | — | 3.0 | — | — | 43.6 |
| 1928 | 16.0 | 7.8 | 8.9 | 6.8 | 5.2 | — | — | 3.0 | — | — | 47.7 |
| 1929 | 23.8 | 6.5 | 10.5 | 5.9 | 3.7 | — | 1.4 | 2.3 | 1.0 | 3.6 | 60.0 |
| 1930 | 11.7 | 7.2 | 4.8 | 2.2 | 2.3 | 3.9 | 4.0 | 2.6 | 0.5 | 0.4 | 39.6 |
| 1931 | 7.1 | 2.2 | 1.1 | 0.8 | 1.2 | 2.4 | 1.3 | 1.1 | 0.3 | 0.5 | 18.0 |
| 1932 | 15.0 | 5.4 | 6.8 | 4.1 | 6.4 | 4.6 | 4.6 | 2.4 | 0.8 | 3.4 | 52.7 |
| 1933 | 14.8 | 6.7 | 7.3 | 2.5 | 6.8 | 5.2 | 5.3 | 1.9 | 0.5 | 3.3 | 54.3 |
| 1934 | 21.4 | 7.6 | 4.5 | 3.9 | 3.3 | 6.5 | 6.8 | 2.9 | 0.1 | 3.5 | 60.5 |
| 1935 | 9.4 | 8.7 | 3.5 | 5.6 | 3.4 | 3.2 | 5.6 | 2.4(0.01) | 0.7 | 1.4 | 43.9 |
| 1936 | 17.8 | 13.1 | 5.5 | 4.6 | 4.8 | 8.4 | 7.7 | 3.9(0.04) | 1.7 | 2.3 | 69.8 |
| 1937 | 14.7 | 7.9 | 4.8 | 5.8 | 2.0 | 7.4 | 2.3 | 1.6(0.01) | 1.7 | 2.0 | 50.2 |

典拠) 表8に同じ。カッコ内は米棉。

148　第 2 章　上海土布業の近代化

　表 8 と表 9 を見ると、1919〜37年の棉作面積は、南匯・奉賢・嘉定・宝山・川沙・上海の順に広かったが、30年頃を境に川沙・南匯・上海・嘉定・金山で縮小したのに対し、宝山・上海市・松江・奉賢・青浦では拡大し、また、棉作面積が広かった南匯・嘉定・宝山・川沙・上海は縮小しており、全体として棉花への転作が進行したとは言いきれない。

　一方、上海は、1842年の開港後に都市人口が増加し、蔬菜・果物・草花に対する需要量も増加した[54]。さらに、1932年の1・28事変によって上海市街地周辺地域で一部の紡織機が破壊されて土布生産は激減したが、逆に蔬菜の栽培面積は急速に拡大した[55]。

　ちなみに、1930年の上海市17区農村に関する調査によれば、上海市区の全耕地面積約50万畝のうち、棉花が24万畝余り、稲が8.9万畝、蔬菜が2.2万畝を占め、草花と蔬菜の栽培は法華・彭浦両区が最も多く、法華区では各戸平均農地4〜5畝のうち1〜2畝に温床・温室で蔬菜を栽培し、非常に多くの利益を上げ、彭浦区でも徐々に蔬菜や草花へ転作し、特に南部は全耕地の 5 割を蔬菜の栽培が占め、1 畝当たり80〜90元の収入があった。また、かつて主に稲・麦・棉花・そら豆を栽培していた滬南区でも、主要作物は蔬菜となっており、草花がこれに次ぎ、1 畝当たりの収入は、蔬菜が60元以上、草花が50〜100元だった。あるいは、閘北区は商工業が盛んになり、わずかに残った農地の大部分では蔬菜・園芸を経営していた。さらに、蒲淞区蘇州河沿いの農家は皆蔬菜を栽培し、楊思・洋涇両区黄浦江沿い・蕩鬼里一帯や真如区東南部一帯には蔬菜を栽培する農家が多く、漕涇区の主要作物は棉花だが、交通が便利になって草花・蔬菜の栽培が盛んになり、塘橋区では瓜・果物・蔬菜の生産量が非常に多く、江湾区では主要な農産物は棉花と稲だったが、市街地近辺では大部分の農家が蔬菜や草花を栽培し、その収入は80〜90元に達した[56]。1934年頃には、浦西の浦淞・江湾・殷行・呉淞で全耕地の約 7 割が棉作地だったが、真如・漕涇・法華・彭浦・閘北は蔬菜・レンゲ草の栽培面積が全耕地の半分以上を占めた。一方、浦東の陸行・高行では棉作地が全耕地のほぼ半分を占めていたものの、楊思・塘橋では蔬菜が多く栽培され、洋涇には工場用地が多く、高橋では稲作地

が多かった[57]。

　さらに、各県を見ると、上海は、市街地近郊が蔬菜の栽培地、中部・北部が棉花・穀物・蔬菜の栽培地、南部・東部が穀物・棉花の栽培地となっており、1949年以前は全耕地の7～8割が棉作地で食料を自給できず、移入に頼っていた[58]。また、法華郷では、棉作地が7割にも及び、油菜は利益が豆や麦に勝り、玉葱は利益が非常に多く、徐家匯南部の龍華一帯では水蜜桃の栽培が非常に盛んだった[59]。なお、浦東沿岸では、地価の高騰で白菜を栽培する者が少なくなったが、玉葱は販路の拡大により栽培が多くなり、馬鈴薯の栽培は呉淞江・蒲匯塘両岸の間で非常に豊富で、十数年来輸出品の中心となり、キャベツの栽培も多くなり、カリフラワーは三十年来黄浦江沿岸一帯で栽培が日々多くなり、曹行・蒲淞では西瓜が栽培された[60]。一方、虹橋・新涇地区では、1842年の上海開港以来、蔬菜に対する需要が日増しに高まり、1900年には呉淞江両岸地域で蔬菜の栽培面積が徐々に拡大し、虹橋地区では、蔬菜の栽培が28年頃に始まり、37年には全耕地の20％を占めた[61]。

　嘉定では、稲を1年植えた後は、棉花を2年植えており、稲作地よりも棉作地が多く、西部は稲作地が最も多かったが、県全体としては米は自給できず[62]、1930年代には太倉・常熟・無錫から相当量を移入した[63]。また、蔬菜も主に大根を栽培して外地に販売し、南翔では羅漢菜、西部では茭白、北部を除く地域では朝顔菜、北部では韮・甘藷・大蒜、東南部ではキャベツの栽培が多くなり、あるいは、1900年から玉葱の栽培も拡大し、特に馬鈴薯は利益が非常に多く、冬瓜・南瓜・西瓜も多く栽培され、上海に販売された[64]。

　宝山でも、棉作地が全県の6～7割に及んだが、産米量は少なく、自給できなかった[65]。また、江湾鎮では、棉花と稲の作付比率は7対3で、上海開港以来、蔬菜や草花の栽培は、利益が非常に多かったので、日増しに盛んになった[66]。そして、蔬菜は年に7～8回も収穫でき、利益が大きく[67]、1930年頃には蔬菜や果物を専門に栽培して自動車で上海市街地まで販売する農家も現れた[68]。

　奉賢では、東部は地勢が高く、棉花や豆の栽培に適していたが、稲を植える

ことは少なく⁽⁶⁹⁾、春に棉花を植え、蔬菜類を間作し、冬には休耕し、西部では二年三毛作で、棉花を2年植えた後は1年稲を植え、冬には油菜・三麦・緑肥作物を植えていた。民国期に稲作がやや拡大したが、それでも棉花と稲の作付比率は7対3だった⁽⁷⁰⁾。

南匯では、浦東が棉作には適していたが、稲作には適さず、黄浦江沿岸一帯における棉花と稲の栽培面積は7対3の割合で、食料を自給できず、不足分は蘇州や常州から購入していた⁽⁷¹⁾。ちなみに、1932年の同県の食料自給率は40％だった。1949年以前、上海市街地に隣接する西部では蔬菜栽培が比較的多く、早くからその専業農家が現れていた⁽⁷²⁾。

川沙では、一般的に棉花を2年栽培した後に稲を1年栽培し⁽⁷³⁾、1919年頃の調査によれば、棉花と稲の栽培面積は15万畝余りと5～6万畝で、棉作地の割合が7割を超え⁽⁷⁴⁾、さらに、1930年代にキャベツの栽培が非常に多くなったという⁽⁷⁵⁾。

ところが、もともと棉作が盛んだった青浦では、東北部の棉作地が清末に8～9割にも及んだが⁽⁷⁶⁾、民国期には玉葱や馬鈴薯が多く栽培されるようになり⁽⁷⁷⁾、呉淞江両岸では冬季にカブが多く生産され⁽⁷⁸⁾、また、東部の白鶴一帯で栽培された蔬菜は主に上海市区に販売された⁽⁷⁹⁾。県全体の作付比率は、冬作の油菜と豆・麦が6対4、夏作の稲と棉花が7対3で、蔬菜と稲の栽培が盛んになっていた⁽⁸⁰⁾。また、1934年の調査によれば、松江の作付比率は、表作の棉花と水稲が11％と約84％だったというから⁽⁸¹⁾、松江は米作地帯となっており、また、県城郊外や上海県に隣接する東北部では民国期に蔬菜を少量ながら上海市街地にも供給した⁽⁸²⁾。

以上、上海地区は、地質的には砂質土で痩せており、稲作よりも棉作に適しており、棉作を2年続けた後に1年稲作を行なうのが一般的だったが、近代に上海が急速に都市化・工業化するにつれて、蔬菜に対する需要が急増し、蔬菜が最も収益性の高い商品作物として登場し、蔬菜の栽培が拡大し、部分的に棉作地が浸食しつつあった。

(2)農村副業の変化

　上海地区が土布生産地としての地位を他地域に譲ったのだとすれば、農家の副業はどうなったのだろうか。以下に、主要な棉花・土布生産地だった上海市街地を取り囲む上海・嘉定・宝山・川沙の農村経済特に農家の副業がいかに変化していったのかを見ていこう。

　黄浦江以西の漕河涇・莘荘・七宝一帯では、1924年に農家の副業としてレース編みが盛んになり、套布の生産地だった黄浦江以東の三林塘・陳家行・杜家行では刺繍が盛んになった[83]。上海県東北部では、20世紀初めに機械制工場が林立し、土布生産者の大部分が工場で働くようになったが[84]、莘荘・七宝は上海市街地から遠く離れており、付近に工場もなかったので、工場で働く人は非常に少なかった。レース編みや網袋（網状の手提げ袋）作りは、1915年頃には技術を学ぶのに費用がかかったことや学んですぐには賃金を貰えなかったこともあってそれほど普及しなかったが、20年頃から土布生産による収入が一層減少するにつれて普及し、30年頃になると、一部の老婆を除く大部分の女性はレース編みや網袋作りに転向し、あるいは農業生産に従事するようになった。また、梅隴でも、18年頃に土布生産量は減少し、多くの若い女性が土布生産に代わってレース編み・手袋作り・網袋作りに従事するようになり、特に20年代に土布生産による収益が一層減少すると、自給用土布を織るだけで、商品用土布の生産は少なくなり、レース編みが一層盛んになった。三林塘の周辺地域では、20年から洋糸が大量に流入し、土布生産による収入が減少すると、農民は徐々に織布をやめてレース編みやタオル作りに従事するようになり、また、23年の上南路開通後は蔬菜栽培が拡大した。さらに、27年から土布業が衰退すると、多くの若い女性が蔬菜栽培やレース編みに転向し、収入は織布よりも多かった[85]。あるいは、洋涇・高行・張家橋・東溝では、18年頃に20～30万匹生産されていた白生の販路も35年頃にはわずかとなり、土布生産者の大半がレース編みへ転向した[86]。

　嘉定では、女性の土布生産が生計の大宗をなしていたが、19世紀末～20世紀初頭に土布が洋布に駆逐され、1904年から土布生産に代わってタオル作りが行

なわれた[87]。また、同県中でも江橋は農産物が少ない窮迫地域で、家計の出費は女性の織布に頼り、農民の多くは豆・麦・棉花を栽培するだけで農作業はそれほど忙しくなかったので、土布生産の少ない時期と多い時期の差が大きくなかった[88]。さらに、35年の調査によれば、嘉定から上海への出稼ぎは男子15,386人、女子3,412人、計18,798人に達した[89]。

宝山では、江湾鎮の多くの男女が工場で働き、あるいは、女性は編み物を習い、特にレース編みは収益が非常に多かったので盛んになり[90]、また、1929年頃からは帽子や靴を編む副業は織布よりも収入が多かったので、従事者が徐々に増えた。さらに、32年の1・28事変によって江湾鎮高境鎮も戦火に見舞われ、土布生産が停頓してしまうと、多数の織布農民が編み物の生産に転向したり、あるいは、蔬菜の生産を拡大させていった[91]。

川沙では、20世紀初め頃に土布に代わってタオルの生産が盛んになり[92]、県城内外にタオル工場が林立し、女性が働きに来たが[93]、北部にはタオル工場が少なかったので、多くの強健な男性が農村を離れて上海市街地で働くようになり、それに代わって女性が農作業をした[94]。また、1899年に県城内のタオル工場が閉鎖した後、そこで働いていた多くの女性が家庭内でタオルの生産を始め、20年来、八団郷ではタオル生産農家が林立した。さらに、1930年の調査によれば、12軒のタオル工場で1,556人が働き、民国期に各地にレース工場が次々と設立されると、10～40才の女性は皆紡織を放棄してレース編みを習うようになり、47軒のレース工場で23,050人が働いていた[95]。あるいは、紡織に従事していた女性の多くが上海市街地の紡織工場で働くようになった[96]。

このように、20世紀初頭に上海土布業が衰退すると、土布生産者はレース編みやタオル作りへ転向したり、蔬菜を栽培したり、紡織・タオル工場の賃金労働者となったりした。

以上、20世紀前半の上海地区では、農産物作付上の変化として、青浦の稲作適作地では棉作から米作への再転換が起こり、稲作不適作地のうち、南匯・奉賢では棉作が拡大し、上海では米作への転換は起きずに棉作を続けるか、あるいは、都市近郊では蔬菜・果樹栽培へ転換した。一方、土糸・土布生産者だっ

た農家の女性は、蔬菜を栽培したり、レース編みなどの新たな手工業を副業としたり、また、一部は工場の賃金労働者となった。

## おわりに

　上海土布業に生じた変化は、ほぼ以下の通りである。明代に上海県一帯は地勢がやや高かったために、稲作には不向きだったが、棉作には適し、棉作が盛んになるとともに、家庭内で糸を紡ぎ、布を織った。これが松江布として全国さらに海外にまで販売された。土布生産の拡大は原料綿糸に対する需要を高め、棉花価格を上昇させ、棉作地域の拡大をもたらし、米の適作地でも棉作への転換が起こった。こうして、棉作農家が副業として自作棉花で紡糸・織布するとともに、非棉作地でも棉花ないし綿糸を購入して紡織に従事するようになった。そして、洋糸流入の状況は棉産地と非棉産地で大きく異なり、棉産地では非棉産地に比べて洋糸の流入は進行せず、棉産地の上海では商人が農民に洋糸を前貸して新土布を生産させる前貸問屋制は展開しなかった。狭義の発展段階論に従えば、上海土布業は家内手工業の段階に留まり、前貸問屋制への発展が見られなかったということになるが、一方で20世紀初頭には多くの手工制織布工場や機械制織布工場が林立した。上海土布業は家内手工業の段階に留まったというよりも、上海に棉作地が広がり、織布農家が棉花を確保できたこと、そして、上海市街地での急速な工業化と近郊農村での都市化が進展し、新たな副業も勃興したことによって、前貸問屋制の展開を許さないような経済状況にあったと考えた方がよいのではないだろうか。

　主要な棉花・綿布生産地だった上海が、近代に外国綿製品の流入によって大きな打撃を受けたことは確かだが、農家の自給土布は生産され続け、商品土布でも土糸が完全には消滅せず、それらの土糸・土布のための原料棉花は依然として必要とされていた。一方、棉作の持続と土布生産の放棄は、棉作が土糸・土布生産のためではなく、紡績工場に販売するためへと変化したことを意味したが、かつての土布生産者は工場労働者となったり、あるいは他の副業へ転向

した。また、上海の布荘は、上海土布の生産量が減少していくと、土布を確保するために、南通土布の買い付けや江陰県・常熟県の布荘に対する放紗収布の委託という措置を取った。すなわち、上海の都市化・工業化は、周辺の江蘇省に相対的に安価な労働力を生み出すことになり、土布生産地を上海から江蘇省へ移行させることになった。

注

(1) 小山正明「清末中国における外国綿製品の流入」(『近代中国研究』第 4 輯、東京大学出版会、1960年)、副島圓照「日本紡績業と中国市場」(『(京都大学人文科学研究所)人文学報』33号、1972年)、森時彦「中国近代における機械製綿糸の普及過程」(『東方学報』61冊、1989年)、同「『1923年恐慌』と中国紡績業の再編」(『東方学報』62冊、1990年)、同「産業──中国の「産業革命」──」(狭間直樹・岩井茂樹・森時彦・川井悟著『データで見る中国近代史』有斐閣選書、1996年)などを参照した。

(2) もっとも、中国では、夏林根「論近代上海地区棉紡織手工業的変化」(『中国社会経済史研究』1984年 3 期)や徐新吾主編『江南土布史』(上海社会科学院、1992年)が、近代江南土布業の動向を相当程度明らかにしたが、夏論文は概略を論じたもので、より具体的に詳細に分析する必要性を感じるし、また、『江南土布史』は資料的性格が強く、記述が網羅的で、その理論的立脚点は発展段階論に傾いている。なお、上海土布に関する小冊子として、徐蔚南『上海棉布』(中華書局、1936年)と樊樹志『烏泥涇　綾布二物、衣被天下』(復旦大学出版社、1993年)がある。

(3) 波多野善大「アヘン戦争後における棉織の生産形態」(『中国近代工業史の研究』(京都大学文学部内)東洋史研究会、1961年) 530〜532頁。

(4) 陳威・喩時修、顧清纂『松江府志』(正徳 7 年・1512年)第五巻．土産、布之属。方岳貢修・陳継儒纂『松江府志』(崇禎 3 年・1630年)巻六．物産。郭廷弼・周建鼎等『松江府志』(康熙 2 年)巻四．土産、布帛之属。宋如林等修・孫星衍等纂『松江府志』(嘉慶22年)巻六．疆域志六、物産、服用之属。李文躍修・談起行等纂『続修上海県志』(乾隆15年)巻五．土産、布之属。

(5) 博潤等修・姚光発等纂『松江府続志』(光緒 9 年刊)巻五．疆域志、物産、服用之属。

(6) 前掲書『上海県志』(同治11年)巻八．物産、服用之属、布。呉馨等修・姚文枏等纂『上海県続志』(1918年)巻八．物産、布之属。

(7) 陸懋宗・程其珏等『嘉定県志』（光緒11年）巻八．風土志、土産。
(8) 前掲書『法華郷志』（1922年）巻三．土産、服用之属。
(9) 陳方瀛修・金樾纂『川沙庁志』（光緒5年）巻四．民賦志、物産、服用之属。
(10) 韓佩金等修・張文虎等纂『重修奉賢県志』（光緒4年）巻十九．風土志、物産、布。前掲書、『宝山県続志』（1921年）巻六．実業志、工業、女工。張承先等『民国南翔鎮志』（嘉慶11年修・1923年重刊）巻一．物産。
(11) 前掲書、『嘉定県志』（光緒11年）巻八．風土志、土産、棉布。
(12) 陳傳徳・黄世祚等『嘉定県続志』（1930年）巻一．疆域志、市鎮。同『嘉定県続志』（1930年）巻五．風土志、物産、天然物、布之属。
(13) 沈書勲「淞滬土布業之調査」（『華商紗廠聯合会季刊』第3巻第4期、1922年10月20日）169～171頁。
(14) 前掲書『上海県志』（1936年）巻四．農工、工作品、布帛之属。
(15) 前掲書『江南土布史』135頁・253頁・272頁・355頁。
(16) 前掲書『上海県続志』（1918年）巻八．物産、布之属。
(17) 呉馨等修・姚文枬等纂『上海県志』（1936年）巻四．農工、工作品、布帛之属。
(18) 前掲書『江南土布史』262～263頁。
(19) 上海県県志編纂委員会編『上海県志』（上海人民出版社、1993年）623頁。
(20) 実業部国際貿易局編『中国実業誌（江蘇省）』（1933年）第8編95～97頁。
(21) 前掲書『江南土布史』304頁・260～261頁。
(22) 同上書『江南土布史』135頁・259～260頁・271～272頁・278頁・285頁。
(23) 前掲書『中国実業誌（江蘇省）』第8編97頁。
(24) 上海市宝山区地方志編纂委員会編『宝山県志』（上海人民出版社、1992年）293頁。
(25) 前掲書『中国実業誌（江蘇省）』第8編93・96頁。
(26) 前掲書『宝山県志』（1992年）1頁。
(27) 前掲書『江南土布史』303頁。
(28) 上海市川沙県工業局編『川沙県工業志』（上海科学普及出版社、1992年）117頁。
(29) 方鴻鎧・陸炳麟等『川沙県志』（1937年）巻五．実業志、工業、布業一覧表。
(30) 前掲「滬海道区実業視察報告」8頁。
(31) 前掲書『江南土布史』278頁。
(32) 「各地農民状況調査／葉樹郷（江蘇松江）」（『東方雑誌』第24巻第16号、1927年8月25日）128頁。

(33)張仁静修・銭崇威纂・詠榴続纂『青浦県続志』(1934年)巻二．疆域下、風俗。同前、巻二．疆域下、土産、服用之属、木棉布。

(34)前掲書『江南土布史』255頁。

(35)牛荘領事館報告「牛荘輸入手織木綿」(『通商彙纂』第172号、1900年6月5日) 269～271頁。

(36)山口農商務技師「満州綿布及綿糸貿易事情」(『大日本紡績聯合会月報』171号、1906年11月)。

(37)前掲書『江南土布史』252～253頁。

(38)唐圭起「営口土布市場的興衰及其対南通土布業的影響」(『江海学刊(経済社会版)』1985年第5期)65頁。

(39)「東北国産紗布銷路減少」(『工商半月刊』第4巻第11号、1932年6月、国内経済)4頁。

(40)「通海両県土布業完全輟業」(『紡織時報』第863号、1932年1月14日) 1,318頁、「通ભ東北銷路己断」(『紡織時報』第935号、1932年10月31日) 1,893頁。前掲書『江南土布史』296～297頁。

(41)前掲書『江南土布史』253・256頁。

(42)「土布銷路鋭減」(『工商半月刊』第5巻第12号、1933年6月15日、国内経済) 126頁。

(43)「土布銷路漸見転機」(『国際貿易導報』第8巻第11号、1936年11月5日、国内外貿易消息) 186頁。

(44)前掲書『江南土布史』370～375頁・282～283頁。

(45)前掲書『松江府志』(正徳7年)第四巻．風俗。張奎修・夏有文纂『金山衛志』(正徳12年)下巻．巻二．風俗。

(46)樊樹志『烏泥涇　綾布二物、衣被天下』(復旦大学出版社、1993年)32頁。

(47)前掲書、『江南土布史』133～136頁・241～249頁。

(48)小此木藤四郎「清国織物業視察復命書」(『農商務省商工局臨時報告』1899年) 2～3頁。

(49)前掲書『江南土布史』135頁・172頁・240頁・247～248頁・413～415頁。

(50)同上書、432頁。

(51)上海市川沙県県志編修委員会編『川沙県志』(上海人民出版社、1990年)115頁。

(52)前掲書『松江府志』(崇禎3年)巻六．物産。尹継善・黄之雋等『江南通志』(乾隆

2年）巻八十六．食貨志、物産、松江府。前掲書『重修奉賢県志』（光緒4年）巻十九．風土志、物産、布。楊開第修・姚光発等纂『重修華亭県志』（光緒4年）巻二十三．雑志上、風俗。前掲書『松江府続志』（光緒9年）巻五．疆域志、風俗。

(53) 樊樹志『烏泥涇 綾布二物、衣被天下』（復旦大学出版社、1993年）30頁。
(54) 丁日初主編『上海近代経済史 第一巻（1843〜1894）』（上海人民出版社、1994年）418〜419頁。
(55) 前掲書『江南土布史』298頁。
(56) 上海市社会局『上海之農業』（中華書局、1933年）1〜17頁。
(57) 中華棉業統計会編『民国二十三年 中国棉産統計』（1934年）149頁。
(58) 上海県県志弁公室編『上海県要覧』（1986年）96頁・112頁。同書には奥付がなく、出版社や出版年は不明だが、記載内容から出版年は1986年であろうと推定した。
(59) 王大同・李林松等『上海県志』（嘉慶19年）巻一．風俗。前掲書『法華郷志』（1922年）巻二．風俗。同前、巻三．土産、枲之属、木棉。同前、巻三．土産、蔬之属・果之属。
(60) 前掲書『上海県続志』（1918年）巻八．物産、蔬之属・瓜之属。
(61) 前掲書『上海県要覧』（1986年）127頁。
(62) 趙昕修・蘇淵纂『嘉定県志』（康熙12年）巻四．風俗。前掲書『嘉定県続志』（1930年）巻五．風土志、風俗、農業。同前、巻五．風土志、物産、天然物、稲之属・麦之属。同前、巻五．風土志、物産、天然物、枲之属、棉。
(63) 満鉄上海事務所調査室『上海特別市嘉定区農村実態調査報告書』（上海満鉄調査資料第33編、南満州鉄道株式会社上海事務所、1940年）61頁・104〜105頁。
(64) 前掲書『嘉定県続志』（1930年）巻五．風土志、天然物、蔬之属・瓜之属。
(65) 前掲書『宝山県続志』（1921年）巻六．実業志、農業、農作。前掲書『宝山県再続志』（1931年）巻六．実業志、農業、農作。
(66) 馮成・銭淦等『江湾里志』（1924年）巻五．実業志、農業・物産。
(67) 前掲書『宝山県続志』（1921年）巻六．実業志、農業。
(68) 前掲書『宝山県再続志』（1931年）巻六．実業志、農業、園芸。
(69) 前掲書『重修奉賢県志』（光緒4年）巻十九．風土志、風俗。
(70) 上海市奉賢県志修編委員会編『奉賢県志』（上海人民出版社、1987年）326頁。
(71) 襲寿図・張文虎等『南匯県志』（光緒5年）巻二十．風俗志、風俗。
(72) 上海市南匯県県志編纂委員会編『南匯県志』（上海人民出版社、1992年）274頁・347頁。

⑺₃前掲書『川沙庁志』(光緒5年)巻四．民賦志、物産、枲之属、棉花。
⑺₄呉清堂「滬海道区実業視察報告」(『農商公報』66期、1920年) 6～7頁。
⑺₅前掲書『川沙県志』(1937年)巻四．物産志、蔬之属。
⑺₆陳其元等修・熊其英等纂『青浦県志』(光緒5年)巻二．疆域下、土産、蔬之属。
⑺₇前掲書『青浦県続志』(1934年)巻二．疆域下、土産、蔬之属。
⑺₈同上書、巻二．疆域下、土産。
⑺₉上海市青浦県県志編纂委員会編『青浦県志』(上海人民出版社、1990年)214頁。
⑻₀前掲書『青浦県続志』(1934年)巻二．疆域下、土産、枲之属、木綿。
⑻₁満鉄上海事務所調査室『江蘇省松江県農村実態調査報告書』(上海満鉄調査資料第31編、南満州鉄道株式会社上海事務所、1940年) 5～6頁。
⑻₂上海市松江県地方史志編纂委員会編『松江県志』(上海人民出版社、1991年) 398頁。
⑻₃上海県県志編纂委員会編『上海県志』(上海人民出版社、1993年) 614～618頁。
⑻₄前掲書『上海県続志』(1918年)巻八．物産、布之属。
⑻₅前掲書『江南土布史』243頁・304～306頁。
⑻₆前掲書『上海県志』(1936年)巻四．農工、工作品、布帛之属。
⑻₇前掲書『嘉定県続志』(1930年)巻五．風土志、物産、人造物、布之属。
⑻₈前掲書『江南土布史』249頁・260頁。
⑻₉前掲書『上海特別市嘉定区農村実態調査報告書』101頁。
⑼₀前掲書『江湾里志』(1924年)巻五．実業志、工業。
⑼₁前掲書『江南土布史』303～304頁。
⑼₂前掲書『川沙県工業志』(1992年) 117頁。
⑼₃方鴻鎧修・黄炎培纂『川沙県志』(1937年)巻四．物産志、(附)服用之属、毛巾。
⑼₄同上書、巻十四．方俗志、川沙風俗漫談、毛巾・女子耕田。
⑼₅同上書、巻五．実業志、工業、工業概況・穿網花辺之倣製。
⑼₆同上書、巻十四．方俗志、川沙風俗漫談、入廠女工。

# 第3章　蘇南土布業の二極化

## は じ め に

　蘇州府では、棉作が元代に松江府から伝播し、常熟・江陰・太倉3県の中で地勢がやや高く痩せている地域で盛んになり、また、綿布の生産も盛んだった[1]。

　しかも、近代蘇南における土布の生産量は上海における土布のそれと肩を並べ、それが当該地域経済に占める重要性は相当のものだった。だが、意外にも近代蘇南土布業に関する専論は管見の限りでは皆無であり、若干これに言及したものを目にするのみである[2]。

　ところで、すでに前章で見たように、近代蘇南の土布業が上海のそれと密接な関係を有しながら展開し、また、棉作農家と非棉作農家とでは土布業の展開が大きく異なっていた。

　そこで、本章では、蘇南を棉産地区の江陰・常熟・太倉と非棉産地区の無錫・呉県（蘇州）・武進（常州）に分け、主に20世紀前半における両地区の土布業の特徴と江蘇省の綿業の中で占める位置を考察したい。ただし、近代蘇南の土布業を分析する主要な目的は、農家の土布生産と棉作・農業の状況がいかに緊密に結びついていたか、また、土布業の動向が農村経済全体の中にいかに位置付けられるかを明らかにすることにある。

## 1　棉産地区

　江陰・常熟・太倉3県の長江沿岸部は、地質的には稲作よりも棉作に適し、あるいは、棉作のみが可能だった。表1から、1918～37年の棉作面積と棉産量を比較すると、生産量では常熟・太倉が江陰の3.5倍強だったが、年度毎の変

160 第3章 蘇南土布業の二極化

表1 江陰・常熟・太倉3県の棉作面積と生産量

(単位／万畝、万担)

| 年度 | 江陰 面積 | 江陰 産量 | 常熟 面積 | 常熟 産量 | 太倉 面積 | 太倉 産量 | 3県合計 面積 | 3県合計 産量 |
|---|---|---|---|---|---|---|---|---|
| 1918 | — | 5.83 | — | 13.7 | — | 10.0 | — | 29.5 |
| 1919 | 14.0 | 3.50 | 41.0 | 5.5 | 30.0 | 3.0 | 85.0 | 12.0 |
| 1920 | 18.0 | 6.32 | 40.0 | 15.2 | 35.0 | 10.0 | 93.0 | 31.5 |
| 1921 | 18.0 | 2.52 | 38.0 | 4.1 | 35.0 | 5.4 | 91.0 | 12.0 |
| 1922 | 5.0 | 0.93 | 37.0 | 11.6 | 35.6 | 9.1 | 77.6 | 21.6 |
| 1923 | 5.0 | 1.10 | 37.0 | 8.8 | 34.0 | 7.9 | 76.0 | 17.8 |
| 1926 | 7.0 | 1.20 | 33.0 | 5.6 | 40.0 | 6.8 | 80.0 | 13.6 |
| 1927 | 12.1 | 2.54 | 40.0 | 8.4 | 49.4 | 10.4 | 101.5 | 21.3 |
| 1928 | 10.0 | 2.20 | 41.0 | 10.9 | 50.0 | 10.4 | 101.0 | 23.5 |
| 1929 | 12.5 | 3.60 | 48.0 | 14.2 | 52.0 | 14.5 | 112.5 | 32.3 |
| 1930 | 8.6 | 0.76 | 46.1 | 6.1 | 58.8 | 5.9 | 113.5 | 12.7 |
| 1931 | 9.0 | 0.44 | 45.0 | 2.3 | 56.3 | 2.7 | 110.3 | 5.4 |
| 1932 | — | — | 47.0 | 16.4 | 57.1 | 11.4 | 104.1 | 27.8 |
| 1933 | 9.7 | 2.65 | 46.4 | 12.1 | 60.0 | 9.6 | 116.1 | 24.3 |
| 1934 | 8.8 | 2.41 | 45.5 | 7.9 | 48.0 | 7.9 | 102.3 | 18.2 |
| 1935 | 11.4 | 2.46 | 48.2 | 3.4 | 50.0 | 10.8 | 109.6 | 16.6 |
| 1936 | 9.8 | 1.37 | 45.0 | 5.5 | 56.0 | 12.0 | 110.8 | 18.8 |
| 1937 | 10.3 | 2.42 | 47.2 | 11.2 | 51.7 | 10.0 | 108.2 | 23.6 |
| 平均 | 10.5 | 2.48 | 42.6 | 9.05 | 46.9 | 8.76 | 99.5 | 20.1 |

典拠）華商紗厰聯合会棉産統計部編『民国九年至十八年中国棉産統計』、中華棉業統計会編『民国二十三年中国棉産統計』・『民国二十五年中国棉産統計』。1937年に太倉で10.9万畝の米棉が栽培された以外は全て土棉。

動がかなり大きかった。一方、棉作面積では常熟・太倉は江陰の4倍強で、しかも、跛行的ながら漸増しつつあったのに対し、江陰は僅かに縮小しつつあり、1923年以前には太倉よりも常熟の方が広かったが、26年以降は逆に常熟より太倉の方が広くなった。さらに、棉作面積の最大振幅差は、江陰が13万畝、常熟が15.2万畝、太倉が30万畝で、太倉の振幅が江陰・常熟の約2倍となっていた。このような変化は、直接的には作付作物や耕作体系の変化と関係しているとともに、土布の生産や農村経済の動向とも一定の関連性を持っていたと考えられる。

図1　蘇南の地図

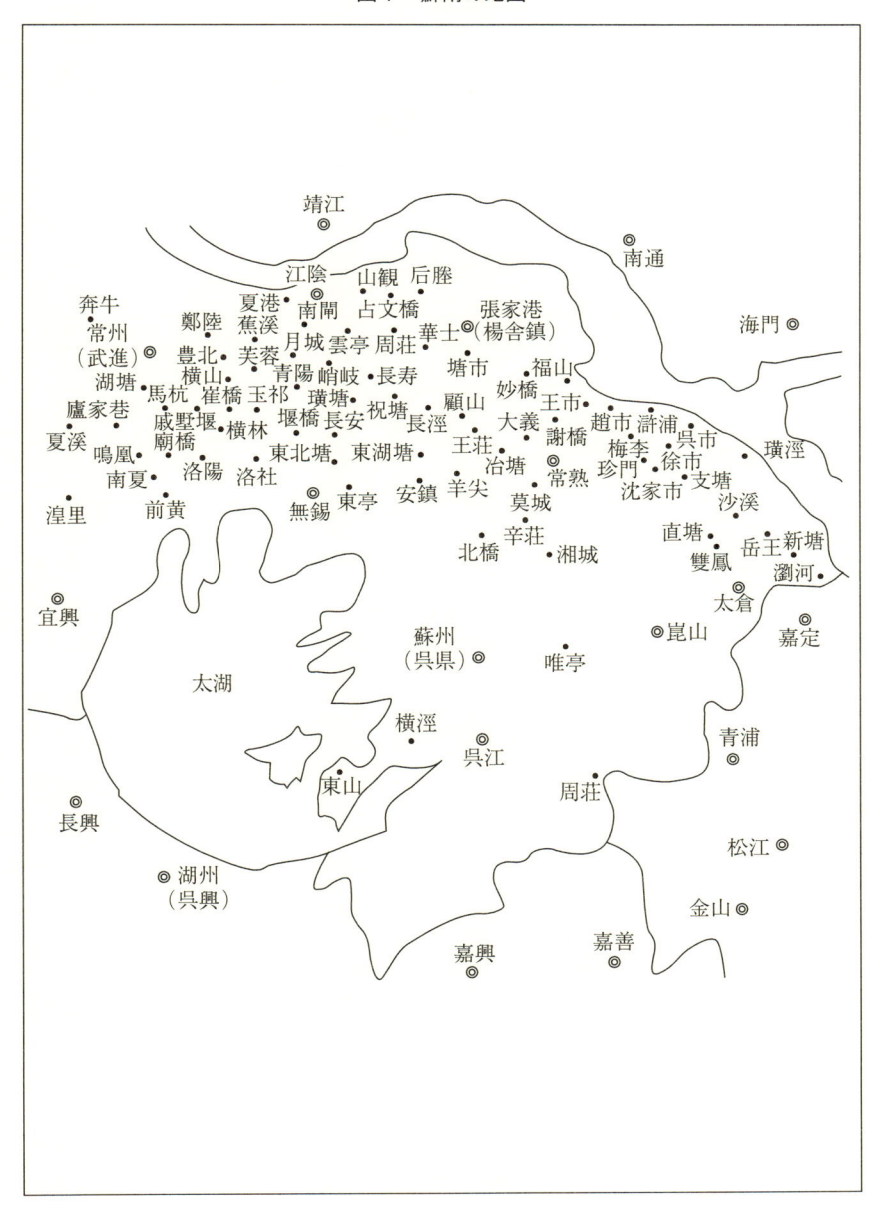

表2 近代における江陰土布の種類・規格・産地

| 種類 | | | 幅 | 長さ | 生産地 |
|---|---|---|---|---|---|
| 小布 | 江布 | 大号 | 0.9〜0.95尺 | 19〜20尺 | 南閘 |
| | | 中号 | 0.8尺 | 19尺 | 華士(華墅)、周荘、峭岐、青陽、月城橋 |
| | | 小号 | 0.7尺 | 15尺 | 璜塘、長寿、塘頭橋、堰橋、夏港 |
| | 放布 | 扣布 | 0.95尺 | 19尺 | |
| | | 標布 | 0.98〜1尺 | 16尺 | |
| | | 二四套 | 0.95〜1尺 | 24尺 | |
| | | 稀布 | 1.2尺 | 20尺 | |
| | | 二四放 | 0.78〜0.82尺 | 23〜24尺 | 華士、青陽、南閘 |
| | | 小放 | 0.7尺 | 16尺 | 華士(1918年頃) |
| 大布(長布) | | | 0.83尺 | 42尺 | 后塍、三甲里、三官郷、占文橋、王家埭 |
| 改良土布 | 色扣布 | | 0.9〜0.95尺 | 20尺 | 華士、周荘 |
| | 色格布 | | 1.8〜2.2尺 | 20ヤード | 峭岐一帯 |
| | 条漂 | | | | 峭岐付近一帯 |
| | 斜紋 | | 2.2尺 | 20〜30ヤード | 華士、峭岐、雲亭、周荘 |
| | 裙布 | | 32〜36インチ | 80尺 | 峭岐 |
| 廠布 | 甬布 | | 26インチ | 20ヤード | |
| | 珠羅紗 | | 約2尺 | 20〜40ヤード | |

典拠)徐新吾主編『江南土布史』(上海社会科学院、1992年)475〜481頁より作成。1ヤード=91.4cm=2.74尺。10インチ=25.4cm=0.76尺。

(1)江陰

　江陰における土布の生産は、元末明初に東北部の后塍・晨陽・楊舎・三甲里などの雷溝沿岸部で始まり、後に、その西方の三官郷・占文橋・王家埭の東横河沿岸部に拡大し、さらに、以上の棉花・土布の生産地に隣接する華士・周荘でも盛んになり、清代中期には県全域に広がった[3]（図1を参照）。そして、商人が棉花で綿布を買取る「以花易布」や綿糸で綿布を買取る「以紗易布」を行なうと、非棉作農家も盛んに土布を生産した。やがて、19世紀末に洋糸が流入すると、小布は初期の江布と放紗収布による放布とが区別されるようになった（表2を参照）。

　また、大布も1905年頃から一部が土経土緯→洋経土緯→洋経洋緯と変化したが、揚州の客商が洋経土緯の大布を求めていたので、布荘が常熟県四丈湾地方の永豊土糸号から土糸を購入して織布農民に前貸して洋経土緯の規格が維持さ

れた⁽⁴⁾。大布生産量の地域別割合は、三甲里が約35％、王家塿が約30％、后塍が約15％、泗港・周荘が各約10％だった。さらに、改良土布は1924年から県城区・華士・周荘・雲亭・峭岐で盛んに生産されたが、その中で最も生産量が多かった色格布は峭岐鎮一帯で盛んに生産された。なお、織布機は、改良土布生産地の東部では投梭機→手拉機→脚踏機と変化したが、小布生産地の南閘・青陽一帯では投梭機のままで、大布生産地の東北部では投梭機から一部が手拉機へ変化したにすぎず、抗日戦争直前の織布機数は、手拉機が30,380台、脚踏機が12,680台だったのに対して投梭機は57,973台で全体の半数以上を占めた⁽⁵⁾。最盛期の20年頃に約150万疋の大布を含めて1,000万疋近くだった土布の年間生産量は、25年から減少し、抗日戦争直前には、350万疋の改良土布が生産されたのに対し、小布が230万疋、大布が100万疋に減少したが⁽⁶⁾、土糸を用いた小布・大布の生産が相当程度維持された。

　以上のような綿布の規格や織布機の変化は、洋糸の使用とも連動していた。1912年頃には放機布が７～８割を占め⁽⁷⁾、その原糸の８～９割は無錫の紡績工場で生産された16番手以下の綿糸だった⁽⁸⁾。しかも、生産地は、江布が一部で放布・改良土布と重なるが、小布・改良土布は大布とは重ならないことから、前近代に棉花ないし土糸を購入して土布を生産していた非棉産地に放布・改良土布の生産が普及し、逆に、自作棉花を用いた大布の生産地には洋糸が容易には流入せず、相当多くの棉作農家が土糸・土布生産を続け、また、敢えて土糸を購入して土布を生産する者もいた。

　ところで、1937年以前に江陰で操業していた紡績工場は、布荘・倉庫経営者が1908年に設立した利用紗廠だけで、14～16番手の土布用原糸を生産し⁽⁹⁾、原棉は常陰沙・楊舎・徐市で買付けていた⁽¹⁰⁾。また、織布工場は、05年に華澄布廠が設立されて以来増え続け、37年には134軒になり⁽¹¹⁾、その中でも、華澄布廠は10工場・労働者2,000人余りを擁し、30万匹余りの綿布を生産するまでに発展した⁽¹²⁾。一方、南閘地区では、09年に手拉機70台を備えた美倫織布廠が設立され、また、11年に手拉機50台を備えた震裕織布廠が設立され、さらに、27年には脚踏機150台を備えた公益染織布廠の設立と前後して勤康・勤生・慎源・

緯豊・六合・万安の6染織布廠も設立され、労働者は1,200人余りに達し[13]、37年には織布工場は12軒に増加したが[14]、その綿布生産量は土布より少なかった。

さて、1930年の作付面積は水稲が70.8万畝、小麦・大麦・元麦が92万畝で、后塍を含む東北部が稲と棉花を輪作し、主要な棉産地だったが、棉作面積が10万畝程度だったから（表1を参照）、江陰の主要な農産物は稲と麦だった。そして、光緒年間に県城内の陸家園と季家園に蔬菜栽培の専業農家が現れ、民国初期に城内の人口が増加すると、県城郊外で蔬菜栽培農家が徐々に増加したが、主要な棉産地が県城から遠く離れており、蔬菜の栽培が棉作に代替したとは考え難い。さらに、1892年頃に洋糸が流入すると、農民は土糸業から土布業に転向したり、一部の農民は上海の紡織工場で働き[15]、1930年代には多数の農村の女性が県城内や東南部の紡織工場や紡織作業場で働くようになり[16]、また、主要な小布生産地だった南閘地区では、日中戦争前に多くの布廠が農村の女性を雇っていたが、小布の生産が激減すると、1万戸余りもの農家が外地に働きに出かけたと言われている[17]。

以上、元末明初に東北部の棉産地で始まった江陰土布の生産は、洋糸流入以前にも以花易布や以紗易布によって原棉や原糸が非棉作農家に提供されて地域的にも量的にも拡大し、1920年頃に最盛期を迎えて、37年まで相当量が生産され続けた。また、非棉産地の南閘の小布は、洋糸流入後は布荘の洋糸前貸しによる放布が主要となり、県城区と並んで多くの布廠が設立された。そして、原糸が土糸から洋糸へ変化したのと並行して、織布機が投梭機→手拉機→脚踏機へと変化し、布の幅も約2倍に拡大した。これに対し、棉産地の大布は洋糸流入後は土経土緯から洋経土緯へ変化したが、織布機はほとんど投梭機のままで、洋糸の流入や織布機の変化は非常に緩慢だった。江陰における綿布の生産は、洋糸の流入によって図2のように変化したと考えられるが、土布の生産が主に農家の女性による副業で、しかも織布に代わる副業があまりなかったため、織布による収益が減少しても土布業に固執せざるを得なかった。なお、江陰土布の多くは蘇北・山東・東北・東南アジアを主要な販売先とする白布で[18]、染色

図2 江陰県における洋糸流入による綿布生産の変化

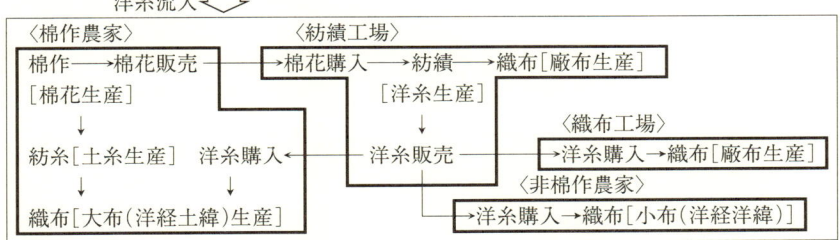

〈棉作農家〉
棉作→棉花販売
［棉花生産］
↓
紡糸［土糸生産］→土糸販売
↓
織布［大布生産］

〈非棉作農家〉
→棉花購入→紡糸［土糸生産］→織布［小布生産］
　　　　　　　　→土糸販売
↓
→土糸購入→織布［小布生産］

洋糸流入 ⇩

〈棉作農家〉
棉作──→棉花販売
［棉花生産］
↓
紡糸［土糸生産］　洋糸購入←
↓
織布［大布（洋経土緯）生産］

〈紡績工場〉
→棉花購入→紡績──→織布［廠布生産］
　　　　　［洋糸生産］
　　　　　　↓
　　　　　洋糸販売──→〈織布工場〉
　　　　　　　　　　　→洋糸購入→織布［廠布生産］
　　　　　　　　　　　〈非棉作農家〉
　　　　　　　　　　　→洋糸購入→織布［小布（洋経洋緯）］

のためにひとまず蘇州・無錫・常州に運ばれた[19]。

(2)常熟

明清時代の地方志から、県東北部が砂質土で稲作には適さないものの、棉作には適し、農家の女性が自作棉花で土布を生産し、特に支塘・徐家市・均墩村の土布が山東・蘇北・福建・浙江に移出されていたことがわかる[20]。また、近代には梅李鎮周辺の王市・鄧市・塘坊橋・趙市・先生橋・滸浦・白宕橋・珍門郷・沈家市・周涇口・徐市・老小呉市が主要な棉花・土布の生産地で[21]（図1を参照）、棉作農家が紡糸・織布の一貫作業を行なった。

19世紀末～20世紀初頭の年間土布生産量は県内消費分の約100万疋に山東・安徽・福建・蘇州への移出分を加えると約300万疋に達し[22]、1931年に2,000万疋以上に達した後[23]、抗日戦争直前までに800～900万疋に減少したとは言え[24]、19世紀末～20世紀初頭を大きく上回っていた。

常熟の土布は、幅0.8尺・長さ16尺の熟布（小布）が徐々に洋経土緯となり、幅1～1.2尺・長さ17～24尺の放機布（大布）は当初から洋糸のみを用いた[25]。

1884年頃から縦糸に12〜14番手洋糸、横糸に紡買紗（購入土糸）を用い、紡糸の手間を省いて土布生産効率を高めるとともに熟布の生産地を棉産地以外にも拡大した。縦糸には蘇州の蘇綸紗廠、無錫の広勤紗廠・慶豊紗廠、江陰の利用紗廠の綿糸が多く用いられ、後に太倉の利泰紗廠や常熟の裕泰紗廠の綿糸も用られた[26]。また、横糸用の紡買紗を生産した南部の辛荘・莫城や西北部の冶塘・大義では土糸を紡ぐだけで土布を織ることはなかった。一方、放機布は、上海の布荘が常熟の布荘に放紗収布を委託して生産させた土布で、常熟の賃金が上海に比べて低い上に、熟布に比べて幅も長さもともに大きく、上海でよく売れ、20〜30年が最盛期だったが[27]、26年頃から福山・妙橋・謝橋・県城区で生産され始め、東北へも販売された放機布の販路はそれほど広がらなかった[28]。むしろ洋経土緯の熟布が一定の販売市場を維持し続け、20〜30年は土布1,200〜1,500万疋のうち、熟布が約700〜800万疋を占めた。しかも、棉作農家が老人や子供の家内労働力をも利用して横糸の土糸を紡ぐことで収入を増加させることができたので、熟布は洋経洋緯にまでは変化しなかった[29]。

なお、織布機は、織布工場では清末に手拉機が出現した後、間もなくして脚踏機に転換していったが、一般の農家では一貫して旧式の投梭機が用いられ続けた[30]。

ところで、支塘鎮一帯は、棉作地で原料が容易に入手でき、また、家庭手紡によって伝統的に熟練した女子労働者を容易かつ安価に獲得できたため、37年以前の県内での唯一の紡績工場として1905年に裕泰紗廠が設立された[31]。こうして、かつて紡糸・織布の一貫作業を行なっていた多くの棉作農家が紡績工場向けの棉花を生産し、18年頃には実棉で販売するようになり、花行が綿繰りした後に、裕泰紗廠や江陰・蘇州・無錫の紡績工場で消費された[32]。

また、織布工場は1909年に手拉機80台を備えた虞興布廠が設立されてから次々と設立され、37年には100軒以上の織布工場が年間約90万疋の綿布を生産した[33]。だが、電力織布機は依然として少なく、手拉機が多かった（表5を参照）。しかも、それらの織布工場は、上海の布荘から原糸を供給され、糸染にした後に製織して上海に運ぶという賃織を主としていたが[34]、20年代後半に設立され

た30軒余りの織布工場の中には織布機の一部あるいは全てを農家の女性に貸出して織布させたところもあった[35]。このように、常熟では手拉機を備えた織布工場が前貸問屋制を兼ねているところも多く、手工制工場が必ずしも前貸問屋制に比して経営上及び生産量で優位に立ってはいなかった。

さて、常熟は、民国期には、沙州地区が稲棉輪作区で、東北部沿岸地域では棉花と麦の二毛作を行ない、塩鉄塘・里睦塘両岸部の梅李・碧渓・珍門・徐市では三毛作が行なわれ、一部の地域では棉作の間作として年に5～6回も蔬菜が栽培され、36年には蔬菜栽培面積が6,000畝余りとなり、県城・上海・南通・蘇州・嘉興に販売された[36]。また、砂質土の東部・北部は棉作に適し、特に東部の梅李周辺一帯は地勢がやや高く、棉産量が最も多かった[37]。以上から、辛荘・莫城・冶塘・大義の南部・西北部では、主に稲や麦を栽培しながら棉花を購入して土糸(紡買紗)を生産していたと考えられる。さらに、1927年頃の報告によると、農地の約3割が棉作地で、約7割が水田で[38]、王荘・大義橋・梅李鎮一帯を主産地とする常熟米が、抗日戦争前には県内の需要を充たし、毎年相当量を移出していた[39]。なお、常熟でも、多くの若い女性が織布をやめて刺繍の副業に従事するようになり、抗日戦争直前に農家の女性によるレース編みやドロンワークが盛んになった[40]。また、工場へ働きに行く者も現れ、約1万人いた織布工場労働者は全て県内の農家の女性で、無錫の織布工場にも出かけていたという[41]。

以上、常熟では、棉作は盛んだったが、機械製棉糸の生産はそれほど盛んではなく、織布工場の必要とする原糸の多くを上海から供給された。しかも、織布工場は、上海の布荘のための生産基地の1つとして綿布を生産したが、その

表5　常熟県における織布工場の推移

| 年　度 | 工場数 | 織　布　機 |
|---|---|---|
| 1918年 | 30 | |
| 1920年 | 約40 | 2,000～3,000台 |
| 1921～30年 | 70～80 | 5,000～6,000台(脚踏機400～500台) |
| 1937年 | 100余り | 手拉機4,000～5,000台、脚踏機約2,000台、電力脚踏機300台余、電力全鉄機84台 |

典拠)『江南土布史』532～535頁より作成。

生産量は旧土布のそれには及ばなかった。一方、常熟土布には、縦糸に洋糸、横糸に自作棉花から紡いだ土糸を用いるもの、縦糸に洋糸、横糸に紡買紗を用いるもの、縦糸・横糸ともに布荘から前貸しされた洋糸を用いるものの3種類あったが、数量的には常熟土布の半数以上は洋経土緯の熟布（小布）が占め、棉作農家が直ちに全面的に土糸の生産を放棄することはなく、また、南部・西北部には棉花を購入して紡糸のみを行なって販売する農家もいた。

⑶太倉

『太倉州志』（1919年）には、多くの土布が移出され、洋糸流入以前は土糸も盛んに生産され、松江の織布従事者に向けて販売されていたことが記されている[42]。また、19年の調査では、璜涇郷だけでも年間約10万疋の土布が生産され、遠くは東北や福建省まで販売されたと言うが[43]、20年代後半には、従来、衣服を自給してきた農民の多くも洋布を購入するようになり、土布業は徐々に消えつつあり[44]、32年には幅1尺・長さ28尺の大布と幅0.7尺・長さ14尺の小布を合わせた生産量が2万疋、販売量は約1万疋にまで減少し、県内で消費されるだけとなった[45]。

一方、すでに表1で見たように、1918～37年に太倉の棉産量は増加傾向にあったが、棉花のほとんどは紡績工場向けに売却された。1919年頃の調査によれば、直塘郷に手拉機80台と脚踏機20台を備えた新太織布廠（女子労働者100人余り）が設立されたというが、06年に沙溪に設立された済泰（利泰）紗廠が紡錘数12,000、労働者300人余りを擁し[46]、また、18年頃には太倉棉は利泰紗廠や常熟・無錫・蘇州の紡績工場で消費され[47]、さらに、23年から沙溪・瀏河・璜涇・岳王の棉産地に軋花廠（繰綿工場）が設立され、その中の比較的大きな軋花廠の多くが花行の付属工場だった[48]。棉産地で棉花を買い付けてそのまま非棉産地へ売却していた花行は、20年代から買い付けた棉花に繰綿の加工を施してから販売するようになった。このように、大部分の棉花は棉作農家が有核のまま花行・軋花廠に売り渡して綿繰りされた後に、一部は県内の織布廠で消費されたが、多くは紡績工場へ販売された。以上から、太倉の棉作は、土糸・土布の

原棉から20年代頃には紡績工場向けの原棉として販売することを目的とするようになったことがわかる。

ところで、1919年頃の調査によれば、全県約80万畝のうち、棉作地35～36万畝と稲作地31万畝余りがほぼ相半ばしていた⁽⁴⁹⁾。棉作は比較的高燥な東北部の浮橋・璜涇・沙溪・新塘・岳王市が中心地となっており、水稲は直塘・雙鳳・蓬莱・新豊の西南部低地帯が中心となっていたが、自給食糧の稲作を犠牲にして米不足が常態となるほどまでに棉作地を拡大し、毎年、約20万石の米を崑山・常熟・上海から移入していた⁽⁵⁰⁾。

以上、太倉は常熟と同様に江陰よりも相当多くの棉花が生産された。ただし、20世紀前半の綿布生産量は江陰・常熟に比べてかなり少なく、特に璜涇を中心とする東北部は主要な棉花・土布の生産地で、棉花の大部分はかつては土糸・土布の原棉として販売されたが、後には紡績工場向けに販売され、土糸・土布の原棉として用いることは少なくなった。

## 2　非棉産地区

無錫・呉県（蘇州）・武進（常州）は、養蚕業が盛んで、経済が発展し、近代紡績工場の設立も盛んだったが、非棉産地だったので、洋糸流入以前に棉花ないし土糸を購入して紡織を行なっていた農家の女性が、洋糸流入後は新土布を生産するようになった。

無錫では、18世紀末から桑が植えられて水田面積が減少し、1927年の調査は水田6割・桑畑3割とし、また、29年の調査は稲作地が約84万畝、桑畑が約25万畝、蔬菜類の作付地が約10万畝だったとしており⁽⁵¹⁾、民国期には県城区の人口が増加して蔬菜栽培面積が拡大した⁽⁵²⁾。また、蘇州でも明朝初期頃から工業化して食糧の不足を来し、米穀を長江中流域の湖広地方に仰ぐようになり、絹・綿布生産の目的で水田を桑・棉花畑に転換した上に、工業が吸収する人口が厖大となり、一たび飢饉や戦禍に遭えば、食糧の自給が不可能となっていたが⁽⁵³⁾、民国期には蘇州城区・郊外、城区東部の黄天蕩、城区西南部の低地で蔬菜が栽

170　第3章　蘇南土布業の二極化

培され[54]、上海と同様に、都市近郊農村では近代以降人口の増加した都市向けの蔬菜栽培が拡大した。

(1)無錫

　無錫の土布生産は、明朝中期～末期に東北部の東北塘鎮妙市頭で発展し、乾隆年間以降は東部(安鎮・東亭)・西部(玉祁・礼社・洛社)・北部(東湖塘・斗山・厳家橋・羊尖)にも拡大し、清朝後期の年間生産量は300万疋以上となり、また、年間販売量は江陰・常熟に荘(出張所)を設けて土布を買付けたので、700～1,000万疋に達した[55]。

　非棉産地の無錫では、かつて原棉の大部分を常熟・嘉定・江陰・沙州・太倉から購入していた[56]。だが、布荘や布行が放紗収布を行なうと[57]、土経土緯の土布は1904年から変化し始め、09年までにはほとんど全ての土布が洋経洋緯となり、清末以降は洋糸を農家に貸与して織らせた放長布・放布が土布全体の約90％を占めた[58]。このように、無錫土布が洋糸流入後に土経土緯から洋経洋緯へ急速に変化すると、綿糸と土布の交換を業務とする紗号が発展した。09年に茂記布行が県内初の専業の紗号を設立して業勤紗廠から綿糸を購入し、翌10年には張全泰布行と義仁聚布行が張全泰紗号と公記紗号を設立した。また、12年に設立された公益紗号は江陰県楊舎・北漍・華墅にも販売し、さらに、16年設立の協大紗号は広勤・業勤・振新の3紗廠から綿糸を購入して周辺農村の布荘に販売した。こうして、紗号業の最盛期の19年までに14軒の紗号が創設された[59]。

　一方、紡績工場は1895年に業勤紗廠が設立されてから次々と設立され、1937年には7軒となった[60]。業勤紗廠が主に16番手綿糸を江陰・常熟・武進の織布農家に販売し[61]、慶豊紡織廠の綿糸は無錫・武進・宜興・溧陽・常熟・江陰の織布工場に販売され[62]、あるいは、自家工場の綿布の原糸として用いられることもあり、32年には広勤・慶豊・申新第三の3紡織廠で合計約90万疋の綿布が生産された[63]。また、織布工場は1900年に亨吉利布廠が設立された後、13～32年に堰橋の新塘里・長安橋・東亭・西漳・張村に続々と設立されたが、30年代

初めに県城区にも次々と設立されると、農村の工場は徐々に縮小した(64)。32年の調査によれば、23工場で100万疋以上の綿布が生産され(65)、36年には7工場だけで綿布115.2万疋が生産され(66)、紡織工場の機械製綿布が量的に土布を凌駕していった。なお、慶豊紡織廠と麗新紗廠は土布荘と綢布店から転化したものであり(67)、土布業と織布工場とは断絶しているようにも見えるが、土布荘が土布を買付ける中で資本を蓄積したことや織布工場労働者の多くがかつて織布従事者だったことから見れば、農村部の土布業と都市部の織布工場の間には連続性を見出すこともできる。

土布業は1912年にすでに衰退し、21年の生産量は江陰の2割程度になった。このような急速な衰退の理由は、洋布の流入による土布の排斥、土布業から綿紡織・製糸工場への労働力の移動、土布業の2倍以上の収入が得られたレース編みや養蚕への転向の3点が指摘されている。実際、1900年から洋糸布が大量に流入し、農民の紡織による収入が減少すると、紡織に代わって靴下やレースを編んだり、織布・製糸・繰綿工場の労働者となったりした(68)。あるいは、第一次世界大戦後には市近郊農村の織布従事者も都市部に流入して工場労働者となったと言われている(69)。例えば、業勤紗廠は、設立時に労働者1,000人余りの約80％を占める女子労働者の大部分は破産農家の出身者で(70)、また、慶豊紡織廠が33年に第三工場を設立した時に募集した労働者の大分部は、無錫・江陰・宜興の農村の15～20才の女性だった(71)。

以上、無錫では、非棉産地だったために棉作と土布生産の関連性が弱いことと、上海と同じように都市工業の発展によって賃金労働者へ転化しうる機会が多く、かつ、織布よりも収益の高い副業が普及していたことによって、土布業従事者が賃金労働者へ転化したり、他の副業へ転換したりして土布業が衰退した。だが、上海と違って洋経土緯の土布が生産されなかったのは、棉産地の上海に対して無錫が非棉産地だったことによる。

(2)呉県

清末の地方志によると、呉県周荘鎮の女性が紡いだ土糸が浙江省海寧県硤石

鎮にまで販売されたが[72]、洋糸流入後は土糸生産が激減し[73]、唯亭・東山・横涇・湘城・北橋で新土布が生産された[74]。そもそも、蘇州は土布を加工する踹染（艶出・染色）業の長い伝統を持つことで知られ[75]、明清時期に布号が土布（老布）購入後に染色坊での染色と踹布坊での艶出を経て青藍布として客商に売った。康熙年間には450軒もの踹布坊が設立され、労働者は2万人に達したが、洋布流入後は土布生産と染布は衰退した[76]。清末以来、常熟・江陰・南翔・婁塘・松江・真如・硤石鎮から土布を購入した土布荘は、当地の踹染業者に加工を委託した土布を再販した。そのうち、常熟土布が全体の約80%を占めていた[77]。

　1895年に蘇州で最初に設立された紡績工場の蘇綸紗廠は、常熟・太倉・松江・南通から棉花を購入し、綿糸を呉県・無錫・江陰・常熟・南通・海門の土布生産地に販売した。また、織布工場は1908年に慎昌布廠が設立されてから次々と設立されたが[78]、23年から次々と閉鎖していった。ただし、31年に機械制織布工場を増設した蘇綸紡織廠は、36年に国産の豊田式自動織布機1,040台を装備して白坯布（白布）約90万疋を生産し、31年に蘇綸紡織廠の子会社として設立された中国実業社が蘇州初の機械制染布工場となった[79]。なお、織布機は清末～民国初期は全て手拉機で、布の幅が1.4市尺だったが、13年に設立された益亜布廠が脚踏機40台、公民布廠が20年に脚踏機46台、興業布廠が27年に脚踏機40台を備えるようになり、布の幅も2.4市尺に広がった[80]。

　以上、呉県では、土糸・土布の生産よりも近隣の土布を買い集めて加工する踹染業が発達していたが、洋糸が流入すると、土糸・土布の生産が衰退し、踹染業も徐々に衰退し、都市部には機械制紡織工場が設立された。

(3)武進

　『武進県志』（康熙22年）に東門濶布と小布の名が見え[81]、他の地方志から、県東南部で盛んに土布が生産されたことがわかる[82]。洋糸流入後に交通が不便な西北・西南部では、土布業が衰退したが、東部の湖塘鎮・馬杭鎮では1927年頃に織布機と製品を更新して発展した[83]。また、表6を見ても、土布の生産地

が東部・東南部に集中していたのがわかる。1888年に農家の女性が棉花を買って糸を紡ぎ、芝布・扣布・石門布・北荘布を生産したが、1928年には糸は紡がれず、北荘布が生産されなくなり、洋糸を買入れて織布し、新たに套布・宣布・稀布・店布も生産された。土布の生産量は400万疋弱から700〜800万疋に増加しているが、品質はむしろ1888年の方が長さ幅ともに大きく、布目も緻密で耐久性に富み、優れていた。このような品質の低下に伴い、販路は武進・宜興・溧陽・金壇・丹陽から主に蘇北や安徽省へ変わった[84]。一方、織布農家は1912年頃に10万戸以上に達した後は減少し続け、抗日戦争直前には2万戸足らずになった[85]。

　1860年代に馬杭橋に設立された宏成布荘は、江陰・常熟・南通の棉花を農民に配布して石門布を買い上げる「以花兌布」を行ない、また、1870年代には謝徳順布行と厳永大布行が常州大北門の北荘布を買い上げる「以花兌布」を行なっ

表6　1928年の武進県における土布
(単位：尺、元)

| | 生産量割合 | 生産地 | 幅 | 長さ | 価格 |
|---|---|---|---|---|---|
| 扣布（漢口産の模倣） | 30% | 豊北郷、新安鎮、大寧郷、三河口、東横林、蕉渓鎮、崔橋鎮、洛陽鎮、鄭陸橋、横山橋 | 0.9 | 18 | 0.48 |
| 店布 | 不詳（扣布に次ぐ） | 上店鎮、前横鎮、南夏市、鳴鳳鎮、廟橋鎮、洛陽鎮、塘橋鎮、白家橋、戚墅堰、姚家巷 | 0.95 | 19 | 0.49 |
| 套布（松江標布の模倣） | 25% | 豊北郷、新安鎮、安尚郷、洛陽鎮 | 1 | 24 | 0.7 |
| 石門（浙江省石門産の模倣） | 20% | 孝仁郷、政成橋、安尚郷、東横林、定西郷、周家巷、昇東郷、馬巷橋 | 1.15 | 21 | 0.76 |
| 宣布（大布） | 15% | 昇西郷、鳴鳳鎮、定西郷、周家巷、延政郷、廬家巷、安尚郷、東横林 | 1.2 | 26 | 0.99 |
| 芝布（小布） | 5% | 豊北郷、芙蓉紆 | 0.8 | 15 | 0.34 |
| 稀布（上海県浦東産の模倣） | 5% | 定西郷、周家巷 | 1.1 | 20 | 0.76 |
| 北荘 | 0% | | 0.98 | 20 | 0.58 |

典拠）中支那建設資料整備委員会『江蘇省武進工業調査報告』（1941年）23〜24頁及び徐新吾主編『江南土布史』（1992年）546〜547頁より作成。

表7　武進県における綿布の規格と織布機

| | 織布機 | 幅(尺) | 長さ(尺) |
|---|---|---|---|
| 旧土布 | 投梭織 | 0.9〜1.2 | 18〜21 |
| 改良土布 | 手拉機 | 2〜 | 18〜21 |
| | 脚踏機 | 2.2〜2.6 | 52 |

典拠）『常州市志』第1冊（1995年）825頁。

表8　清代の武進県における土布の規格

| | 濶布 | 荘布 | 門荘布 | 緇布 |
|---|---|---|---|---|
| 幅(尺) | 1.8〜1.9 | 1.3 | 0.9 | 0.9 |
| 長さ(尺) | — | 36 | 22 | 18 |

典拠）『武進陽湖合志』（道光22年修、光緒12年重刊）巻11。

た。そして、1906年には後に裕綸布廠に投資する蔣盤発が14・16番手の日本綿糸を農民に配布して新土布を買い上げる「以紗換布」を行ない、西部・南西部の奔牛・湟里鎮・夏渓に販売した。さらに、12年頃に布荘による放紗収布が始まると、土布の原糸は全て洋糸となり、土糸の生産は消滅した。このように、放紗収布が盛んになると、布荘は綿紗号から購入した洋糸を農民に前貸して新土布を買い集めて城内の西瀛里の布行に販売し、布行は武進・江陰・無錫・常熟・嘉定・南通・平湖・硤石鎮から運ばれてきた土布を買い付け、常州の布号・色布号に販売したり、溧陽・金壇・宜興・高淳・武進・丹陽の布店に掛け売りしたりした。また、布号は布行から購入した白布を染坊に加工させて色布とし、主に蘇北・安徽・浙西に販売した。一方、染布は元来は蘇州が著名で、布号は蘇州に染布を委託していたが、徐々に常州でも染坊が発展し、武進・無錫・江陰・常熟の白布も常州に運ばれて染められた[86]。当初は常州城区北門一帯に多かった染坊は、徐々に土布生産地に近接する南門浦前（丫叉浦）に集中し、1928年には染坊が233軒、踹光坊が300軒余りに増加した[87]。

　1916年に大綸機器織布廠が力織機を使い、振余布廠が脚踏機に代えると、湖塘橋一帯の農家も次々と脚踏機を用いるようになり、また、第一次世界大戦後に多くの織布工場が閉鎖すると、女子労働者が未払い賃金の代わりに脚踏機を持ち帰り[88]、37年には馬杭橋・鳴凰・周家巷一帯の湖塘地区の脚踏機は約1.5万台となった。そして、投梭機で織られた芝布・宜布・扣布・石門は幅0.8～1.2尺・長さ18～21尺の小布だったが[89]、1901年に洋糸と手拉機を用いてからは幅2尺以上の改良土布が生産された[90]（表7・表8を参照）。また、20年から常豊布荘が縦糸を軸に巻き付けた盤頭紗を前貸して改良土布を回収し、盤頭紗を用いることで織布作業前の製経の作業が不用となり、綿布生産量が増加した[91]。さらに、幅2.2尺・長さ50尺の条布（寧条布・愛国布・改良土布）よりも大きな幅2.2尺・長さ104尺の斜紋布（雲齋布）と幅2.6尺・長さ104尺の細布（生金布）の生産では力織機が用いられ、その生産能力は手拉機の10倍、脚踏機の5倍となった[92]。

　さて、常州で1919～22年に設立された広新・常州・大綸・利民の4紡績工場

表9　1937年以前における常州の織布工場

| 工　場　名 | 設立年 | 織　布　機 | 備　　考 |
|---|---|---|---|
| 洪昌布廠 | 1904年 | | 1911年までに手工制織布工場 |
| 晋裕布廠 | 1906年 | 手拉機100台余り | 10軒余りと手工染坊100軒 |
| 裕綸布廠（土布商人より転換） | 1911年 | | 近く設立 |
| →大綸布廠→1920年大綸紗廠 | 1916年 | 織布機280台 | 常州初の機械制織布工場 |
| 振余、錦綸、天泰、公信、広豊、汪永裕、天孫、通恵 | 1916年頃 | | 手工制工場 |
| 益勤染織廠 | | 織布機50台から100台へ | 常州初の色織廠 |
| 大文染織廠（布荘より転換） | 1925年啓業 | （力織機100台） | 染織工場は1921 |
| 意誠染織廠（布荘より転換） | 1927年以前 | 1937年織布機260台 | 年の20軒から |
| 協盛染織廠（布号より転換） | 1928年以降 | 1935年脚踏機120台 | 1937年に40軒余 |
| →分工場 | 1936年 | 織布機120台 | りに増加 |
| 裕民染織廠（布号より転換） | | 1937年織布機280台 | |
| 恒源暢染織廠（布号より転換） | 1935年 | 1937年織布機224台 | |
| 広益布廠（→広益染織廠） | | 織布機50台 | 湖塘や小留の農民に織布を委託 |
| 公信布廠（布号を兼ねる） | | | |
| 常豊布廠（←常豊布荘） | 1934年 | | 1920年に前貸問屋制を展開 |
| 湖塘鎮邵舎村棉織生産合作社 | 1928年 | | 後に馬杭橋、周家巷、鳴凰にも普及 |
| 降子郷織布生産販売合作社 | 1934年 | 1936年第一・二工場で鉄機10台・鉄木機24台 | |

典拠）『常州市志』第1冊（1995年）800～802頁。「常州紡織工業史話」（『常州文史資料』第3輯、1983年6月）3～20頁。『中国実業誌（江蘇省）』（1933年）第8編78～81頁。『武進県志』（1988年）344～345頁。呉永銘「武進織布工業調査」（『国民経済建設』第2巻第4期、1937年4月）2～4頁。『江南土布史』（1922年）558頁。

は、30年代には民豊・大成・通成の3紡績工場へと代わった[93]。だが、通成紗廠は規模が非常に小さく、綿糸生産量がやや多かった大成紗廠や民豊紗廠は、織布も兼ねていたために余剰分がわずかで、織布工場の需要を満たすことはできなかったので、上海や無錫から大量の綿糸が移入された[94]。また、大綸久記紗廠も20年代末には綿布12万疋を生産していた[95]。

　1932年の調査によれば、織布工場は、武進に18軒あり、100万疋以上の綿布を生産していたが[96]、37年にあった30軒余りのうち20軒が湖塘地区に集中していた[97]。また、降子郷の織布生産販売合作社は一時は不振だったが、36年には非常に利益をあげ、規模を拡大した。そもそも、36年は常州の織布業が旺盛となり、湖塘橋鎮一帯では農家の女性を雇い入れた織布作業場が増加したが[98]、裕綸・公信・常豊布廠や大文・意誠・協盛・裕民・恒源暢染織廠のように布号

や布荘から織布工場への直接的転化も見られた（表9を参照）。37年以前に常州で織布工場が急速に発展した理由は、かつて土布を生産していた東南部の農家の女性が安価な労働力となったこと、戚墅堰電廠からの充分な電力供給と新たな発電所の設立によって電力料金が低下したこと、上海や無錫の紡績工場が洋糸（盤頭紗）を供給したことの3点にあったと説明されている[99]。

以上、常州・武進では、商人による綿布の収買は棉花兌布→以紗換布→放紗収布へ、そして、前貸問屋制が衰退して織布工場が発展し、また、農民による綿製品の生産は紡糸・織布→織布へ、織布機は手拉機や脚踏機も長期的に併存していたが、投梭機→手拉機→脚踏機→力織機（すなわち手工制から機械制）へ、綿布は小布・土布→改良土布・模倣機械製綿布・機械製綿布へ、さらに、土経土緯から洋経洋緯へ変化した。

## おわりに

1疋の大布を織り上げるのに棉花2斤を要したというから[100]、棉花1万担で50万疋の大布を生産することができ、大布のほぼ半分の大きさの小布の場合は棉花1万担で100万疋を生産できることになる。大布で試算すると、江陰では年間1～3万担の棉花が生産されていたから、土糸のみを用いた場合は50～150万疋生産でき、洋経土緯の場合は100～300万疋生産できることになり、また、常熟・太倉では年間5～10万担の棉花が生産されていたから、土経土緯の場合は250～500万疋、洋経土緯の土布は500～1,000万疋生産できることになり、小布の場合は各々ほぼ2倍となる。

以上のことを実際の土布生産量と比較すると、江陰では最盛期の1920年頃には約150万疋の大布を含む1,000万疋近くの土布が生産されていたから、不足する棉花・綿糸を移入せざるを得ず、一方、常熟では最盛期の20～30年代に土経土緯・洋経土緯の熟布（小布）が700～800万疋生産され、太倉では抗日戦争前の土布生産量は50万疋だったというから、両県ともに余剰棉花を紡績工場向けに移出せざるを得なかったことになる。すなわち、江陰の棉花の相当部分が土

糸・土布生産のために消費されたのに対し、常熟・太倉の棉花の多くがそのままで販売されたと考えられる。

　近代蘇南の土布業の展開にとっても、棉産地だったか否かは重要だった。すなわち、棉産地だった江陰・常熟・太倉3県では、その豊富な棉花を用いて早くから土糸・土布が生産され、洋糸流入後も完全には土糸を放棄せず、洋経土緯の土布生産が維持され、土布業が持続的に発展した。一方、非棉産地の無錫・呉県・武進では、洋糸流入前に棉花ないし綿糸を購入して土布を生産していたため、洋糸流入後は江陰・常熟に比べて新土布生産の占める割合が大きくなり、改良土布への急速な変化が起こり、新土布業が興隆したが、その衰退は急激だった。ただし、このような新土布業の衰退は、他の副業・手工業への転換や工場労働者化と並行した動きで、必ずしも農村経済の衰退を意味するものではなかった。

　紡績工場は非棉産地の無錫・蘇州・常州に多く、原棉は沙州、江陰・常熟・南通から供給され、これらの紡績工場で生産された綿糸は、無錫・蘇州・常州ばかりでなく、江陰・常熟の織布工場や織布農家にも供給された。また、江陰・常熟の土布（白布）の多くは、ひとまず無錫・蘇州・常州へ運ばれて染色や艶出がなされ、再販された。このように、近代蘇南の土布業は地域間分業を形成しつつ二極化しながら発展したと見ることができる。

　他方、土布業の展開と機械制綿業の発生・展開との間には関連性と非連続性を見出すことができる。すなわち、農村の土布生産者の中から織布工場の設立者が出現したわけではなく、手工制織布工場が機械制織布工場に発展していったわけでもなかったが、棉作農家の土布生産と土布商人の買付あるいは前貸問屋制の展開（資本蓄積）→土布商人による手工制織布工場の設立と従来の土糸・土布生産農民の労働者化→商人資本による機械制紡織工場の設立と従来の土布生産農民の労働者化、という流れがあったことを確認できた。

注
(1)宋如林・石韞玉等『蘇州府志』（道光4年）巻十八．物産、布之属、木棉布。同前、

巻十八．物産、雑植之属、棉花。李銘晥・馮桂芬等『蘇州府志』(同治年間修・光緒9年重刊)巻二十．物産、布之属。尹継善・黄之雋等『江南通志』(乾隆2年)巻八十六．食貨志、物産、常州府・蘇州府・太倉州。雅爾哈善・習雋等『蘇州府志』(乾隆13年)巻十二．物産、布之属。王奝等纂『太倉州志』(1919年)巻三．風土。趙錦修・張袞纂『江陰県志』(明・嘉靖26年)巻六．食貨記第四下、土産、草之属。

(2) 若干言及したものとして、波多野善大「アヘン戦争後における棉織の生産形態」(『中国近代工業史の研究』(京都大学文学部内)東洋史研究会、1961年)、副島圓照「日本紡績業と中国市場」(『(京都大学人文科学研究所)人文学報』33号、1972年2月)、森時彦「武進工業化と城郷関係」(森時彦編『中国近代の都市と農村』京都大学人文科学研究所、2001年)があるが、詳細は本編第1章を参照されたい。

(3) 銭達人・陸君秀・孫坤南・邢哲安「江陰土布的沿革」(『江陰文史資料』第2輯、1991年5月。初版は1962年3月。以下、同じ。)125頁・128頁。なお、1962年1月に新設された沙州県は、民国期、東部が常熟県、また、西部が江陰県に属していたが、1986年9月には張家港市と改名された(張家港市地方志編纂委員会弁公室編『沙州県志』江蘇人民出版社、1992年、3頁・24頁・42頁・76～87頁)。

(4) 徐新吾主編『江南土布史』(上海社会科学院出版社、1992年)464～479頁。

(5) 前掲「江陰土布的沿革」128頁。

(6) 前掲書『江南土布史』471～480頁。

(7) 江蘇省江陰市地方志編纂委員会編『江陰市志』(上海人民出版社、1992年)368頁。

(8) 「江陰布廠公会要求錫廠恢復例期出紗弁法」(『紡織時報』第554号、1928年11月15日)。

(9) 祝耀長「抗戦前江陰工商業発展概況」(『江陰文史資料』第3輯、1986年5月)76頁。

(10) 薛韶成「利用紗廠的沿革」(『江陰文史資料』第2輯、1991年5月)132頁。

(11) 前掲書『江陰市志』(1992年)371頁。

(12) 張儒彬「江陰布廠業的鼻祖華澄布廠」(『江陰文史資料』第5輯、1984年10月)36頁。

(13) 任光「南閘七廠八百女工罷工」(『江陰文史資料』第10輯、1989年9月)41頁。

(14) 茅黄山「淪陥期間日寇蹂躪江陰各紡織廠惨況」(『江陰文史資料』第10輯、1989年9月)55頁。

(15) 前掲書『江陰市志』(1992年)240～241頁・243頁・253頁・287頁・365頁。

(16) 羅瓊「江蘇江陰農村中的労働婦女」(『東方雑誌』第32巻第8号、1935年4月16日)88頁。

(17)前掲、祝耀長「抗戦前江陰工商業発展概況」76頁。
(18)前掲書『江南土布史』474〜477頁。
(19)前掲書『江陰市志』（1992年）365頁。
(20)鄧韍撰『常熟県志』（明・嘉靖18年）巻四．食貨志。姚宗儀編・写本『常熟私志』（明）四巻．叙産、貨。劉鼎・銭陸燦等『常熟県志』（康熙26年）巻九．物産、布之属。王錦・言如泗等『常昭合志』（乾隆58年修・光緒24年校印）巻一．風俗。鄭鍾祥・龐鴻文等『重修・常昭合志稿』（光緒30年）巻六．風俗志。同前、巻四十六．物産志。
(21)前掲書『江南土布史』511〜512頁。
(22)「清国江蘇省常熟商工業視察復命書」（『通商彙纂』第192号、1901年4月30日）91頁。
(23)常熟市地方志編纂委員会編『常熟市志』（上海人民出版社、1990年）262頁。
(24)前掲書『江南土布史』513頁。
(25)同上書、524頁。
(26)顧砥中「常熟土布的生産和流通的概況」（中国人民政治協商会議江蘇省常熟市委員会・文史資料研究委員会編『文史資料輯存』第2輯、1984年7月。初版は1962年12月。）123頁。
(27)前掲書『江南土布史』512頁。
(28)前掲、顧砥中「常熟土布的生産和流通的概況」124頁。
(29)前掲書『江南土布史』511〜512頁・531頁。
(30)満鉄上海事務所調査室『江蘇省常熟県農村実態調査報告書』（南満州鉄道株式会社、1940年）50頁。
(31)同上書、48頁。なお、裕泰紗廠（労働者1,000人余り）は、1年後に経営不振で操業を停止した後、次々と経営者・工場名を代え、1934年に創設者に回収されて裕泰紗廠として復活した（前掲書、『常熟市志』（1990年）337〜338頁）。
(32)「支那ノ棉花ニ関スル調査(江蘇省、浙江省、安徽省)」『支那ノ棉花ニ関スル調査（其ノ一）』（1918年）91頁。
(33)前掲書『常熟市志』（1990年）338〜339頁。
(34)前掲書『江蘇省常熟県農村実態調査報告書』49頁。
(35)「常熟之経済状況」（『中外経済週刊』第214期、1927年6月4日）13〜14頁。
(36)前掲書『常熟市志』（1990年）210頁・260〜261頁。

(37)前掲書『江南土布史』511頁。
(38)前掲「常熟之経済状況」11頁。
(39)前掲書『江蘇省常熟県農村実態調査報告書』41～42頁。
(40)前掲、顧砥中「常熟土布的生産和流通的概況」124頁。
(41)前掲「常熟之経済状況」15頁。
(42)王咅等纂『太倉州志』（1919年）巻三．風土。
(43)太倉県県志編纂委員会編『太倉県志』（江蘇人民出版社、1991年）216頁。
(44)周廷棟「各地農民状況調査／太倉（江蘇省）」（『東方雑誌』第24巻第16号、1927年8月25日）123頁。
(45)実業部国際貿易局編『中国実業誌（江蘇省）』（1933年）第8編89頁・94頁。
(46)呉清堂「滬海道区実業視察報告」（『農商公報』66期、1920年1月）10～11頁。
(47)前掲「支那ノ棉花ニ関スル調査（江蘇省、浙江省、安徽省）」92頁。
(48)前掲書『太倉県志』（1991年）271頁。
(49)前掲「滬海道区実業視察報告」10頁。
(50)満鉄上海事務所調査室『江蘇省太倉県農村実態調査報告書』（上海満鉄調査資料第35編、南満州鉄道株式会社上海事務所、1940年）6～7頁。
(51)「無錫之米産調査」（『工商半月刊』第2巻第15号、1930年8月1日、調査）3～4頁。
(52)無錫市地方志編纂委員会編『無錫市志』第二冊（江蘇人民出版社、1995年）1,490頁。
(53)宮崎市定「明清時代の蘇州と軽工業の発達」（『東方学』第2輯、1951年）。
(54)蘇州市地方志編纂委員会編『蘇州市志』第二冊（江蘇人民出版社、1995年）684頁。
(55)張泳泉・章振華「無錫的土布業」（茅家琦・李祖法主編『無錫近代経済発展史論』企業管理出版社、1988年）249～251頁。
(56)前掲書『無錫市志』第二冊（1995年）874頁。
(57)尤興宝・呉継良「無錫紡織工業発展簡史」（『無錫文史資料』第12輯、1985年11月）71頁。
(58)前掲書『無錫市志』第二冊（1995年）567頁・571～572頁。
(59)過炳泉・張泳泉「無錫紗号業的歴史概況」（『無錫文史資料』第9輯、1984年12月）32～37頁。
(60)前掲書『無錫市志』第二冊（1995年）873頁。

(61)王賡唐・馮炬・顧一群「記無錫著名的六家民族工商業資本」(『江蘇文史資料集粹』経済巻、1995年) 32頁。
(62)朱龍湛「抗戦前無錫棉紡工業概況」(『無錫文史資料』第 7 輯、1984年 5 月) 70頁。1932年の調査によれば、宜興の 3 工場が労働者68人・手拉機58台で年間9,600疋の廠布を生産した (前掲書『中国実業誌(江蘇省)』第 8 編84頁)。
(63)前掲書『中国実業誌(江蘇省)』第 8 編75頁。
(64)無錫県志編纂委員会編『無錫県志』(上海社会科学院出版社、1994年) 342頁。
(65)前掲書『中国実業誌(江蘇省)』第 8 編75～77頁。
(66)王賡唐・湯可可主編『無錫近代経済史』(学苑出版社、1993年) 101頁。
(67)前掲論文、朱龍湛「抗戦前無錫棉紡工業概況」69頁・72頁。
(68)前掲書『江南土布史』568頁・573～574頁。
(69)前掲論文、張泳泉・章振華「無錫的土布業」252頁。
(70)注(61)に同じ。
(71)王敏毅・尤興宝「無錫慶豊紡織廠三十年代企業管理的改革」(『無錫近代経済発展史論』) 113頁。
(72)陶煦『周荘鎮志』(光緒 8 年) 巻一. 物産、紗布之属。
(73)前掲書『江南土布史』582～583頁。
(74)呉県地方志編纂委員会編『呉県志』(上海古籍出版社、1994年) 492頁。
(75)清代の踹布業については、横山英「踹布業の生産構造」(『中国近代化の経済構造』亜紀書房、1972年) が参考になる。当該論文は、横山英「清代における踹布業の経営形態」(『東洋史研究』第19巻第 3・4 号、1960年12月・1961年 3 月)、同「清代における包頭制の展開——踹布業の推展過程」(『史学雑誌』第71編第 1・2 号、1962年 1・2 月)を加筆・修正したもので、踹布業の経営形態をマニュファクチュアとしている。
(76)前掲書『蘇州市志』第二冊 (1995年) 114頁。
(77)前掲書『江南土布史』598～599頁。
(78)同上書、101頁・105～106頁。
(79)前掲書『蘇州市志』第二冊 (1995年) 95頁・106頁・115頁。
(80)前掲書『中国実業誌(江蘇省)』第 8 編108頁。
(81)陳玉琪・黄永『武進県志』(康熙22年・1683年) 巻十三. 物産。
(82)于琨修・陳玉琪纂『常州府志』(康熙33年・1694年) 巻十. 物産、布帛之属。張球・

湯成烈等『武進陽湖県志』(光緒5年・1879年) 巻二. 賦役、土産、服用属。
(83)江蘇省武進県県志編纂委員会編『武進県志』(上海人民出版社、1988年) 344頁。
(84)中支建設資料整備委員会 (上海・興亜院華中連絡部内)『江蘇省武進工業調査報告』(中支建設資料整備事務所編訳部、1941年) 22〜24頁。ただし、原典の于定一『武進工業調査録』(商務印書館、1929年) は入手できなかった。
(85)呉永銘「武進織布工業調査」(『国民経済建設』第2巻第4期、1937年4月、調査) 4頁。同「武進織布工業調査 (続完)」(『国民経済建設』第2巻第6期、1937年6月、調査) と合わせて邦訳として、上海事務所調査室訳「常州 (武進) に於ける織布工業」(『満鉄調査月報』第22巻第10号、1942年10月) があるが、一部に誤訳がある。
(86)前掲書『江南土布史』548〜557頁。
(87)「常州紡織工業史話」(『常州文史資料』第3輯、1983年6月) 4頁。
(88)常州市地方志編纂委員会編『常州市志』第1冊 (中国社会科学出版社、1995年) 802頁・823〜824頁。
(89)前掲論文「常州紡織工業史話」2〜3頁。
(90)前掲書『武進県志』(1988年) 344頁。
(91)森時彦「武進工業化と城郷関係」(森時彦編『中国近代の都市と農村』京都大学人文科学研究所、2001年) 259頁によれば、盤頭紗は、日本では千切糸と呼ばれるもので、購入棉花から土糸を紡いで投梭機を用いて土布を織った場合と比べて、盤頭紗と脚踏機を用いた場合の製織能率は7倍以上になるという。
(92)前掲書『江蘇省武進工業調査報告』25〜28頁。
(93)前掲書『常州市志』第1冊 (1995年) 814頁。
(94)前掲論文、呉永銘「武進織布工業調査 (続完)」1〜2頁。
(95)「各省建設事業統計彙編 (続)」(『建設』第10期、1931年1月、統計) 13頁。
(96)前掲書『中国実業誌 (江蘇省)』第8編78〜81頁。
(97)前掲書『武進県志』(1988年) 344〜345頁。
(98)呉永銘「武進織布工業調査」(『国民経済建設』第2巻第4期、1937年4月) 4頁。
(99)前掲書『江南土布史』559頁。
(100)同上書『江南土布史』478頁。

# 第4章　蘇北土布業の二重性

## はじめに

　近代南通土布業は、かつて大生紗廠やその創設者の張謇との関係に関する研究の一部として分析され[1]、1973年に中井英基が初めて本格的に論じ[2]、また、1992年に星野多佳子が一層詳細に論じたが[3]、筆者には依然として残された課題があるように思われる。

　まず、中井論文は、プロト工業化論を援用して分析した点に特長があるが、貧困な小農経済（封建的・半封建的経済）とそこから析出される余剰人口によって土布業発展の限界性を説明した点は、中国社会を質的発展のない停滞社会とする見方を支持することにつながる。むしろ、プロト工業化論を援用するのであれば、「前貸問屋制が普及するのは地味の劣悪な農村で、都市に居住する前貸問屋が相対的過剰人口である零細農の家族労働を低賃金で雇用」し、「農村工業地帯の近傍の地味の良好な地域に市場向け農業が発展する」[4]という面、すなわち「一方では農村工業、他方では生産性の高い大規模な主穀生産へと特化する」[5]という地域間分業の面を重視するべきだろう。

　一方、星野論文は、規格（関荘布→中機布→大機布）、原料綿糸（土糸→洋糸）、織布機（投梭機→手拉機→脚踏機）、生産・経営形態（家内手工業→前貸問屋制・工場制手工業）の質的変化を伴いつつ、量的増加をもたらしたというように、発展的側面を重視する視角に立っていたため、古い土布の形態をほぼ維持していたとされる土小布及び主にそれを扱った県荘に関する分析が不十分である。

　以上から、本章における分析の重点は、古い形態をほぼ維持していたと見なされてきた土小布についても充分に考察を加え、また、南通ばかりでなく、南通土布業の展開と密接な経済関係を有していたと考えられる裏下河一帯[6]をも含めて、土布の生産が農村経済構造の中で占める位置について考察することに

置かれる。

## 1　土布生産の動向

(1)土布の種類

　土布の生産は、明代に浦東から崇明を経て南通や海門に伝播し[7]、1870〜80年に初めて蘇北の宿遷県の客商が南通県二甲鎮・金余鎮・候油搾で土布を買付け、その後、裏下河一帯の米商や山東省の客商が南通県金沙鎮・興仁鎮で専門的に土布を買付けたというから[8]、19世紀末からようやく本格化したと考えられる（図1を参照）。そもそも、明代以来、南通の土布は品質が粗雑で幅も長さも不統一な稀布が生産され、紗布や通布と俗称され、棉花とともにそれを包む袋として蘇北・山東省・東北に売られていた[9]。

　なお、1920年代には、大布［幅1.15〜1.35尺・長さ46〜52尺］・小布［幅0.85尺・長さ23〜26尺］・藍布に分類され[10]、また、1930年代には、大機布（雪恥布）［幅2.2尺・長さ80尺］・中機布［幅1.8尺・長さ54尺］・小機布［幅0.82〜1.28尺・長さ16〜30尺］に分類され[11]、あるいは、仕向先から関荘布（関荘大布）と県荘布・京荘布に大別され、県荘布・京荘布を小布・大布・尺一五・二四堤・帳紗布・紅辺布・藍貨布に分類することもある[12]。

　地方志類を見ると、近代には蘇北でも様々な土布が生産されたことがわかる。例えば、通州の土布は厚くて非常に丈夫で、様々な種類がある中で良いものを沙布ないし家機布と呼んだとしているが[13]、家機布は農民の自給用だったとも言われ[14]、江都県の家機布もやや見劣りし、布目が粗く、幅2.1〜2.2尺で、厚手で耐久性があり[15]、一方、沙布は大尺布のことで、北沙（啓東）で生産された[16]。また、海門庁では大布、小布、布目の粗い単纂布、撚糸を用いた綾布、青色と白色の綿糸で交織した間布が生産され[17]、崇明の土布も大布［幅1.8〜1.9尺・長さ80〜90尺］と小布［幅1尺・長さ40尺］の他に、布目が粗くて蚊帳として用いた単纂布、厚みがあって丈夫な綾布、間布が生産され、間布は柳條布・格子布・蘆蓆布・馬蹬布に分けられ、特に大布は厚みでは他の布に勝り、また、

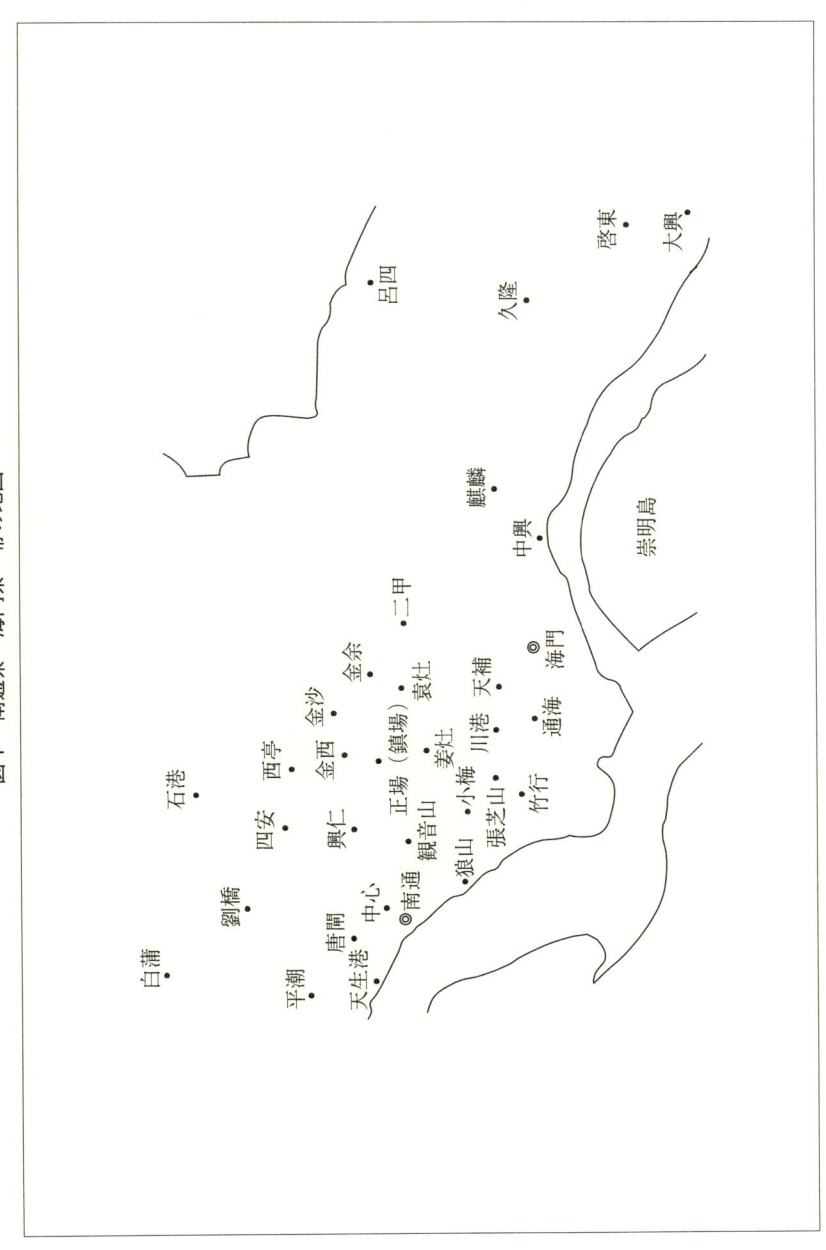

図1 南通県・海門県一帯の地図

表1　1929年の南通県における土布の種類別販売量

|  | 販売量 | 原料綿糸重量 | 販　　売　　先 |
|---|---|---|---|
| 白大布 | 200万疋 | 8,400～13,200両 | 東北、浙江、福建、江西、安徽、南京、蘇北、南通 |
| 堤土小布 | 500万疋 | 6,000～12,500両 | 蘇北各県、浙江 |
| 雪恥布 | 110万疋 | 8,800～10,780両 | 浙江、安徽、上海、江蘇 |
| 色大布 | 45万疋 | 1,080～2,160両 | 浙江、安徽、江西、蘇北、南京 |
| 32碼条布 | 40万疋 | 1,600両 | 蘇北各県 |
| 32色布 | 20万疋 | 300～640両 | 浙江、安徽、江西、蘇北、南京 |
| 水紗布 | 6万疋 | 96両 | 蘇北各県、南通 |
| 各色線布 | 3万疋 | 288両 | 南通 |
| 合　　計 | 1,104万疋 |  |  |

典拠）「1929年南通土布産銷統計表（上海紡織学会唐漢才調査推計）」（『近代南通土布史』332頁）。

表2　1920年代末の南通県における土布の仕向地別販売量

|  | 販売量 | 仕　　　　向　　　　地 |
|---|---|---|
| 関荘 | 320万疋 | （東北）320万疋［大白布］ |
| 京荘 | 69.79万疋 | （南京）29.7万匹疋［白色大布］<br>（浦口2.64万疋、当塗3.3万疋、采石1.65万疋）7.59万疋［白色大布］<br>（蕪湖）32.5万疋余り［藍布（小布）］ |
| 県荘 | 155.8万疋 | （蘇北各県）124.8万疋［白小布86.4万疋,白大布38.4万疋］<br>（浙江、安徽、江西、福建）31万疋［白小布14万疋,白大布12万疋,藍小布5万疋］ |
| 合計 | 545.59万疋 | 大白布357.29万疋、白大布50.4万疋、白小布100.4万疋、藍小布37.5万疋 |

典拠）徐新吾『紡織週刊』（第1巻第29期、1931年10月10日）。

蘇北の青口（贛楡）に販売するものを青荘布と呼び、東北の牛荘や洋河に販売するものを関荘布と呼んだ[18]。さらに、靖江の土布も非常に丈夫だったが[19]、洋糸と高機を用いて織った江都の高機布は、見かけは美しいが、厚みと丈夫さに欠け、大橋市付近では自作棉花や通州棉花から紡いだ糸を用いて幅約1.2尺の橋布が生産され、他にも、県城の柳條布・隔布、揚州市区・邗江の柳條布・隔布、興化の方機布、如皋の石荘土布・如皋城紅青布があった[20]。

(2)土布の販売量と販売先

　蘇北各県の土布生産量を見てみると、崇明では『崇明県志』（1924年修・1930年刊）に年間約5万疋販売されたとあり[21]、海門では1931年に45万疋生産さ

表3　1931年前後の南通県における土布種類別販売量の変化

| | 1931年以前 | | 1931年以降 | | | |
|---|---|---|---|---|---|---|
| | 生産・販売量 | 販売先 | 生産・販売量 | | | 販売先 |
| 雪恥布<br>(改良布、大機布) | | | 1932年<br>100万疋 | 1933年<br>80万疋 | 1934年<br>60万疋 | 浙江、安徽、湖北、福建、広東、江西、江蘇 |
| 中機布 | | | 90万疋 | 70万疋 | 50万疋 | 江北 |
| 白大布 | 600万疋 | 東北、浙江、安徽、蘇北 | 300万疋 | | | 東北 |
| 土小布 | 400万疋 | 蘇北 | 300万疋 | | | 浙江、安徽、江南、江北 |
| 二四堤布 | 150万疋 | 蘇北 | 120万疋 | | | |
| 色大布 | 70万疋 | 浙江、安徽、蘇北 | 60万疋 | | | |
| 三二藍布 | 50万疋 | 浙江、福建、蘇北 | 40万疋 | | | |
| 双堤布 | 50万疋 | 蘇北 | 40万疋 | | | |
| 合計 | 1,370万疋 | | 1,020～1,100万疋 | | | |

典拠）『近代南通土布史』334～335頁。

れ[22]、靖江では2,954戸が年間5.51万疋生産したという[23]。だが、生産量が圧倒的に多かったのは南通で、光緒年間（1874～1908年）初期に1,700万疋余り、1927～29年の最盛期には3,132万疋に達し[24]、このうち関荘布は最盛期の光緒年間に1,080万疋生産されたが、民国期には年々減少し、31年に年間約360万疋となり、9・18事変以降は80万疋余りに激減し[25]、これに代わって、中機布と大機布の生産が各々25年と33年から盛んになり、上海を経由せずに江南各省・広東・広西・東南アジアに販売された[26]。

さて、表1と表2を見ると、1920年代末の主な南通土布は白大布・堤土小布・雪恥布（改良布）で、販売先では関荘の取扱う東北向けの大白布が最多で、県荘の取扱う蘇北向けを主とする白小布、京荘の取扱う南京・安徽向けの白色大布が続いた。特に東北向けの白大布に次いで蘇北向けの土小布が相当数生産されたことに注目したい。

さらに、表3を見ると、南通土布の販売量は、1931年以前は1,370万疋だったが、32年に1,100万疋に、34年に1,020万疋に減少した。全ての土布が31年を境に減少しているが、最も激減したのは600万疋から300万疋となった匹白大布で、白大布は31年以前の販売先が東北・浙江・安徽・蘇北だったのに対し、31年以降は東北のみとなり、逆に、土小布・二四堤布は31年以前の販売先が蘇北

表4　1933年の南通県における土布の種類別販売量

| | 販売量 | 販　売　先 |
|---|---|---|
| 白　大　布 | 200万疋 | 関荘、京荘、県荘、抄荘、灰坯 |
| 双　堤　布 | 110万疋 | 江北各県、浙江 |
| 通　土　布 | 250万疋 | 東台、興化、如皋、泰県、塩城、阜寧 |
| 長　尖　布 | 80万疋 | 塩城、阜寧 |
| 堤　尖　布 | 70万疋 | 高郵、宝応、靖江、淮城 |
| 改良雪恥布 | 110万疋 | 江南、江北、浙江 |
| 改良條格布 | 40万疋 | 塩城、阜寧、興化、東台 |
| 色　大　布 | 45万疋 | 江北各県、南京、安徽 |
| 三二色布 | 20万疋 | 浙江 |
| 水　紗　布 | 4万疋 | 江北各県 |
| 改良線平布 | 3万疋 | 南通、江北各県 |
| 高　巾　布 | 2万疋 | 江北各県 |
| 計 | 934万疋 | |

典拠）童潤夫「南通土布業概況及其改革方案（附表一「南通土布産銷調査表（民国二十二年）」）」（『棉業月刊』第1巻第2期、1937年2月）224頁。

表5　1933年の南通土布の販売

| | 販売量 | 販　売　先 |
|---|---|---|
| 関　　荘 | 880,000疋 | 営口、ハルビン、大連、安東 |
| 京　　荘 | 349,272疋 | 南京、鎮江 |
| 蕪　湖　荘 | 176,250疋 | 蕪湖、安慶 |
| 灰　坯　荘 | 183,560疋 | 広東（上海染色店経由） |
| 県　　荘 | 750,000疋 | 裏下河一帯 |
| 尺土套坯 | 800,000疋 | |
| 改良大機布 | 15,400疋 | 付近の各省 |
| 大　機　布 | 840,000疋 | |
| 計 | 3,994,482疋 | |

典拠）叔瑾「最近南通土布業概況」（『紡織時報』第1,083号、1934年5月10日）3,160頁。

のみだったのに対し、31年以降は浙江・安徽・江蘇3省に拡大している。一方、華中・華南向けの雪恥布（改良布、大機布）60〜100万疋と江北向けの中機布50〜90万疋が新たに生産・販売された。

また、表4から、1933年における南通土布の販売量と販売先を見ると、関荘・京荘・県荘・抄荘・灰坯を含む白大布が400万疋から半減した。だが、新たに雙提布が江北・浙江に110万疋、改良雪恥布が江南・江北・浙江に110万疋、通土布が東台・興化・如皋・泰県・塩城・阜寧に250万疋、長尖布が塩城・阜寧に80万疋、提尖布が高郵・宝応・靖江・淮城に70万疋、改良條格布が塩城・阜寧・興化・東台に40万疋販売された。総じて、改良條格布と土小布に包括できる通土布・長尖布・堤尖布が蘇北の裏下河一帯に多く販売された。そして、表5を見ると、1933年における南通土布の販売量は約400万疋だったが、県荘布75万疋と尺土套坯布80万疋を合わせた裏下河一帯への販売量が最も多かったことがわかる。なお、1935年、南通の大布・改良布300万疋余りは関荘・京荘・県荘を通じて蘇南と省外に販売されるものが多かったが、小布300万疋余りは

県荘や小販を通してほとんどが裏下河一帯に販売された[27]。

以上のような状況は、1932年頃に南通県に150余りあった布荘の数にも反映しており、東北を主たる仕向地とする関荘が10余りにすぎなくなっていたのに対して、江蘇省南京・浦口や安徽省当塗・蕪湖・采石を仕向地とする京荘が約40、鎮江、裏下河一帯の塩城・興化・阜寧・高郵・宝応・東台・揚州、安徽省屯漢・績渓・祁門・懐寧、浙江省金華・蘭谿、江西省玉山・広豊を仕向地とする県荘が90余りとなっていた[28]。

以上、南通土布の最大の仕向地だった東北への販売が1931年以降には激減したが、逆に、蘇北の裏下河一帯への販売は増加し、南通土布の主要な仕向地となった。

(3)土布の生産地

1918年の調査では、通州一帯の到るところで土布が生産され、特に川港・対橋・石港・白浦・獅子鎮などが最も盛んで[29]、また、30年の調査では南通・海門両県境地域で織布が盛んだったとされ[30]、あるいは、33年頃には南通県城区を中心として東部の袁灶港・侯油・金沙・鎮場(正場)、南部の姜灶港・川港・通海橋、西北部の平潮・白浦が生産地だったとされている[31]。特に、南通の織布区域では、30年代にも半ば織布に頼って生活している者が54％、完全に織布に頼って生活している者が38％いた[32]。

南通一帯では、大尺布のうち洋糸を用いた大牌布と小牌布が多く、大牌布は県城近郊・鎮場(正場)・川港鎮・姜灶港で、また、小牌布は中心鎮(南通市街地)や啓東県久隆鎮・大洪鎮で生産され、他方、土小布に包含される套布や尺土は南通県東南部で、州土は南通県城周辺で生産され、主に土糸を用いた土小布や紗帯・水紗布(帳紗)の主要な生産地として興仁(新地)・平潮(三十里鎮)・白蒲・金沙・西亭があった。このうち、興仁では元・明以来、帯子・高麗手巾・頭縄として用いた紗帯と主に蚊帳として用いた水紗布が生産され、1884年の洋糸流入や1899年の大生紗廠操業後も依然として独自の一派をなした。また、平潮では、土糸を用いた藍子や頭縄が裏下河一帯に、土糸が蕪湖に、小

布・大布・藍貨が泰興県泰興・黄橋、靖江県靖江・季家市、如皋県石荘に販売されたが、大生紗廠の綿糸を用いた大布はあまり売れず、民国期に土布の売れ行きが一層悪化すると、棉花が移出されるようになった。さらに、白蒲では咸豊・同治年間（1850～75年）に近くの劉橋や平潮の影響を受けて棉作が普及し、自作棉花を用いて土糸や土布も生産するようになり、大生紗廠の操業後も土布には土糸のみが用いられたが、高麗巾はタオルが出現してから衰退し、辛亥革命後に消滅した。そして、金沙の城隍廟は数百年前から土糸市場として知られ、農家の女性が綿糸を売って米を買ったり、織った綿布を綿糸と交換したりしており、1884年の洋糸流入後も土糸を用いた土小布（黄土、改土）が盛んに作られ、それが全体の50％（200万疋）以上を占め、また、土小布の幅と長さを拡大し、同じく土糸を用いた州土が20％（96万疋）を占めたが、1923年から土布業は衰退した。最後に、西亭では、棉花・土糸・土布が江西・湖南・湖北に売られたが、1858年の営口開港後は東北向けの尺套布［幅1尺・長さ22尺］を上海に販売し、同治・光緒年間に大量に売られた関荘布は1904年頃に生産が衰退し、また、咸豊・同治年間に最盛期だった京荘の大布や県荘の土小布も清末には衰退した[33]。

さて、表６の調査が行なわれた33年に、第15区劉海沙区・第17区三余区・第18区墾牧区を除いた南通県15区のうち、織布戸数と人数が多かったのは、南通城区・観仁区・西亭区・金楽区（金沙）・競化区（張芝山・川港・小海・姜灶）である[34]。さらに、40年の調査によれば、南通土布の生産地は県城付近を第一とし、これより東部・南部に分布し、金沙鎮・観音山・鎮場・西亭・興仁鎮が中心をなしていた[35]（図１を参照）。

1930年、狼山一帯の織戸に白大布［幅1.15尺・長さ約30尺］の生産を発注すると、上海でよく売れたが、生産量が少なく、さらに、32年、鎮場・金沙・姜灶港で織布機を貸し出して14番手の金塔紗を用いた白大布の生産を発注すると、綿糸を貸し出して綿布の生産を発注するやり方が川港・姜灶港・張芝山・小海鎮・竹行鎮に普及した[36]。

表6 南通県における土布生産農家の戸数と人数（1933年）

|  | 戸　数 | 人　数 | 千人中の織布人数 |
|---|---|---|---|
| 第1区：南通城区 | 11,800 | 25,331 | 207 |
| 第2区：唐閘区 | 900 | 1,932 | 35 |
| 第3区：平潮区 | 1,300 | 2,791 | 37 |
| 第4区：劉橋区 | 500 | 1,073 | 17 |
| 第5区：観仁区 | 7,600 | 16,315 | 204 |
| 第6区：四安区 | 1,000 | 2,147 | 39 |
| 第7区：騎石区 | 2,600 | 5,581 | 62 |
| 第8区：西亭区 | 3,200 | 6,870 | 111 |
| 第9区：金楽区（金沙） | 23,500 | 50,448 | 308 |
| 第10区：競化区（張芝山、川港、小海、姜灶） | 6,600 | 14,168 | 130 |
| 第11区：余西区 | 1,700 | 3,649 | 33 |
| 第12区：益余区 | 700 | 1,503 | 20 |
| 第13区：余東区 | 1,600 | 3,435 | 27 |
| 第14区：呂四区 | 40 | 86 | 1 |
| 第16区：白蒲区 | 100 | 215 | 6 |
| 合　計 | 63,140 | 135,544 | 100 |

典拠）彭沢益編『中国近代手工業史資料（1840～1949）』第三巻（中華書局、1962年）759頁より作成。 原典は、蔡正雅『手工業試査報告』（1933年調査）46～47頁。

(4)土糸・土布生産の構造

　明代から土布業が始まった金沙鎮の近海地区では棉作が盛んだったが、棉花は移出されることは稀で、農民が土糸を紡ぎ[37]、常州・桐郷県石門鎮・海寧県斜橋鎮に販売した[38]。なお、1940年の調査によると、金沙鎮頭総廟における調査農家94戸中の46戸が脚踏機を用いて土布を生産し、土糸を販売した12戸のうち1戸が土布も生産し、また、5戸が自作棉花のみを用い、6戸が購入棉花のみを用いた。労働可能と推定される247人中の90人（男性47人、女性43人）が縦糸に洋糸、横糸に自給綿糸（土糸）を用いて土布を生産し、37戸が3,055疋の白小布（通土布）、7戸が204匹の白大布、3戸が124疋の藍布を生産した[39]。もちろん、日中戦争中は洋糸の流入圧力が低下して土糸生産が復活したとされているから、これを直ちに37年以前に遡及させることはできないが、各戸平均約2人が織布に従事し、棉作・紡糸・織布の各工程が相当程度分離し、織布従事者の半数以上が男性だったことは、土布生産者のほとんどが女性だった蘇南

と対照的である。

　19世紀末に南通に大生紗廠が設立されてから、南通土布にも大生紗廠の綿糸が多く用いられるようになり、改良大機布は20番手を主として32・16・42番手の細糸を使用し、その他の土布は12番手を主として14・16番手の太糸を使用した[40]。

　南通土布の原糸は紗荘（綿糸問屋）から購入するのが一般的で[41]、土糸の生産量は1884年頃に洋糸が流入した後は一時的に減少し、価格も低下したが、やがて洋経土緯の土布の販売量が増加すると、土糸の生産量は再び増加し、1890年には南通の城東・城西に27〜28軒もの土紗店があったが、1905年に大生紗廠の綿糸が関荘布に用いられると、多くの紗号が洋糸も扱うようになり、11〜27年に県城区に20軒余りあった棉紗店は27年以降も増加し続けて40軒余りになった。また、観音山・金沙・平潮・興仁・鎮場・陸港閘・袁灶港・張芝山・姜灶港・通済橋・川港にも数軒の棉紗店が現れた[42]。

　そして、20世紀前半には、崇明では洋糸が流入して土糸の生産が減少し、棉花の多くが紡績工場へ販売されるようになり[43]、江都県大橋市付近の橋布は自作棉花や通州棉を用いて紡いだ土糸で織られ[44]、靖江では1917年に設立された公裕土紗廠が皮棉を農民に貸与して糸を生産させ、蘇南に販売していたが、間もなく戦乱により操業を停止した[45]。

　以上、南通土布の生産が本格化したのは19世紀末の洋糸流入以降で、それ以前は主に棉花のまま販売するか、あるいは土糸に紡いで販売していた。ただし、洋糸流入以前にも棉作農家の中には土糸・土布を一貫生産する農家と土糸を生産する農家があり、一方、非棉作農家の中には土糸を購入して土布を生産する農家と棉花を購入して土糸を生産する農家がいた。そして、洋糸流入後に土布が土経土緯→洋経土緯→洋経洋緯と変化しつつも、土糸は完全には駆逐されなかった。このように、南通は棉産地でありながら、洋糸流入以前から棉作・紡糸・織布の各工程が相当程度分離しており、また、新土布の生産が本格化してからは、脚踏機を積極的に導入し、家庭内の労働力をより多く投入し、織布が副業にとどまらず、むしろ本業になったり、あるいは、販売目的の棉作と自給

図2 洋糸流入前後の綿業構造の変化

| | 〈洋糸流入以前〉 | 〈洋糸流入以降〉 |
|---|---|---|
| 棉作農家 | ①棉花販売(部分的)　↗販売<br>②土糸生産→土布生産→自給<br>　　　　　　↘土糸販売 | ①棉花販売(→花行へ)↗販売<br>②土糸生産→土布生産→自給<br>③洋糸購入→新土布生産→販売 |
| 非棉作農家 | ①棉花購入→土糸生産→販売<br>②土糸購入→土布生産→販売 | ①土糸・洋糸購入→新土布生産→販売<br>②洋糸のみ購入→新土布生産→販売 |

目的の土糸・土布生産から販売目的の新土布生産へ転換した農家もあった（図2を参照）。

## 2　地域経済との関連

(1)紡織工場の設立

　大生一廠（南通、1898年）・大生二廠（啓東、1907年）・大生三廠（海門、1921年）・大生副廠（元の大生八廠、南通、1923年）は[46]、土布生産者に原糸を供給してその発展を促進し、また、逆に土布業の発展が大生紗廠の発展の条件となった[47]。

　一方、表7を見ると、織布工場は長江沿岸部に偏在し、しかも、海門の大生第三紡織公司は織布機が599台あったことがわかるだけで、労働者数や綿布生産量は不明だが、織布機数から南通の大生一廠に次いで相当量の綿布が生産されたことが推測され、啓東の大生第二紡織廠を含む3つの大生紗廠が、蘇北では綿布生産量で圧倒的な割合を占めていたと考えられる。また、大生紗廠の米棉に対する需要が蘇北農民の米棉栽培を促進するとともに、大量で安価な綿糸を織布農民に供給した。そして、それ以外の織布工場は、綿布生産量がそれほど多くはなく、経営も安定せず、南通の達成・集成・達華・民生4布廠や啓東の大生第二紡織廠・呂盛布廠のように、設立されてから数年して倒産するものも多かった。

表7　1937年以前の蘇北各県における織布工場

| 県名 | 工場名 | 設立年 | 労働者数 | 織布機台数 | 綿布生産量及び備考 |
|---|---|---|---|---|---|
| 南通 | 達成布廠 | 1917年 | | 手拉機10台余 | 1923年操業停止 |
| | 集成布廠 | 1914年 | | 江陰式手拉機40台 | 1925～26年操業停止 |
| | 達華布廠 | 1915年 | | 手拉機50台 | |
| | 民生布廠 | 1917年 | | 手拉機40台 | |
| | 大生副廠 | | | 1932年日本の豊田自動換梭織機240台 | 1933年綿布生産開始 |
| | 大生一廠 | | 2,995人 | 1921年720台、1932年725台 | 24万疋、1915年織布部門増設 |
| | 通華布廠 | | 90人 | 1932年手拉機・脚踏機35台 | 6,000疋 |
| | 光華布廠 | | 66人 | 1932年脚踏機24台・手拉機6台 | 4,800疋 |
| | 章源織染工場 | | 20人 | 1932年手拉機20台 | 600疋 |
| | 慶華布廠 | | 12人 | 1932年脚踏機2台・手拉機8台 | 600疋 |
| | 大中織造廠 | | ― | 1932年脚踏機20台・手拉機20台 | ― |
| 海門 | 大生第三紡織公司 | 1921年 | 2,000人 | 1921年300台、1932年597台、1936年594台 | 1922年17.8万疋、1936年24万疋余 |
| | 大生廠 | | 100人 | 1932年80台 | 7,000疋 |
| | 立豫染織公司 | | 70人 | 1932年47台 | 3,000疋 |
| | 宝興織布廠 | 1906年 | | 120台 | |
| | 鉅成・利生・振興・康恵工場、立豫布廠 | 1912年 | | 各々10～70台 | |
| 啓東 | 大生第二紡織廠 | | ― | 1932年200台 | 8万疋、1933年操業停止 |
| | 啓新 | | 25人 | 1932年10台 | 2,000疋 |
| | 呂盛布廠 | 1913年 | | 26台 | 1920年操業停止 |
| 崇明 | 集成 | | 40人 | ― | 3,780疋 |
| | 業勤 | | 40人 | ― | 3,780疋 |
| | 益新染織公司 | 1913年 | | | 約2万疋 |
| | 大通紗廠 | 1919年 | | 手拉機40台・脚踏機20台 | |
| 靖江 | 震餘 | | 32人 | 1932年手拉機30台 | 2,200疋 |
| | 生活合作社 | 1929年 | | 脚踏機12台 | |
| | →善餘染織廠 | 1932年 | 100人弱 | 脚踏機24台・手拉機20台 | 6,000疋 |
| | 益成布廠 | 1919年 | 40人 | | 785疋 |
| | 布廠 | ― | | 手拉機20台弱 | 1920年代後半設立 |
| 泰興 | 震泰織布廠 | | 40人 | 1932年35台 | 4,000疋 |
| 宿遷 | 恵民工廠 | 1923年 | 62人 | 1932年49台 | 1,354疋、地方公立工場 |
| | 布廠・作坊：官営2・民営30 | | | 1931年手拉機4,000～5,000台 | 1931年に労働者6,000人 |
| | 城廂(一区陵鎮)織布生産合作社 | 1936年 | 25人 | 100台 | |
| 阜寧 | 開原紡織局 | 光緒年間 | ― | | 数年後閉鎖 |
| | 徳聚盛布廠 | ― | ― | 脚踏機4台 | 條布・格子布1,000疋余 |
| 江都 | 龍興織布廠 | 1921年 | ― | | 1923年閉鎖 |
| 如皋 | 平民工廠 | 1913年 | 100人 | | |
| | 阜昌染織股份有限公司（機械制紡織工場） | 1924年 | | 200台 | 1930年倒産、1931年上海達豊染織廠に賃借、丁堰達記布廠と改名 |
| 宝応 | 貧民習芸所 | | | | 第一次大戦後設立 |
| | 4つの布廠 | 1934年 | | | 5,000疋 |

典拠：『中国実業誌（江蘇省）』(1933年)第8編83～85頁。『近代南通土布史』(1984年)235～237頁。李明勛・褚佩言・尤世瑋主編『開拓与発展——張謇所創企事業今昔』(江蘇人民出版社、1993年)9～20頁。『海門県志』(1996年)265～266頁。『啓東県志』(1993年)368頁。『崇明県志』(1989年)414～416頁。『靖江県志』(1992年)278頁。呉宝瑜修・龐友蘭纂『阜寧県新志』(1934年)巻十三．工業志、棉織。『江都県志』(1996年)364頁。『如皋県志』(1995年)271頁。『宝応県志』(1994年)321～322頁。『宿遷市志』(1996年)403頁。劉海雪「宿遷城廂織布生産合作社概況」(『江蘇合作』第25期、1937年6月16日)4～5頁。

(2)棉花・米の生産

　南通の棉花が商品として流通するようになったのは乾隆年間の前頃からで、1880～90年に金沙・余西・平潮・劉橋・四安に設けられた花行は、棉花とともに土糸も扱い、1921年以降は日本が花行に棉花の買付けを委託したこともあり、一時は300軒に増加した[48]。

　1919～37年の蘇北における棉作面積は、上海市を含む江蘇省全体の中で60％前後を占め（表8を参照）、また、長江北岸部の南通・海門・如皋・崇明（啓東を含む）では1920～30年代を通じて棉作が盛んで、主に土棉が栽培されていたが、蘇北沿海部の阜寧・東台では米棉の栽培が急速に拡大していった（表9・表10を参照）。そして、棉作の状況から、蘇北は、①南通・海門・啓東・如皋・崇明・靖江の長江北岸部の棉産地、②塩城・阜寧・東台の沿海部の米棉生産地、③中部の裏下河一帯や北部の非棉産地に分けられる。

　20世紀前半に、南通土布の原糸が土糸から洋糸へ転換し、その原棉も土棉から米棉へ転換したとされるが、土棉が米棉によって駆逐・代替されたというよ

表8　蘇北における棉花の栽培面積と生産量

（単位：万畝、万担、％）

| 年度 | 栽培面積① 江蘇省 | 栽培面積① 蘇北(米棉) | 割合 | 生産量② 江蘇省 | 生産量② 蘇北(米棉) | 割合 | ②÷① 江蘇省 | ②÷① 蘇北(米棉) |
|---|---|---|---|---|---|---|---|---|
| 1919 | 1,927.8 | 1,654.0 | 85.7 | 276.3 | 231.8 | 83.8 | 0.143 | 0.140 |
| 1920 | 1,247.4 | 968.4 | 77.6 | 302.2 | 219.5 | 72.6 | 0.242 | 0.226 |
| 1921 | 1,181.2 | 911.2 | 77.1 | 128.3 | 93.8 | 73.1 | 0.108 | 0.102 |
| 1922 | 960.5 | 626.7 | 65.2 | 244.6 | 192.3 | 78.6 | 0.254 | 0.306 |
| 1923 | 816.4 | 491.9 | 60.2 | 148.9 | 80.8 | 54.2 | 0.182 | 0.164 |
| 1926 | 812.9 | 531.0 | 65.3 | 192.0 | 144.1 | 75.0 | 0.236 | 0.271 |
| 1927 | 732.8 | 415.9 | 56.7 | 163.7 | 98.7 | 60.2 | 0.223 | 0.237 |
| 1928 | 882.4 | 566.9 | 64.2 | 254.2 | 182.9 | 71.9 | 0.288 | 0.322 |
| 1929 | 951.1 | 605.6 | 63.6 | 227.6 | 134.8 | 59.2 | 0.239 | 0.222 |
| 1930 | 826.5 | 522.6 | 63.2 | 108.4 | 43.3 | 39.9 | 0.131 | 0.082 |
| 1931 | 765.6 | 438.7 | 57.3 | 62.6 | 33.6 | 53.6 | 0.081 | 0.076 |
| 1932 | 851.4 | 475.7 | 55.8 | 177.8 | 91.2 | 51.2 | 0.208 | 0.191 |
| 1933 | 987.6 | 512.9 | 51.9 | 204.5 | 115.9 | 56.6 | 0.207 | 0.225 |
| 1934 | 1,020.7 | 543.0 | 53.1 | 166.4 | 61.6 | 37.0 | 0.163 | 0.113 |
| 1935 | 1,025.7 | 653.2 | 63.6 | 197.7 | 136.7 | 69.0 | 0.192 | 0.209 |
| 1936 | 1,040.1 | 660.8 | 63.5 | 242.5 | 153.5 | 63.2 | 0.233 | 0.232 |
| 1937 | 1,182.3 | 793.1 | 67.0 | 233.1 | 158.4 | 67.9 | 0.197 | 0.199 |

典拠　華商紗廠聯合会棉産統計部編『民国九年至十八年中国棉産統計』、中華棉業統計会編『民国二十三年中国棉産統計』・『民国二十五年中国棉産統計』。

196 第4章 蘇北土布業の二重性

表9 蘇北各県の棉作面積

(単位／万畝)

| 年度 | 南通 中棉 | 南通 米棉 | 海門 中棉 | 海門 米棉 | 如皋 中棉 | 如皋 米棉 | 啓東 中棉 | 啓東 米棉 | 崇明 中棉 | 靖江 中棉 | 塩城 中棉 | 塩城 米棉 | 阜寧 中棉 | 阜寧 米棉 | 東台 中棉 | 東台 米棉 | その他 |
|---|---|---|---|---|---|---|---|---|---|---|---|---|---|---|---|---|---|
| 1919 | 758.0 | | 260.0 | | 166.6 | | | | 120.0 | | | | | 4.0 | 20.0 | | 2.8 |
| 1920 | 500.0 | | 160.0 | | 86.4 | | | | 120.0 | 14.0 | | 7.5 | | 12.1 | 32.0 | | 32.8 |
| 1921 | 520.0 | | 160.0 | | 96.3 | | | | 121.0 | | | | | | | | 13.9 |
| 1922 | 231.8 | | 116.6 | | 111.8 | | | | 116.5 | 7.2 | | 7.5 | | 1.0 | 20.0 | | 10.5 |
| 1923 | 151.8 | | 98.3 | | 92.3 | | | | 110.0 | 4.4 | | 6.7 | | 5.2 | 12.0 | | 9.3 |
| 1926 | 170.0 | | 66.0 | | 134.0 | | | | 90.0 | 5.0 | | 20.0 | | 18.0 | 20.0 | | 8.0 |
| 1927 | 119.0 | | 52.8 | | 87.1 | | | | 80.0 | 6.0 | | 23.0 | | 20.0 | 20.0 | | 8.0 |
| 1928 | 166.2 | | 71.1 | | 140.6 | | | | 100.0 | 5.0 | | 25.0 | | 25.0 | 20.0 | | 9.0 |
| 1929 | 171.8 | | 74.8 | | 104.5 | | 50.0 | | 50.0 | 9.0 | | 33.0 | | 30.0 | 75.0 | | 7.5 |
| 1930 | 131.6 | | 72.3 | | 71.0 | | 80.0 | | 50.0 | 11.2 | | 22.9 | | 19.2 | 63.0 | | 1.4 |
| 1931 | 141.7 | | 71.8 | | 49.0 | | 55.5 | | 37.2 | 11.2 | | 16.1 | | 13.4 | 42.0 | | 0.8 |
| 1932 | 108.9 | 10.0 | 67.2 | 4.7 | 43.2 | 4.8 | 27.5 | 27.5 | 80.0 | 25.6 | | 15.0 | 0.1 | 37.7 | 15.0 | | 8.5 |
| 1933 | 140.8 | 7.4 | 69.4 | 4.0 | 73.7 | 19.9 | 27.0 | 25.0 | 37.2 | 15.5 | 15.0 | 5.0 | 10.0 | 35.0 | 15.0 | 5.0 | 8.0 |
| 1934 | 146.0 | 7.7 | 70.7 | 5.0 | 76.0 | 15.0 | 25.0 | 23.0 | 38.0 | 15.0 | 25.0 | 5.0 | 8.0 | 40.0 | 25.0 | 5.0 | 13.6 |
| 1935 | 140.0 | 10.0 | 56.6 | 6.0 | 75.7 | 20.0 | 35.0 | 14.0 | 38.0 | 19.0 | 20.0 | 8.0 | 50.0 | 25.0 | 33.1 | 90.5 | 12.3 |
| 1936 | 143.8 | 9.1 | 56.8 | 6.5 | 72.4 | 20.4 | 24.8 | 24.7 | 38.0 | 22.0 | 20.1 | 8.0 | 50.3 | 25.3 | 34.5 | 90.6 | 13.5 |
| 1937 | 146.1 | 21.3 | 52.4 | 5.9 | 70.4 | 17.8 | 22.9 | 26.9 | 23.2 | 20.0 | 7.2 | 22.1 | 3.8 | 110.4 | 104.4 | 74.4 | 63.9 |

典拠）表8に同じ。表中のその他には、泰興・豊県・睢寧・泰県・興化・漣水・蕭県が含まれるが、現在、蕭県は安徽省に属し、啓東県は1928年に崇明県から分離した。

表10 蘇北各県の棉花生産量

(単位／万担)

| 年度 | 南通 中棉 | 南通 米棉 | 海門 中棉 | 海門 米棉 | 如皋 中棉 | 如皋 米棉 | 啓東 中棉 | 啓東 米棉 | 崇明 中棉 | 靖江 中棉 | 塩城 中棉 | 塩城 米棉 | 阜寧 中棉 | 阜寧 米棉 | 東台 中棉 | 東台 米棉 | その他 |
|---|---|---|---|---|---|---|---|---|---|---|---|---|---|---|---|---|---|
| 1919 | 150.0 | | 21.1 | | 20.4 | | | | 20.0 | — | | — | | 0.4 | 6.6 | | 13.2 |
| 1920 | 103.0 | | 38.0 | | 21.5 | | | | 37.0 | 4.0 | | 1.0 | | 0.6 | 7.0 | | 7.2 |
| 1921 | 56.0 | | 13.0 | | 13.4 | | | | 10.8 | — | | — | | — | — | | 0.6 |
| 1922 | 85.7 | | 30.2 | | 43.5 | | | | 27.2 | 1.1 | | 0.7 | | 0.09 | 1.9 | | 1.6 |
| 1923 | 21.3 | | 17.4 | | 15.3 | | | | 20.0 | 0.9 | | 0.7 | | 0.4 | 2.0 | | 2.4 |
| 1926 | 56.1 | | 10.5 | | 51.0 | | | | 18.0 | 0.9 | | 2.0 | | 1.4 | 3.0 | | 1.6 |
| 1927 | 33.0 | | 10.6 | | 27.8 | | | | 16.0 | 1.2 | | 3.0 | | 2.0 | 3.5 | | 2.2 |
| 1928 | 62.4 | | 23.5 | | 52.3 | | | | 13.0 | 1.2 | | 3.8 | | 2.5 | 5.0 | | 2.4 |
| 1929 | 50.8 | | 13.6 | | 22.3 | | 8.3 | | 14.0 | 2.2 | | 4.7 | | 4.2 | 12.0 | | 2.4 |
| 1930 | 10.2 | | 7.8 | | 6.3 | | 11.8 | | 8.7 | 0.1 | | 0.08 | | 1.2 | 5.2 | | 0.2 |
| 1931 | 9.8 | | 5.3 | | 3.0 | | 4.9 | | 4.2 | 5.1 | | — | | 0.6 | 2.7 | | 5.8 |
| 1932 | 25.1 | 1.9 | 5.7 | 1.0 | 9.4 | 0.7 | 2.3 | 2.3 | 16.6 | 0.3 | | — | | 6.3 | 0.3 | 12.1 | 1.2 |
| 1933 | 41.6 | 1.5 | 9.9 | 0.6 | 13.2 | 2.0 | 4.9 | 4.5 | 5.5 | 4.8 | 2.0 | 1.1 | 1.2 | 5.8 | 5.9 | 16.8 | 3.1 |
| 1934 | 23.8 | 1.2 | 1.9 | 0.2 | 10.6 | 1.0 | 2.3 | 1.8 | 7.0 | 5.7 | 2.8 | 1.0 | 0.5 | 4.1 | 4.6 | 14.5 | 3.6 |
| 1935 | 31.9 | 2.5 | 7.1 | 0.8 | 13.2 | 1.6 | 6.3 | 1.2 | 7.0 | 6.9 | 2.7 | 1.9 | 14.0 | 6.7 | 8.7 | 19.6 | 3.9 |
| 1936 | 38.8 | 2.1 | 13.2 | 1.4 | 15.2 | 2.8 | 5.0 | 5.1 | 10.5 | 6.9 | 4.9 | 1.6 | 12.8 | 5.3 | 4.6 | 15.7 | 7.7 |
| 1937 | 27.9 | 3.1 | 10.5 | 1.2 | 15.0 | 2.6 | 3.6 | 3.8 | 4.4 | 4.0 | 1.1 | 3.3 | 0.6 | 16.7 | 26.8 | 13.5 | 19.3 |

典拠）表9に同じ。

りは米棉が新たな土地に普及していったと言うべきであり、また、土糸が自給用綿布の原料や江北向け土布の横糸として用いられ続けたため、相当量の土棉が栽培され続けた。

　蘇北では、西は泰興から北は塩城・阜寧、東は海に、南は長江に至るまで棉産地となっており、いわゆる通州棉には崇明・啓東・海門・如皋の棉花も含まれ、南通県白浦・金沙・劉橋・経家港・石港、海門県天補・中興・墺頭・麒麟・鳳凰橋・十二堤・九龍・汪家・老虎、崇明県東洋圩が主要な棉産地で、質的には南通の棉花が最も良く、海門・崇明の棉花がこれに次いだ[49]。そもそも、南通の棉作は元代に始まり、清朝中葉に全耕地面積の7〜8割に達し[50]、近代にも棉作地の占める割合はかなり高かった。また、外沙（啓東）を含む崇明でも1920年代の棉作地が6〜7割を占め[51]、1936年には、啓東では全耕地46〜55万畝の約50％が棉作地で[52]、崇明では水稲が27.9万畝、小麦が19.2万畝、玉蜀黍が14.7万畝、棉花が19.0万畝だった[53]。また、靖江の長江沿岸部も棉作が盛んだった[54]。

　以上、南通一帯では穀物栽培を犠牲にしてまで棉作に特化し、土棉が旧土布生産と結び付いていたのに対し、沿海部の米棉は当初から紡績工場用として栽培され、その綿糸が新土布の原糸として供給された。

　さて、如皋・東台・海門・南通・靖江・崇明の長江北岸部の棉産地では食用米が不足していたのに対し、塩城・高郵・宝応・興化・江都の裏下河一帯は1930年代には主要な米（インディカ種米）産地となり、量的には江南を凌駕するほどになっていた[55]。

　近代以降、通州棉花に対する需要の増大と棉花価格の上昇が南通や海門の棉作を一層刺激し、同時に土布の移出をも促したが、逆に、穀物や雑穀の生産を低減させ、蕪湖、無錫、裏下河一帯から南通・海門への食糧の移入量を増加させた。すなわち、毎年、船によって高郵・邵伯・宝応・塩城の裏下河一帯から南通県興仁へ早稲米や蓮根・大根・クワイ・芹が運ばれ、その船は土布や紗帯を積んで帰っていった。というのも、海門・啓東・崇明の長江沿岸部では食糧不足がひどく、その不足米を海安・姜堰の米船が搬入する食料に頼っていたか

らである。裏下河一帯から南通地区へは米や蔬菜が船で運び込まれ、その帰り荷として土布が積み込まれた。早くから土布と食用米の主要な交換地となっていた金沙でも食用米が不足し、農家の女性は糸を紡いで売って米を買っていた[56]。

(3)裏下河一帯の農村経済事情

南通土布の生産にとって重要な経済的関連性を有していた裏下河一帯の農業を中心とする経済事情について以下に見ておこう。

まず、塩城と南通・江南との物流を見ると、塩城では絹織物・毛織物を江南各地から購入し、土布は金沙・姜堰・江陰から購入した[57]。また、江都から裏下河各地に対しては、仙女廟から盆・桶、泰州に隣接する塘頭から竹製品・紬・土布・葛布、東郭郷から夏布が販売された[58]。さらに、宝応では1918年まで織布機が100台を越えず、織布工場もなく、綿布は全て蘇州や南通から購入した[59]。このように、裏下河一帯では棉作や紡織がほとんど行なわれず、土布を南通一帯や江南から購入していた。もっとも、蘇北の中でも裏下河一帯よりもさらに北の地域では棉作や紡織がわずかながらも行なわれた。例えば、早くから通州綿布を購入していた宿遷では清末に棉作が始まり、中には紡織を習う者も現われた[60]。

次いで、労働力の移動について見てみると、北から南への移動が主流となっていた。

華中の農業では、クリークの底に堆積した河泥が農業生産力を維持・回復させており、その採取が普通は江北人の貧民の専業として冬期より春先にかけて行なわれていた[61]。

地方志を見ると、淮安の農民は19世紀中葉・後半の咸豊・同治年間に水干害に見舞われる度に田畑や家を棄てて家族を引き連れて江南へ渡って乞食となり、戦乱で荒れた江南の土地を耕し、留まって帰郷しない者もいた。だが、19世紀末の光緒年間中葉には江南の都市が繁栄し、豊作の年には中下層民が秋の収穫を終えると、陸続と南下して江南各都市に集まり、どうにか食事にありつき、

麦が熟すると故郷に帰っていった(62)。

　また、塩城の流民は、明代には多くは淮安へ行ったが、清末には水干害に見舞われる度に貧民が江南へ渡り、乞食となり、ある者は太平天国の乱で荒れた農地を耕し、そこに留まって帰郷しなかったため、塩城の田畑は一層荒れたという(63)。さらに、秋に稲の収穫が終わると、蘇南に出かけて雑業に従事し、麦の収穫期には帰郷するが、無産者は留まって帰郷しなかった(64)。そして、県内でも労働力の移動が見られ、稲の収穫期には男子が棉作地の東部・沿海部から稲作地の西部・内陸部へ、逆に、棉花の収穫期には女子が西部から東部へ出稼ぎに行った。東部は元々非常に貧しかったが、開墾後の米棉栽培によってかつて1畝当たり1元の収益も上がらなかった土地で20～30倍の収益が上がるようになり、両地域の経済力は逆転しつつあったという(65)。

　裏下河一帯では早稲インディカ種を栽培していたのに対し、江南では晩稲ジャポニカ種を栽培するところが多かったので、裏下河一帯の農民は、稲の収穫が終わるとすぐに収穫期が裏下河一帯よりも遅い江南に出稼ぎに出かけた(66)。

　呂四の通海墾牧公司や余東の大有晋公司が前後して顕著な成果を上げてから、南通・如皋・塩城・阜寧でも続々と墾殖公司が設立されると、約20万人もの農民が海門から移住し(67)、このような人口の急増によって食糧が自給できなくなり、移入せざるを得なかった。

　以上、綿業と作付との関連から言えば、蘇北は、①南通を中心とした棉花（土棉）・土布の生産地、②沿海部の開墾地・棉作地（米棉）、③裏下河一帯の産米地、④最北部の麦作地（旧徐州・海州）に大別でき、近代には、各地域が土布・棉花・米の生産地として特化し、かつ相互に促進し合っていた。南通を中心に据えて考えてみると、蘇南を凌駕するほどの米作地が蘇北とりわけ裏下河一帯に出現したことは、南通の棉花・土布生産地に安価で大量の食糧を安定的に供給することを可能にし、土布の生産により専念できることになる。そして、沿海部では開墾が進み、米棉の栽培が盛んになり、その米棉が南通の大生紗廠を中心とする紡績工場に販売され、土布生産者に大量で安価な原糸を提供した。一方、裏下河一帯は米作が盛んだったが、秋にしばしば水害に見舞われ

るために晩稲ジャポニカ種に比べて安価で味は落ちるものの、主に早稲インディカ種を栽培し、その安価な米を蔬菜類とともに食糧の不足する南通一帯や沿海部米棉作地に提供した。各地域が土布・米棉の生産地として発展することは食糧に対する需要を一層高め、また、米・米棉の生産地として発展することは南通土布の販売市場として一層発展することと一致していた。

## おわりに

　南通の土布業が、同じように棉産地で近代以降も土布生産が盛んだった江陰・常熟と異なるのは、前貸問屋制や手工制織布工場があまり発展しなかったものの、棉作・紡糸・織布の各工程が相当程度分離していた点である。また、農業との関連から見ると、南通一帯が地質的・土壌的に食糧生産に不向きだったことに加え、棉花・土糸・土布の生産に特化することで非穀物生産者化を促進して一層食料不足を深刻にし、食料を移入せざるを得なくなり、逆に食料購入のために棉花・土糸・土布の生産に特化せざるを得なくなった。南通では、蘇南の米作地よりも安価な米の生産・供給地として成長・発展しつつあった裏下河一帯から米を多く購入するようになった。そして、このような大量で安価な食糧の南通への供給は、安価な南通土布の生産を可能にする一因となった。すなわち、裏下河一帯における米の生産と南通一帯における土布の生産は相乗的に展開したのであり、南通一帯から裏下河一帯への土布販売量の増加は、裏下河一帯における米作の発展に支えられた購買力の上昇を背景としていたと考えられる。

　近代南通の土布業は、裏下河一帯と蘇南に対して各々異なった位置付け（二重性）を有していた。すなわち、洋糸流入以前の南通土布は大部分が自給用で、部分的に販売された土布も品質面では蘇南の土布に遠く及ばず、南通県は基本的には江南土布のための棉花（通州棉）や綿糸（土糸）の供給地として発展し、洋糸流入後は新土布生産地として本格的に発展し、上海の布荘への綿布供給地へ変化した。他方、蘇北の中で、南通県は食糧消費地・綿布生産地となり、裏

下河一帯は食料生産地・綿布消費地となって分化していった。

　蘇北は、南通一帯が土布や機械製綿糸を生産する綿工業地帯として、また、裏下河一帯が米や蔬菜の生産・供給地として、さらに、蘇北沿海部が紡績工場の原棉たる米棉の生産・供給地として発展した。


**注**

(1) 野沢豊「中国の半植民地化と企業の運命」(『東洋史学論集』第四、1955年)、同「資本主義の発達と辛亥革命」(『講座中国近現代史』三巻、東京大学出版会、1978年)、林剛「試論大生紗廠的市場基礎」(『歴史研究』1985年第4期、1985年8月)を参照。

(2) 中井英基「清末における南通在来綿織物業の再編成」(『天理大学学報』第85輯、1973年)。

(3) 星野多佳子「近代中国における在来綿織物業の展開──南通の土布業について」(『(日本大学)史叢』第49号、1992年10月)、同「南通在来棉業の再編──1931-45」(『近きに在りて』第22号、1992年11月)。

(4) 林達『西洋経済史入門』(学文社、1996年) 46頁。

(5) 斉藤修『プロト工業化の時代』(日本評論社、1993年。初版は1985年。) 53頁。

(6) 《江蘇省》編纂委員会編『中華人民共和国地名詞典 江蘇省』(商務印書館、1987年) 548頁によれば、裏下河地区は、裏運河(裏河)以東・串場河(下河)以西・廃黄河以南・通揚運河以北の淮陰・漣水・阜寧・淮安・建湖・宝応・塩城・興化・高郵・東台・江都・泰州・姜堰・海安を指した。

(7) 林挙百『近代南通土布史』(南京大学学報編輯部、1984年) 5～7頁・23～24頁。

(8) 徐新吾主編『江南土布史』(上海社会科学院出版社、1992年) 613頁。

(9) 前掲書『近代南通土布史』7頁・28頁。

(10) 王元照「南通土布業之最近調査」(『華商紗廠聯合会季刊』第3巻第3期、1922年7月20日) 170頁。

(11) 童潤夫「南通土布業概況及其改革方案」(全国経済委員会棉業統制委員会編『棉業月刊』第1巻第2期、1937年2月) 223頁。

(12) 前掲書、『南通県志』(1996年) 328頁。

(13) 梁悦馨・季念詒等『通州直隷志』(光緒2年・1876年) 巻四．民賦志、物産、貨之

属。
⑭前掲書、『近代南通土布史』152頁。
⑮趙邦彦・桂邦傑等続修『江都県続志』(1926年) 巻七上．物産考、織物之属。
⑯前掲書『江南土布史』284頁。なお、外沙・北沙と呼ばれていた啓東県は1928年に崇明県から分離して成立した (《江蘇省》編纂委員会編『中華人民共和国地名辞典・江蘇省』商務印書館、1987年、184頁)。
⑰兪麟年・周家禄等『海門庁図志』(光緒26年・1900年) 巻十．物志。
⑱王清穆修・曹炳麟纂『崇明県志』(1924年修・1930年刊) 巻之四．地理志、物産・風俗。
⑲葉滋森・褚翔等『靖江県志』(光緒5年・1879年) 巻五．食貨志、土産。
⑳前掲書『江都県続志』(1926年) 巻七上．物産考、織物之属。銭祥保等修・桂邦傑纂『甘泉県続志』(1926年) 巻七下．物産攷、織物之属。梁園棣等『重修興化県志』(咸豊2年・1852年) 巻三．食貨志、物産、貨之属。江蘇省如皋市地方志編纂委員会編『如皋県志』(江蘇省如皋市地方志編纂委員会、1995年) 271頁。
㉑王清穆修・曹炳麟纂『崇明県志』(1924年修・1930年刊) 巻之四．地理志、物産。
㉒海門市地方志編纂委員会編『海門県志』(江蘇省科学技術出版社、1996年) 263頁。
㉓靖江県志編纂弁公室編『靖江県志』(江蘇人民出版社、1992年) 278頁。
㉔通州市地方志編纂委員会編『南通県志』(江蘇人民出版社、1996年) 328頁。
㉕前掲、叔璜「最近南通土布業概況」3,160～3,162頁。
㉖前掲書『近代南通土布史』191～192頁。
㉗彭沢益編『中国近代手工業資料 (1840～1949)』(中華書局、1984年、初版は1962年) 第三巻、764～765頁。原典は蔡正雅『手工業試査報告』(油印本、1933年調査) 60～62頁。
㉘実業部国際貿易局編『中国実業誌 (江蘇省)』(1933年) 第8編97～98頁。
㉙「支那ノ棉花ニ関スル調査 (江蘇省、浙江省、安徽省)」(臨時産業調査局『支那ノ棉花ニ関スル調査・其ノ一』1918年) 94頁。
㉚「南通土布業調査 附海門土布現状」(『工商半月刊』第2巻第22号、1930年11月15日、調査) 14頁。
㉛叔璜「最近南通土布業概況」(『紡織時報』第1,083号、1934年5月10日) 3,160頁。
㉜童潤夫「南通土布業概況及其改革方案」(全国経済委員会棉業統制委員会編『棉業月刊』第1巻第2期、1937年2月) 222頁。

(33)前掲書『近代南通土布史』37〜41頁・151〜164頁・211〜232頁。
(34)前掲書『南通県志』(1996年) 63〜64頁。
(35)満鉄上海事務所調査室編『江蘇省南通県農村実態調査報告書』上海満鉄調査資料第51編 (南満州鉄道株式会社上海事務所、1941年) 109〜110頁。
(36)前掲書『近代南通土布史』191頁。
(37)同上書『江南土布史』639頁。
(38)厳中平『中国棉紡織史稿』(科学出版社、1955年) 40頁。
(39)前掲書『江蘇省南通県農村実態調査報告書』118〜122頁。なお、調査は、1940年9月中旬〜10月中旬に南通棉の産地で、土布業も発展していた頭総廟全体の54%に相当する94戸の農家を対象にして行なわれた (同書、序)。
(40)叔璜「最近南通土布業概況」(『紡織時報』第1083号、1934年5月10日) 3, 162頁。
(41)前掲書『江蘇省南通県農村実態調査報告書』109頁。
(42)前掲書『江南土布史』609〜610頁。
(43)王清穆修・曹炳麟纂『崇明県志』(1924年修・1930年刊) 巻之四．地理志、物産。
(44)前掲書『江都県続志』(1926年) 巻七上．物産考、織物之属。
(45)靖江県志編纂弁公室編『靖江県志』(江蘇人民出版社、1992年) 278頁。
(46)穆烜・厳学熙『大生紗廠工人生活的調査(1899-1949)』(江蘇人民出版社、1994年) 前言1頁。
(47)前掲論文、林剛「試論大生紗廠的市場基礎」。
(48)余儀孔「解放前南通商業発展簡史」(『江蘇文史資料』第106輯・『南通文史資料』第17輯、1998年1月) 143頁。
(49)趙如珩編『江蘇省鑑(下冊)』(新中国建設学会、1935年) 第6章5〜6頁。なお、南通棉花を上沙棉、海門棉花を中沙棉、崇明棉花を下沙棉と称することもあった (「上海棉花業之調査」『経済半月刊』2巻14期、1928年7月15日、調査、7〜8頁)。
(50)前掲書『南通県志』(1996年) 171頁。
(51)前掲書『崇明県志』(1924年修・1930年刊) 巻四．地理志、風俗。
(52)啓東県志編纂委員会編『啓東県志』(中華書局、1993年) 206頁。
(53)上海市崇明県県志編纂委員会編『崇明県志』(上海人民出版社、1989年) 319頁。
(54)前掲書『靖江県志』(1992年) 175頁。
(55)前掲書『中国実業誌(江蘇省)』第4編第3章を参照。
(56)前掲書『近代南通土布史』15頁・213頁・226頁。

⑸⁷前掲書『続修塩城県志』（1936年）巻四．産殖志、商市。
⑸⁸前掲書『江都県続志』（1926年）巻六．実業考、商業。
⑸⁹前掲書『宝応県志』（1994年）321〜322頁。
⑹⁰李徳溥修・方駿謨纂『宿遷県志』（同治13年）第七巻．疆域志。
⑹¹岸本清三郎「中支を主としたる肥料問題」（『満鉄調査月報』第20巻第5号、1940年5月）174頁。
⑹²邱沅・段朝端等『続纂山陽県志』（1921年）巻一．疆域、風俗・物産。
⑹³謝元福・陳玉樹等『塩城県志』（光緒21年）巻二．輿地志下、風俗。黎培敬・呉昆田等『淮安府志』（光緒10年）巻二．疆域、風俗。
⑹⁴林懿均・胡応庚等続修『続修塩城県志』（1936年）巻四．産殖志、労働。
⑹⁵董道誠「塩城農村経済之調査」（『農行月刊』第2巻第4期、1935年4月、調査）35頁。
⑹⁶管春樹「裏下河農村副業之生産方法」（『農行月刊』第2巻第12期、1935年12月、調査）14頁。
⑹⁷黄孝先「海門農民状況調査」（『東方雑誌』第24巻第16号、1927年8月）23頁。

# 第5章　浙江土布業の多様化

## はじめに

　寧波府は古くから棉花・土布の生産地として知られ、1930年代前半には上海市や江蘇省と並んで浙西の平湖県平湖・新埭鎮、海寧県塩官鎮・硤石鎮、嘉興県王店鎮・新篁鎮も土布の生産地として著名だった[1]。34年の調査から、上虞・余姚・海寧・鎮海・鄞県・紹興・杭県・金華・蘭谿・平湖・嘉興・嘉善の12県で生産された約600万疋の土布のうち、平湖が約200万疋、海寧・紹興が各々約80万疋、余姚・鎮海を除く、その他の県が各々10万疋以上を占め[2]、浙西でも浙東と同様に相当量の土布が生産されたことがわかる。

　近代浙江の土布業については、すでに秦惟人が清末の浙東に限定しながらも取り上げ、余姚や蕭山の沿海棉産区では土布を生産して一部を販売し、山岳区の仙居や沿海非棉産区の黄岩県路橋では余姚から棉花を購入して自給土布を生産し、また、1870年代初頭に山岳区の金華・衢州・厳州・処州や温州府・広信府（現、江西省東部）に洋布が流入したが、1880年代には廉価な棉花の流入によって低コストの土布が作られて洋布に対抗したため、温州府や広信府への洋布の流入がほとんど途絶し、さらに、1890年代以降は日本への棉花の輸出が急増したことから、浙東の棉作農民は「資本のための隷農」として世界資本主義の中に組込まれたとする一方、新土布を生産して洋布に抵抗したと説明しながらも、寧波では新土布業はそれほど興隆しなかったとも述べている[3]。

　だが、浙東の棉作農家が土布の生産から棉花の生産へ転換したか否かについては、より長期的な視野に立って確認し、また、洋糸はどのような地域に流入したのか、そして、浙西や浙南をも含めて浙江省の土布業にどのような変化が生じたのかについても検討する必要がある。

　そこで、本章では、時期を抗日戦争直前にまで広げ、また、浙江省を浙東棉

産地区（寧波・紹興）・浙西非棉産地区（嘉興・杭州）・浙南非棉産地区（温州・台州・金華・麗水・衢州）の３つに分けて、土布業の動向を農村経済全体の中で捉えたい。

# 1　浙東棉産地区

　浙東棉産地区は、寧波地区（余姚・慈谿・鎮海・鄞県・定海・寧海）と養蚕業・蚕糸業も盛んだった紹興地区（蕭山・上虞・紹興・諸曁）に分けて見ていきたい。余姚・慈谿・鎮海・鄞県・蕭山の杭州湾沿岸部地域は古くから主要な棉産地だったが[4]、民国期には慈谿の棉花・土布生産地の大部分が余姚に属していたから[5]（図１を参照）、古来より知られた寧波棉とは実は余姚棉花だったことになる。

(1)寧波地区

　余姚・慈谿の近代における棉作について、飯塚靖が1930年を例として大沽塘以北のアルカリ性土質の砂地で粗放栽培された棉花（地花）が全棉作地70万畝の中の60万畝を占めたものの、大沽塘以南の水田で稲と輪作されていた棉花（田花）に比べると、単位面積当たりの収穫量が低かったことに言及し[6]、また、1920年代中頃の調査によれば、地花と田花の生産量の比率は２対８で、１畝当たりの収穫量が最も高い時は地花の200斤に対して田花は300斤だったという。そして、周巷・天元市・滸山・廊廈・繆路鎮・長湖市・白沙路・坎鎮・下奨橋・歴山・馬家路（宗漢）・彭橋の北部中央が最も棉作が盛んで、全体の５割以上が生産され、残りが北東部の小路頭（逍路頭・逍林）・勝山・新坡堰（新浦沿）・架堰路や北西部の臨山衛・黃家埠・湖北市・泗門で生産された。棉花を買い集める花荘は1925年に103軒が余姚棉業公会に入会していたが、寧波の和豊紗廠や無錫の各紡績工場も買い付けに来ていた[7]。さらに、20年代末頃の調査によれば、花荘の他にも、臨時に家屋を借りて棉花を買い付ける仲買商が200軒余りいた[8]。

　さて、余姚では13世紀末頃には土布が生産され、また、慈谿でも明代には土

図1　浙江省の地図

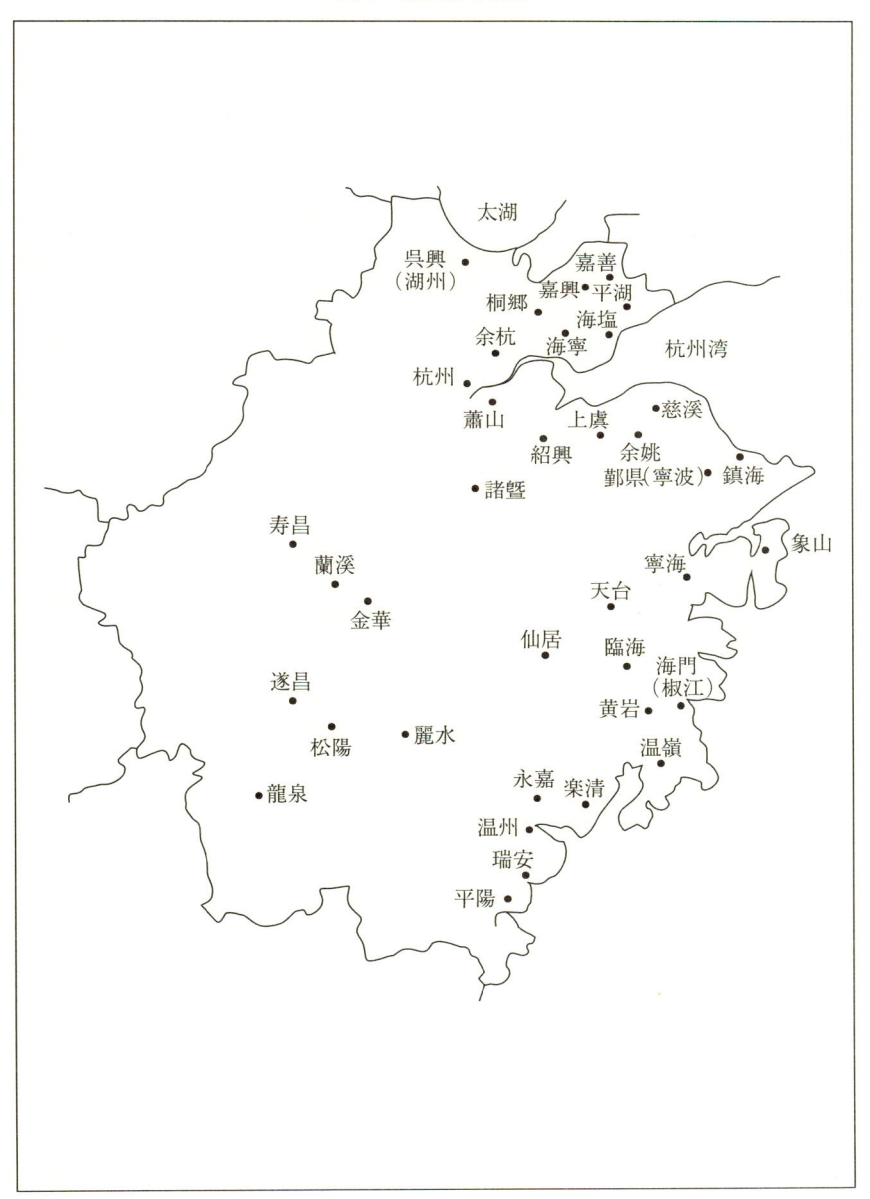

布生産が盛んになり⁽⁹⁾、余姚・慈谿の土布は元代に彭橋の小江布が全国に売れたが⁽¹⁰⁾、太平天国時期から滸山の滸布と丈亭の丈亭布が有名になり、抗日戦争直前に多数を占めていた丈亭布は丈亭よりも逍林で生産されるものが多くなり、主に金華・衢州・厳州・台州・処州の山間部農民や漁民に販売された。また、1924年から布荘の前貸問屋制による土布（放機布）の生産も見られたが、その生産量は土布全体の約1割弱を占めるにすぎず、主な販売先が土糸のみを用いた堅牢な土布を求めていたことと棉作が盛んだったことから、49年まで「自紡自織」による狭小な旧土布の生産が続けられ、抗日戦争前までは全て投梭機が用いられた。さらに、23年頃に滸山の7軒の布荘が年間30万疋以上の土布を買付け、観城・龍山・範市・周巷・逍林・彭橋・泗門・荘溪の20軒余りの花米布荘（棉花・米穀・土布を扱う商人）が年間40〜50万疋の土布を買付けたのに対し、27年頃には滸山の布荘は4軒のみとなり、土布の買付量も10万疋程度にしかすぎなくなり、その他の地域を全て合計しても1923年頃の約3割となった。こうして、余姚・慈谿で30年代に紡織に従事し続けたのは目の悪くなった老女だけで、若い女性は紡織を止めてより収入の多い草帽業へ転向した⁽¹¹⁾。このように、余姚・慈谿の土布生産地は、その中心地が時期によって多少移動したが、主要な棉産地とほぼ同様に大沽塘周辺一帯だった。ただし、20年代に布荘による土布の買付量が激減したことは土布の生産量も激減したことを反映していたと考えられる。

　鎮海は、やや地勢の高い所で棉作が盛んで、女機布・腰機布や花布・棋盤布が盛んに生産されたが、19世紀末に洋糸が流入すると、土糸の生産量は漸減し、手拉機・脚踏機で新土布が織られ、投梭機で織った本機布（旧土布）の生産は減少した⁽¹²⁾。

　そして、鄞県や寧波は棉花の集散市場だったが⁽¹³⁾、決して主要な棉産地とは言えず、しかも、1920年代末には寧波棉花のうち、約3分の1が地元の和豊紗廠に供給されたものの、約3分の2は浙南の永嘉・平陽に販売され、他に福建・上海にも移出された⁽¹⁴⁾。ただし、鄞県も土布の生産は盛んで、民衆の多くはその土布（結布、老布）の堅牢さの故にむしろ洋布よりも好んだが、19世紀末に

は洋布が流入して土布の生産が打撃を受け、1930年代には土布がほとんど生産されなくなった。また、高布（甬布）は1896年に洋布を模倣して作られた綿布で、洋布に比べて丈夫で柄の種類は従来の土布よりも多かったので、非常に歓迎され、一時は隆盛を極めたが、洋布の販路には何らの影響を与えず、逆に洋布に駆逐された[15]。このように、鄞県の土布は洋布が流入して1930年代にはほぼ駆逐された。

さらに、定海では、『定海庁志』（光緒11年）に岱山布の名が見え[16]、あるいは、『定海県志』（1925年）に洋布の流入以前は岱山布が移出の中心をなしたが、1920年代には土布が生産されなくなったとあり[17]、また、『岱山鎮志』（1927年）には岱山布が丈夫で厚みがあり、耐久性があったが、20年代に生産された新土布の布地は以前よりも薄くなり、さらに、綿紡織が盛んだった東部では洋糸の流入後は紡糸が廃れたが、新土布は丈夫さでは旧土布に及ばなかったとあり[18]、岱山県東沙鎮では30年代にも土布を販売していたという[19]。そして、寧海でも近代以前に農家の女性が土布を生産し[20]、俗に家布と称していた[21]。

さて、寧波地区の紡績工場は1905年に鄞県に設立された和豊紗廠のみで、08年に紹興県章家塔・慈谿県沈師橋・余姚県周巷に分公司を設立して棉花を買い付け[22]、30年代初頭には原棉の8割弱を余姚棉花で手当てし、10・12・14番手の太糸を生産し、四川・広西・広東・香港・天津・浙江に販売したが[23]、その綿糸が鄞県・余姚・慈谿に新土布生産を引き起こすことはなかった。

一方、表1を見ると、厚豊布廠が1929年から電動織布機を、また、誠生布廠が32年から脚踏機を導入したのを除くと、寧波地区の織布工場は全て手拉機を用いていた。すでに1885年に鄞県三橋（陳婆渡）に緯成布局が設立されたが、当初は前貸問屋制によって農家の女性に織布をさせており、1912年に倒産して復成布廠に改名し、東銭湖大堰地方に移ると、工場生産とともに、200戸余りの農家による前貸問屋制生産も行なった[24]。また、1928年に裕成棉布号の経営者が恒豊染織布廠を設立した[25]。

以上、鄞県や定海県岱山では洋糸流入後に土糸の生産が放棄され、新土布が生産されたのに対し、古くから棉花・土布の生産地だった余姚・慈谿では自作

表1　1937年以前における寧波地区の織布工場

| 県名 | 工場名 | 設立年 | 労働者数 | 織布機数 | 備考 |
|---|---|---|---|---|---|
| 余姚 | 貧民習芸所 | 1929年 | 49人 | | 1931年6織布工場で1.2万疋、1936年20万疋 |
| 鎮海 | 公益織布廠 | 1913年 | 180人 | 手拉機300台 | |
| | 興記織布廠 | 1919年 | | 織布機30台 | |
| | 貧民習芸所 | 1932年 | 25人 | | |
| 鄞県 | 緯成布局 | 1885年 | | 手拉機20台、1920年末20台追加 | 1932年に比較的規模の大きな10軒の織布工場で955人の労働者が働き、1933年に県城区の7軒の主要な織布工場で5万疋弱の綿布を生産 |
| | →復成布廠 | 1912年 | | 手拉機100台 | |
| | 厚豊布廠 | 1923年 | 20人余 | 脚踏機12台、1929年電動織布機96台 | |
| | 誠生布廠 | 1929年頃 | 1932年250人余 | 手拉機3台、1932年脚踏機86台 | |
| | 恒豊染織布廠 | 1928年 | | | |
| 定海 | （2軒） | 1936年 | 12人 | 織布機6台 | 土布300㍍弱 |
| 寧海 | (機械制織布工場) | 1936年 | | | |

典拠）『余姚市志』（1993年）318頁。『中国実業誌（浙江省）』（1933年）第7編27頁。『寧波市志』（1995年）1,045頁。張謨遠・範延銘「寧波布廠業発展史」（『寧波文史資料』第3輯、1985年8月）91～94頁。王珊純等「恒豊印染織廠」『寧波文史資料』（第6輯、1987年）49～50頁。『定海県志』（1994年）352頁。『寧海県志』（1993年）354頁。

棉花を用いて土糸・土布を生産し続け、前貸問屋制による新土布はほとんど生産されなかった。やがて、洋布や新土布との競争の激化で収益が低減して旧土布生産を維持できなくなった棉作農家の多くは、アルカリ土質の故に棉作のみ可能な地域だったために棉作を続けたが、土糸・土布の生産を放棄して新土布の生産へは向かわずに、草帽業へ転向した。一方、寧波地区の織布工場は小規模なものが多く、量的には土布を圧倒するほどではなかった。

(2)紹興地区

紹興地区では、南宋以降、棉作が発展するにつれて土糸・土布生産も盛んになり、特に紹興・上虞は銭塘江南岸の砂地で棉作が盛んで、紡糸も発展し[26]、1920年代には紹興県北部の馬鞍・党山・安昌や上虞県沿海部の崧廈・謝家塘・瀝海所で棉作が最も盛んで、その棉花は当地の土糸・土布に用いる以外は杭州・上海・蕭山・嵊県・寧波に移出された[27]。さらに、1934年の調査によれば、紹興では約80万疋の土布が生産され[28]、また、上虞では塘外の砂地や西北部で棉花が多く栽培され、土布も生産された[29]。

表2　1937年以前における紹興地区の織布工場

| 県名 | 工　場　名 | 設立年 | 労働者数 | 織布機台数 |
|---|---|---|---|---|
| 紹興 | 裕生棉織廠 | 1916年 | 105人 | 手拉機100台 |
|  | 第一貧民習芸所 | 1927年 | 41人 | 手拉機30台 |
|  | 吉生布廠 | 1928年 | 210人 | 手拉機・脚踏機230台 |
|  | 達興昌廠 | 1929年 | 18人 | 手拉機12台 |
|  | 大成興記棉織廠 | 1930年 | 19人 | 毛巾木製織機24台 |
| 上虞 | 益民布廠 | 1909年 |  |  |
|  | 華通布廠 | 1924年 |  |  |
|  | 平民工廠(平民布廠) | 1928年 | 40人 | 脚踏機6台、手拉機12台 |
| 新昌 | 県立救済習芸所 | 1929年 | 25人 | 手拉機28台 |

典拠）『中国実業誌（浙江省）』第7編25～30頁。『上虞県志』（1990年）311頁。

　1920年代末の調査によると、蕭山県東部塘外一帯の棉作地は全県の約8割を占め、その約1割が自給土布の原棉となるか、金華や蘭谿に販売され、大分部は地元の通恵公紗廠や寧波の和豊紗廠に販売された。だが、徐々に棉花に代わって桑が栽培されるようになって棉作地は減少し、しかも、かつて織布機1万台余りで紡織を行なっていた東部の農家の多くが副業を花辺業へ転換したこともあり、1920年代末には織布機が2,000台余りに減少し、土布の年間生産量も1万疋に達しなくなった[30]。

　蕭山の土布は、乾隆期（1773～95年）に余姚の土布より約2寸幅が広く、杭州では過江布と呼ばれ、1930年代には福建・江西に販売されたが、当時最も流行した高布は原糸に洋糸を用いた。また、1898年に通恵公紗廠が設立されてから土糸の生産は漸減して土布も洋糸を用いるようになったが、生産された綿糸の主要な販売先は、金華・東陽に27％、温州・海門（椒江市）・平陽に22％、寧波に9％で、蕭山には約4.5％にすぎず[31]、蕭山では新土布の生産が盛んになったとは考えられない。1920年代に県城区内に通華織造廠や恒豊襪廠が設立されたが[32]、織布工場は設立されなかった。さらに、諸曁でも清末に棉花が栽培され、冬布・腰機布が織られた[33]。

　他方、1932年の調査によれば、紹興の裕生棉織廠や吉生布廠を除けば、その他の織布工場は規模が小さく、織布機も手拉機が主要で、脚踏機はわずかだった（表2を参照）。

212　第5章　浙江土布業の多様化

以上、紹興地区では、寧波地区に次いで、棉花・土糸・土布の生産が盛んだったが、洋糸流入後は土糸の生産が減少し、1920年代以降は土布の生産も減少した。他方、20世紀初頭から紹興や上虞に数軒の織布工場が設立されたが、農家の新土布生産や前貸問屋制の展開はほとんど見られず、蕭山の棉花は一部が通恵公紗廠に販売され、大部分は移出された。

## 2　浙西非棉産地区

(1)嘉興地区

前近代には、嘉興府では、棉作はあまり盛んではなかったが、綿糸布の生産は盛んで、多くの農家がこれを生業とし、男も女も不眠不休で紡織に従事するほどだった[34]。

1930年代中頃の調査によれば、嘉興県雲南郷には織布農家が多く、卿雲郷・鎮東郷・王店鎮でも土布が生産されたが、布荘から洋糸を前貸しされて織った織荘布よりも洋糸で織った自給用の自織布の方が多かった。布荘の大部分は王店鎮にあり、その中には織布工場を設立した布荘もあった[35]。あるいは、30～33年の調査によれば、小布生産工場が、王店鎮に6軒、新篁鎮に3軒あったが、その多くは洋糸を前貸して新土布を織らせていた。このような新土布生産農家は王店鎮に1,000戸余りと新篁鎮に約5,000戸いて年間55万疋以上生産していた。なお、改良土布には長さ約40尺・幅1.4～1.5尺で染色したものと長さ14～24尺・幅1～1.1尺で染色しないものがあり、浙江省内陸部、上海、長江以北各省に販売された[36]。

嘉善では、幅22尺の小布と幅40尺の大布が生産されたが、女性が糸を紡ぎ、また、綿糸を扱う紗荘が設立され[37]、元手の無い貧農は土糸のままで売らざるを得ず、特に魏塘では土糸が大量に売買された[38]。明代以降、土糸や土布が生産され、魏塘鎮や楓涇鎮に多くの紗荘が設立されたが、光緒期に洋糸布が流入すると、土糸・土布の生産は衰退した。ただし、恵民郷・楓南郷一帯では民国初期にも洋経土緯の土布が生産されていた[39]。

海塩県沈蕩鎮では、1930年頃、無錫・上海から綿糸を購入して手拉機を用いて20万疋の新土布が生産され、浙南の金華・衢州・厳州、浙東の紹興、福建省建寧に販売された(40)。

桐郷では、棉作が盛んだった石門に紡織従事者が多く、棉花が不足するほどで(41)、石門の東荘布と烏青鎮（烏鎮鎮）の黄草布が質的に優れていた(42)。

海寧では、宋代から土布が生産され、多い時には13,000戸余りの織布農家がいて(43)、浙江省内陸部や江蘇省に販売された(45)。また、硤石鎮の土布は他県のものより優れ、乾隆期には生産地が硤石鎮以外にも広がった(46)。蚕桑業を兼業とする水稲作が盛んな硤石鎮は、非棉作地だったため、江蘇省境近くの楓涇・洙涇・泗涇などの18鎮、嘉善県魏塘鎮、宝山県大場鎮・嘉定鎮、蘇州から土糸を購入する土紗荘が、1900年頃に20軒余り営業し、また、斜橋・周王廟・慶雲橋・鄭墅廟・諸橋にも小規模な土紗店があり、蘆家湾・丁橋・馬橋にあった小規模な紗花米店（棉花・綿糸・米穀店）も土糸を扱っていた(47)。だが、1901年頃から急速に洋糸が流入し、30年頃には旧土布は土布全体の6～7％を占めるにすぎなくなり(48)、抗日戦争前には大布（幅1.6～1.8尺・長さ約50尺）・小布（幅0.8～1.2尺・長さ20～40尺）・灰布（品質は極めて劣悪）の全てに10～20番手の洋糸が用いられた(49)。一方、硤石鎮の布行が洋糸を前貸した地域は、西は桐郷県石門・屠甸、東は海塩県沈蕩、北は嘉興県王店鎮付近まで広がり(50)、土布の年間生産量は最盛期の11～21年に約260万疋だったが(51)、30年代中頃には約100万疋となった(52)。

平湖は、地勢が高くて土地が痩せており、「夫耕婦織」が一般的で、女性が夜を徹して紡織に励み、早朝に市場に綿糸布を持ち寄って棉花と交換していたが、土布は布目が平均して詰んでいるものが佳いとされ(53)、明代から生産されていた小布（幅1尺・長さ18尺）は、特に霊溪（現、南橋郷一帯）のものが有名で、清末から民国初期にかけて最盛期となり、主に上海に売られ、福建へも転売され(54)、清末までは土布の生産地は黄姑・乍浦・金塘・新倉・林埭の棉産地に集中したのに対し、水稲作地の新埭では花米行（棉花・米穀店）から棉花を購入して自給綿布を生産した。だが、1907～11年に洋糸が流入して前貸問屋

制が展開すると、水稲作地の新埭で新土布生産が発展したのに対し[55]、棉産地の旧土布（白布）は抗日戦争前にも年間約40万疋が金華・衢州・厳州へ販売されたとは言うものの、徐々に淘汰された[56]。一方、16番手の綿糸を前貸されて生産された小布は、県城周辺一帯で生産量が最も多く、新倉・新埭・広陳鎮がこれに次ぎ、31年に120万疋、32年に90万疋余りあった[57]。

また、平湖県城内には織襪機と原糸を農民に貸与する中小靴下工場が新設され、靴下生産は土布生産よりも収入が多かったので、農村の多くの若い女性が

表3　1937年以前における嘉興地区の織布工場

| 県名 | 工場名 | 設立年 | 労働者数 | 織布機台数 | 備考 |
|---|---|---|---|---|---|
| 嘉興 | 培利布廠 | 1912年 | 50人 | 手拉機50台 | |
| | →嘉禾布廠 | 1915年 | | | |
| | | 〈1922年〉 | 400人余 | 電動織布機100台 | |
| | | 〈1927年12月〉 | 438人 | 電動織布機180台、脚踏機30台、手拉機130台 | 条子漂布25,800疋、格子漂布6,900疋、毯子布18,600疋 |
| | →嘉禾染織廠 | 1928年 | 1930年代初頭566人 | 電動織布機240台、脚踏機140台、手拉機200台 | |
| | 辛康染織廠 | 1926年 | 50人 | 手拉機14台 | 廠布1,800疋 |
| | 謙益布廠 | 1917年 | | 手拉機200台余、脚踏機100台余 | 1923年閉鎖 |
| | 許大美布廠 | 1921年 | 45人 | 手拉機30台 | |
| 嘉善 | 善益布廠 | 1912年 | | | |
| | 善益昌記 | 1925年 | 228人 | | |
| 海塩 | 震亨布廠(民生布廠) | 1927年 | 50人余 | 織布機22台 | |
| 桐郷 | 元記布廠 | 1931年 | | 織布機10台 | |
| 海寧 | 同盛永布廠 | 1914年 | | 改良手拉機120台 | |
| | 華達布廠 | 1924年 | | 脚踏機54台 | |
| | 緯通布廠 | | | 改良手拉機60〜70台 | |
| | 利万染織廠 | 1932年 | | | |
| 平湖 | 通益染織廠 | 1922年 | 100人余 | | |
| | 恒泰祥布廠 | 1925年以降 | 37人 | | 綿布7万疋 |
| | 民生棉紡織廠 | 1930年 | | | 省営、1931年閉鎖 |
| | 天成布廠 | 1925年 | 1931年20人 | | 1931年綿布2,000疋 |

典拠）『嘉興市志』（1997年）972〜973頁。『中国経済誌　浙江省嘉興・平湖』（1935年）57〜58頁。『中国実業誌（浙江省）』第7編23〜33頁。『嘉善県志』（1995年）305頁。『海塩県志』（1992年）330頁。「硤石之経済状況」（『中外経済週刊』第215期、1927年6月11日）13〜14頁。『海寧硤石鎮志』（1992年）50頁。『平湖県志』（1993年）283頁。「浙江省平湖県工廠調査表」（『工商半月刊』第4巻第1号、1932年1月1日、調査）54頁。

織布をやめて靴下作りを始めたり、靴下工場に勤めるようになった[58]。工場は1912年に光華襪廠が設立され、32年に48軒、37年には83軒となり、労働者は1万人以上に達した[59]。他方、嘉興地区の織布工場は全て12年以降に設立され、そのほとんどは手拉機や脚踏機を備えた手工制織布工場で、嘉興が最も発達し、特に手工制織布工場の培利布廠から発展を遂げた嘉禾染織廠は機械制織布工場だった（表3を参照）。なお、平湖県新埭の織布工場の多くは、農家の女性を雇って厚手で丈夫な土布を生産していた[60]。

　以上、非棉産地の嘉興・嘉善・海塩・桐郷は、近代以前から土糸・土布の生産が盛んで、中には購入棉花で紡糸のみを行なう土糸販売者も相当数いたが、洋糸流入後は前貸問屋制による新土布の生産も盛んになった。また、同じく非棉産地の海寧県硤石鎮一帯では、洋糸流入以前は土糸を購入して大量の土布が織られたが、洋糸流入後は前貸問屋制による新土布の生産が盛んになった。さらに、平湖は、洋糸流入後は非棉産地・水稲栽培地で新土布業が発展したが、棉産地・旧土布生産地では土布に代わって靴下が生産され、新土布業は発展しなかった。なお、嘉興地区には織布工場を初めとする各種の綿織工場が数多く設立された。

(2)杭州地区

　余杭県の農家の女性が民国期にも旧式木製織布機で土布を生産したが[61]、杭県臨平・曾堡・皋塘で棉花が少し栽培されたものの[62]、土糸や土布はほとんど生産されなかった。また、杭州市に1896年に創設された通益公紗廠が暫くして閉鎖し、これを継いだ鼎新紗廠（織布機275台）も1927年に閉鎖し、29年に上海三友実業社が継承して三友実業社杭廠とし、織布機を765台に増設した。なお、労働者1,500人中の1,000人までが女性だった[63]。

　一方、1932年の調査は、比較的大規模な織布工場として13工場を挙げ、その労働者数は3,017人（1,598人が三友実業社杭廠）だったとしている[64]（表4を参照）。だが、27年には大豊盛記・九華永記・広生・永興・恵民・浙江模範廠・五豊・正豊・振華・平民・源康・汪恒泰・豫豊・同盛の18工場があり、生産さ

表4　1937年以前における杭州地区の織布工場

| 県名 | 工場名 | 設立年 | 労働者数 | 備考 |
|---|---|---|---|---|
| 杭州市 | 広生棉織三廠 | 1923年 | 150人 | 電気モーターを装備 |
| | 恵民布廠 | 1926年 | 128人 | |
| | 九華永染織廠 | 1928年 | 130人 | |
| | 永新布廠 | 1928年 | 95人 | |
| | 大豊盛記染織廠 | 1928年 | 220人 | |
| | 三友実業社杭廠 | 1929年 | 1,598人 | |
| | 華豊泰布廠 | 1929年 | 58人 | |
| | 振華染織廠 | － | 91人 | |
| | 浙江省区救済院感化習芸所普益布廠 | － | 120人 | |
| | 浙江省区救済院貧民工廠 | － | 260人 | |
| | 大同昌記染織廠 | － | 81人 | |
| | 正豊布廠 | － | 61人 | |
| | 精勤紗布廠 | － | 25人 | |
| 余杭 | 義大布廠 | 1912年 | | いくつかの布廠が1927年から改良鉄木機を使用したが、多くの布廠が閉鎖 |

典拠）『中国実業誌（浙江省）』第7編25～26頁。『余杭県志』(1990年) 264頁。

れた綿布は主に金華・衢州・厳州に販売されたが、織布機の大部分は手拉機や脚踏機だった[65]。

　以上、蚕糸業が古くから盛んだった杭州地区では、棉花はほとんど栽培されず、土糸・土布の生産も余杭県の一部の地域で細々と行なわれたにすぎなかったが、杭州市にはいくつかの織布工場が設立され、特に三友実業社杭廠は比較的規模が大きかった。

## 3　浙南非棉産地区

(1)温州地区

　瑞安では様々な土布が作られ、永嘉の女性は紡糸に励み、夜に綿糸を洗って綿布にしたものを雞鳴布と呼んだ[66]。また、平陽では、幼女から老女まで綿糸を紡ぎ、雞鳴布を織り[67]、寧波・紹興から土布用の棉花を購入していたが、洋糸が流入すると、新土布が生産されたが、農民の多くは厚みがあって丈夫な旧土布を好んだという[68]。

表5　1937年以前における温州地区の織布工場

| 県名 | 工場名 | 設立年 | 労働者数 | 織布機台数 |
|---|---|---|---|---|
| 永嘉 | 平民習芸所 | 1912年 | | 織布機40台 |
| | 西門泰布廠 | 1913年 | 70人余 | 織布機30台余 |
| | 振業布廠 | 1917年 | 140人 | 脚踏機・手拉機・ジャカード綾織機80台余 |
| | 鴻章棉織廠 | 1922～23年 | | |
| | 青出藍布廠 | 1922年 | | |
| | →甌江染織布廠 | 1923年 | 234人 | 脚踏機8台、手拉機100台、ジャカード綾織機3台 |
| | 鹿城染織布廠 | 1923年 | 280人 | 脚踏機10台、手拉機120台、ジャカード綾織機4台 |
| | 永安利染織布廠 | 1928年 | 100人 | 脚踏機6台、手拉機80台、ジャカード綾織機3台 |
| | 漱成染織布廠 | 1928年 | 131人 | 手拉機80台余り |
| | 経華 | － | 80人 | 手拉機40台 |
| | 華興、興業 | － | 各60人 | 手拉機各30台 |
| | 陳宜興、明華 | － | 各50人 | 手拉機各20台 |
| | 王錦泰 | － | 30人 | 手拉機12台 |
| | 民生 | － | 30人 | 手拉機15台 |
| | 民生二房 | － | 20人 | 手拉機6台 |
| | 美大、大綸烈記、錦華 | － | 各20人 | 手拉機各10台 |
| | 錦霞、潤元 | － | 各40人 | 手拉機各20台 |
| | 斐錦 | － | 15人 | 手拉機8台 |
| 楽清 | 貧民習芸所 | － | | |
| | 振豊染織廠 | 1927年 | | 手拉機4台 |
| | →振成布廠 | 1936年 | | 脚踏機32台、手拉機40台余 |
| | 大華布廠 | 1928年 | | 手拉機5台 |
| | →振発布廠 | 1930年 | | 手拉機15台、1937年脚踏機12台・手拉機27台 |

典拠)『中国実業誌(浙江省)』第7編24～29頁。『温州市志』(1998年)1,194頁。易強・包啓芳「包福生与柳市紡織工業」(『楽清文史資料』第7輯、1889年9月)175～177頁。

　永嘉には浙南の中で最も多くの織布工場が設立された(表5を参照)。このうち、青出藍布廠が綢緞号、鹿城布廠が怡大棉布号、鴻章棉織廠が濂昌銭荘、漱成布廠が許雲影綢緞局から起業したもので、1930年には40軒余りの織布工場・作業場で3,000人余りが1,500台余りの織布機で10.54万疋の綿布を生産している。最も生産量の多かった条子粗布は安価で耐久性にも富み、主に浙南の温州・麗水・台州や福建省北部に販売された。また、県城区では32年に900人余りが450台の織布機で5.22万疋の綿布を生産した[69]。

　以上、非棉産地の温州地区では清代に浙東の棉産地から大量の棉花を購入し

て農家の女性が土布を織りったが、洋糸が流入すると、新土布が生産され、また、永嘉や楽清には小規模ながら数多くの手工制織布工場が設立され、綿布を主に浙南に販売した。

(2)台州地区

非綿産地の仙居では棉花を余姚から移入し[70]、手揺紡車と投梭機で土糸・土布を生産した[71]。また、かつて余姚から大量の棉花を購入していた黄岩でも19世紀後半頃に地勢のやや高いところで棉花を栽培して余剰分を移出するようになり[72]、以前は地元の需要を満たす程度だった土布の生産も1930年代初頭には41,000戸65,000人以上の農家の女性が綿糸を購入して織った土布を移出するようになった[73]。だが、土布の生産が盛んだったのは路橋と下梁だけで、路橋では織った小布を市場で綿糸と交換し、大経布廠が非常に利益を上げるようになり[74]、下梁は海に近く、アルカリ性土質で、棉作に適し、農民はわずかな棉花を栽培して自給土布を生産していた[75]。さらに、温嶺では1920年に農家の女性が柳条布8,500疋と紗布4,000疋を生産し[76]、臨海では1930年頃に1.5万担（18万元）の棉花が生産され、150万元分の綿布と50万元分の綿糸が移出された[77]。

表6　1937年以前における台州地区の織布工場

| 県名 | 工場名 | 設立年 | 労働者数 | 織布機数 | 綿布生産量など |
|---|---|---|---|---|---|
| 黄岩（路橋鎮） | 少木廠 | 1916年 | 60人 | | |
| | 普明織物廠 | 1918年 | 100人余り | | 約400疋 |
| | 方維大 | 1932年 | 65人 | | 1,800疋 |
| | 宏興 | 1932年 | 10人 | | 600疋 |
| | 張新発 | 1932年 | 9人 | | 550疋 |
| | 章合興 | 1932年 | 8人 | | 500疋 |
| 天台 | 錦綸機織廠 | | 21人 | 1932年手拉機14台・脚踏機7台 | |
| 仙居 | 下各興織布廠、湖瑛圏華章織布廠、城関民益織布廠 | 民国期 | | | 白坯布や格子布などを生産 |
| 臨海 | 椒江布廠 | 1914年 | | | |
| | 正業貧民工廠 | 1927年 | | 脚踏機11台 | 1,600疋余り |
| | 貧民習芸所 | 1914年 | 70人 | 手拉機40台 | |
| 温嶺 | 沢国丹崖山織布廠 | 1916年 | | | 2,800疋余り |

典拠）何冰「黄巌県之工業」（『工商半月刊』第5巻第12号、1933年6月15日、調査）65〜66頁。『中国実業誌（浙江省）』第7編28頁。郊奇丙「解放前路橋実業家――郊道生」（『黄岩文史資料』第10期、1988年5月）73頁。『仙居県志』（1987年）201頁。『臨海県志』（1989年）358頁。『温嶺県志』（1992年）302頁。

一方、1933年頃に黄岩にあった5軒の織布工場で生産された綿布は、約4,000疋にすぎず、特に普明織物廠の綿布は約400疋だったが（表6を参照）、織布機を貸与して農家に織らせたというから[78]、工場内よりも農家に織らせた土布の方が多かったかもしれない。

以上、台州地区では、綿紡織業があまり盛んではなく、自作棉花を用いて細々と土糸や土布が生産されることが多かったが、仙居・黄岩では大量の棉花を余姚から購入して土糸や土布を生産した。特に黄岩県路橋は土布の生産が盛んで、織布工場も路橋を中心として各県に設立されたが、その規模はいずれもそれほど大きくはなかった。

(3)金華・麗水・衢州地区

内陸部に位置する金華・麗水（旧処州府）・衢州の3地区は、前近代には棉花・土糸・土布生産地としてはほとんど知られていなかったが、20世紀には新しい動きが見られた。

金華地区では、金華土布は質があまり良くなく[79]、蘭谿県純孝郷の河川沿いは道光・咸豊年間に棉作が盛んだったが、光緒年間には棉作は少なくなった[80]。1930年代中頃には蘭谿県城内の花行から購入した棉花を寿昌県の農家の女性に紡がせて土糸を確保し、男子が織布に従事し、土布を松陽・金華・寿昌に販売していた。このことから、棉作・紡糸・織布の三工程で地域間分業が成立している中で、蘭谿の土布業は、農家の男子が織布を本業としていたことがわかる。だが、120戸のうち90％以上が織布に従事していた第4区平郷畈口村では、土布の年間生産量が1,000疋から200〜300疋に減少すると、絹へ生産を転換した[81]。

麗水地区では、麗水は19世紀後半に農家の女性が土糸・土布を生産し[82]、また、松陽は「男耕女織」が一般的で、県志に木綿布や木綿花の名が見える[83]。だが、1930年代中頃には蘭谿から土布を移入しており、土布の生産はそれほど盛んではなかった。

衢州地区では、砂質土の江山県西北部でわずかに棉花が栽培され[85]、非棉作

表7　1937年以前における金華・麗水・衢州地区の織布工場

| 県名 | 工場名 | 設立年 | 労働者数 | 織布機数 | 綿布生産量など |
|---|---|---|---|---|---|
| 金華 |  | 1904年 | 女子30人 | 手拉機20台 | 県内初の織布工場 |
|  | 恵民布廠 | 1926年 | 140人 | 手拉機50台、鉄製織布機32台、脚踏機50台 | 1.2万疋 |
| 蘭谿 | (土布生産合作社) | 1933年 |  |  |  |
| 麗水 | 利用織布学堂 | 1905年 | 300人余 | 手拉機、1920年代後半脚踏機12台・織布機300台近く | 暫くして利用織布公司と改名 |
|  | 普利織布廠 | 1922〜23年 |  |  |  |
|  | 治記・許得生・許寿珍・王子祥織布廠など | 1926年以降 |  |  | 1932年に6軒の染織工場操業 |
| 龍泉 | 平民習芸所 | 1914年 |  | 手拉機20台、脚踏機3台、ジャカード紋織機3台 |  |
|  | 日新織布公司 |  |  |  | 義泉社巷付近に設立 |

典拠）『金華県志』（1992年）219頁。陸貴港口述・範維徳整理「販口村土布生産合作社」（『蘭谿文史資料』第5輯、1987年8月）78頁。呉学融「利用織布公司的革命伝統」（『麗水文史資料』第5輯、1988年12月）121〜124頁。『麗水市志』（1994年）131頁。『龍泉県志』（1994年）241〜242頁。

地の常山でも咸豊・同治年間に棉作が始まり、農家の女性が紡織に励み、土布を生産した[86]。なお、衢州は清代に綿布にプリント・染色を行なう花布坊が発達し[87]、布店に代わって主に海寧や南通から購入した白坯布に染色した土花布は衢州で一時非常に普及したが、抗日戦争前には衰退した[88]。

一方、20世紀初頭から金華・蘭谿・麗水・龍泉に数軒の織布工場が設立され（表7を参照）、特に金華県城区では1935年に紡織業関連の19工場が操業し、最盛期を迎えた[89]。

以上、金華・麗水地区は前近代には棉花・土布の生産がそれほど盛んではなかったが、20世紀に入ると、数軒の小規模な織布工場が洋糸を用いて綿布を生産した。ただし、蘭谿では他県の農家の女性に棉花を手当てして紡がせた土糸を用いて男子が土布生産に従事し、その土布は近隣諸県にも販売され、土布生産合作社も設立された。また、衢州地区は近代になってから一時的に棉作が盛んになった地域もあったが、全体としては棉作がそれほど盛んではなく、土糸・土布生産もわずかで、花布の生産で一時有名だった衢州も白布を移入していた。このように、浙南地区ではわずかな自作棉花と浙東から購入した棉花で細々と紡織を行なうに過ぎず、多くの土布を浙東から購入していた。1870年代初頭には浙南にも洋布が流入したが、1870年代中期から始まった急激な銀安金高傾向

が金本位制のイギリスの洋布を割高にした。一方、中国と同じ銀本位制のインドの洋糸は割安感が強まり、1880年代前半に福建・華南にインド綿糸が棉花の代替品として流入したことによって、重要な販売市場を喪失した寧波棉花は販売不振となり、棉花価格が低下した。この安価で大量の寧波棉花が浙南へ流入し、安価な土布が生産され、割高となった洋布に対抗した。この結果、1880年代には浙南への洋布の流入が減少し、特に温州地区では洋布の流入がほとんど途絶したが、1890年代には浙南にも安価な洋糸が流入して新土布の生産が開始され、20世紀初頭とりわけ民国期に入ってから数多くの手工制織布工場が設立された。

## お わ り に

19世紀末〜20世紀前半に浙江省の土布業に発生した変化は多様なものだった。すなわち、洋糸流入後、浙西・浙東の非棉産地（特に嘉興地区）では前貸問屋制が展開し、あるいは、手工制織布工場が設立され、新土布の生産が盛んになったが、従来からの棉花・土布生産地（特に余姚・慈谿）では旧土布の生産を続け、土布の生産を維持できなくなると、靴下・草帽などの新しく興った手工業へ転向し、また、従来あまり棉花・土布が生産されていなかった浙南（特に永嘉）では手工制織布工場が設立されて新土布の生産が盛んになった。

この3地域には、浙東（棉作・旧土布生産、家内手工業、投梭機）→浙西（新土布生産、前貸問屋制・手工制織布工場、手拉機）→浙南（新土布生産、手工制織布工場、手拉機）という発展の序列が成り立つようにも見えるが、農村経済の発展程度を反映したとは言い難い。では、このような生産・経営形態の差を生み出した原因特に浙南に前貸問屋制ではなく手工制織布工場が設立された意味は何だったのだろうか。

前貸問屋制と手工制織布工場の違いの1つは、織布機所有の有無にある。言うまでもなく、前貸問屋制の場合、商人は織布機を所有している農民に原糸を前貸するが、手工制織布工場の場合、織布機と原糸の用意された作業場で農民

は労働する。よって、織布の伝統が無く、農民が織布機を所有していない場合、商人は原糸とともに織布機をも前貸するか、工場に農民を集めて作業させるかのどちらかを選択することになる。すでに、蘇南の土布業で見たように、手工制織布工場は、協業と分業に基づく生産をしているわけではないので、マニュファクチュアとは言えず、前貸問屋制との生産能力の差異は決定的ではない。織布の伝統が無かった浙南では農民は織布の未熟練工であり、作業の監視・指導のためにも作業場に農民を集める必要があったと考えられる。これに対して、同じく非棉産地の浙西では洋糸が流入する以前から棉花ないし綿糸（土糸）を購入して織布する伝統があり、それ故に、農民は織布機を所有し、織布の熟練工だったから、土糸よりも安価な洋糸を大量に手にすることができる前貸問屋制を受け入れることになる。また、浙南の手工制織布工場は、上海・蘇南に設立されたものに比べると、規模が小さく、織布機も大部分が手拉機に留まり、脚踏機はほんのわずかで、機械制織布工場へ転換するまでには到らなかった。

注

(1) 羅克典『中国農民経済概論』（上海民智局、1934年）362〜364頁。なお、同書には、海寧県塩官鎮は古名の海昌と記されている。
(2) 厳中平『中国棉紡織史稿』（科学出版社、1955年）261頁。ただし、原典は、綿業統制委員会編『華東区四省棉紡織品産銷調査報告』（未発表）となっている。
(3) 秦惟人「清末郷村綿業の展開——浙東を中心にして」（『講座中国近現代史』第2巻、東京大学出版会、1978年）。
(4) 浙江省の棉産状況及び棉産地については、第1編第2章を参照されたい。
(5) 1954年10月、余姚・慈谿・鎮海3県の行政区画が変更され、慈谿県に棉産地が集中した（寧波市地方志編纂委員会編『寧波市志』中華書局、1995年、1,257〜1,258頁）。
(6) 飯塚靖「南京政府期・浙江省における棉作改良事業」（『日本植民地研究』第5号、1993年7月）4頁。
(7) 「浙省余姚棉業之調査」（『中外経済週刊』第227号、1927年9月3日）2頁。
(8) 「余姚棉花産銷状況」（『工商半月刊』第1第21号、1929年11月1日、調査）17〜18頁。

(9)唐若瀛等『重修余姚志』(乾隆46年)巻九．物産、貨之属。馮可鏞修・楊泰亨纂『慈谿県志』(光緒25年)巻五十三．物産上、服食之属、棉布。

(10)余姚市地方志編纂委員会編『余姚市志』(浙江人民出版社、1993年)318頁。

(11)徐新吾主編『江南土布史』(上海社会学院出版社、1992年)669〜674頁。

(12)兪樾等『鎮海県志』(光緒5年)巻三十八．物産、貨之属。洪錫範・王栄商等『鎮海県志』(1932年)巻四十一．風俗。同前、巻四十二．物産、貨之属。

(13)実業部国際貿易局編『中国実業誌(浙江省)』(1933年)第4編107頁。

(14)前掲、「余姚棉花産銷情況」28頁。

(15)蔡芝即等編『鄞県通志』(1935年)第三．博物志、乙編．工芸製造品之部、棉織類。

(16)馮塋・汪洵等『定海庁志』(光緒11年)巻二十四．物産、貨之属。

(17)陳訓正等『定海県志』(1925年)巻十六．方俗志、風俗。

(18)湯濬『岱山鎮志』(1927年)巻十九．志物産、人工品、布。同前、巻十八．志風俗。

(19)岱山県志編纂委員会編『岱山県志』(浙江人民出版社、1994年)274頁。

(20)崔秉鐘・華大琰等『寧海県志』(康熙16年)巻一．輿地志、風俗。同前、巻三．食貨志、物産、帛類。

(21)寧海県地方志編纂委員会編『寧海県志』(浙江人民出版社、1993年)354頁。

(22)寧波市民建・工商聯史料組「寧波和豊紗廠的創建与演変」(『寧波文史史料』第3輯、1985年8月)81頁。

(23)前掲書、『中国実業誌(浙江省)』第7編17〜22頁。

(24)張謨遠・範延銘「寧波布廠業発展史」(『寧波文史史料』第3輯、1985年8月)91〜94頁。

(25)王珊純等「恒豊印染織廠」『寧波文史史料』(第6輯、1987年)49〜50頁。

(26)紹興市地方志編纂委員会編『紹興市志』(浙江人民出版社、1996年)第二冊、714頁。

(27)「余姚棉花産銷情況」(『工商半月刊』第1巻第21号、1929年11月1日、調査)29〜30頁。

(28)前掲書、厳中平『中国棉紡織史稿』261頁。ただし、原典は、綿業統制委員会編『華東区四省棉紡織品産銷調査報告』(未発表)となっている。

(29)儲家藻・徐致静等『上虞県志校続』(光緒24年)巻三十一．食貨志二、物産、布帛之属。

(30)前掲、「余姚棉花産銷情況」28頁。

(31)張宗海・楊士龍等重修『蕭山県志稿』(1935年)巻一．疆域門、物産、製造物、土

布・高布・軽容紗・土棉紗。前掲書、『中国実業誌（浙江省）』第 7 編16頁・21頁。
(32)蕭山県志編纂委員会編『蕭山県志』（浙江人民出版社、1987年）338頁。
(33)陳遹聲・蔣鴻藻等『諸曁県志』（宣統 3 年）巻十九．物産志一、志糸布、棉花、棉線・土布。
(34)于尚齢等『嘉興府志』（道光20年）巻十一．食貨志、物産、枲類、木棉。なお、許瑤光・呉仰賢等『嘉興府志』（光緒 5 年）にも同様の記述が見え、王彬・徐用儀等『海塩県志』（光緒 3 年）巻八．輿地考、風土では出典を朱国楨・湧幢小品としている。
(35)馮紫崗編『嘉興県農村調査』（国立浙江大学・嘉興県政府、1936年）136～137頁。
(36)建設委員会経済調査所統計課編『中国経済誌　浙江省嘉興・平湖』（建設委員会経済調査所、1935年）60～61頁。
(37)江峯青・顧福仁等『嘉善県志』（光緒20年）巻十二．物産、貨之属。
(38)嵆曾筠・沈翼等『浙江通志』（乾隆 1 年修・光緒25年刊）巻百二．物産二、嘉興府。
(39)嘉善県志編纂委員会編『嘉善県志』（上海三聯書店、1995年）305頁・319頁。
(40)「浙江海塩県布類出産及行銷情形」（『工商半月刊』第 2 巻第15号、1930年 8 月 1 日、調査）45～48頁。
(41)徐麗元・譚逢仕等『石門県志』（光緒 5 年）巻三．物産、花類。
(42)桐郷市《桐郷県志》編纂委員会編『桐郷県志』（上海書店出版社、1996年）478頁。
(43)海寧市志編纂委員会編『海寧市志』（漢語大詞典出版社、1995年）189頁。
(45)孫鳳藻・朱錫恩等『海寧州志稿』（1922年）巻十一．食貨志十三、物産、貨類。
(46)周広業編『寧志余聞』（乾隆51年）巻四．食貨、物産、貨之属。
(47)前掲書、『江南土布史』694～696頁。
(48)「硤石土布之調査」（『工商半月刊』第 3 巻第 4 号、1931年 2 月15日）9 頁。
(49)王子建「中国土布業之前途」（中国経済情報社編『中国経済論文集』第 2 集、上海生活書店、1936年）136頁。
(50)「硤石之経済状況」（『中外経済週刊』第215期、1927年 6 月11日）14～15頁。
(51)前掲書、『江南土布史』697頁。
(52)前掲、王子建「中国土布業之前途」136頁。
(53)彭潤章修・葉廉鍔纂『平湖県志』（光緒12年）巻二．地理志下、風俗。同前、巻八．食貨下、物産、貨属。
(54)平湖県県志編纂委員会編『平湖県志』（上海人民出版社、1993年）283頁。

㊺前掲書、『江南土布史』679〜680頁。
㊻段蔭壽『平湖農村経済之研究』(1936年) 22,751〜22,752頁。
㊼前掲書、『中国経済誌　浙江省嘉興・平湖』(1935年) 30頁。
㊽前掲書、『江南土布史』681頁。
㊾前掲書、『平湖県志』(1993年) 284頁。
⑹前掲書、『平湖農村経済之研究』(1936年) 22,758頁。
⑹余杭県志編纂委員会編『余杭県志』(浙江省人民出版社、1990年) 264頁。
⑹前掲、「余姚棉花産銷状況」32頁。
⑹前掲書、『中国実業誌(浙江省)』第7編13〜17頁。
⑹同上書、『中国実業誌(浙江省)』第7編23〜30頁。
⑹「杭州棉織針織業概況」(『工商半月刊』第1巻第17号、1929年9月1日、調査) 5〜10頁。
⑹陳昌齋・王殿金等修『瑞安県志』(嘉慶14年修・同治7年補刊) 巻一．輿地、物産、貨物類。
⑹杭世駿・徐恕等重修『平陽県志』(乾隆25年重修) 巻五．風土、民事。
⑹符璋・劉紹寬等『平陽県志』(1925年) 巻十九．風土志一、民風。
⑹温州市志編纂委員会編『温州市志』中(中華書局、1998年) 1,194頁。
⑺王壽頤・王芬等『仙居志』(光緒20年) 巻十九．風土志下、土産、百貨。
⑺仙居県志編纂委員会編『仙居県志』(浙江人民出版社、1987年) 201頁。
⑺陳鍾英・王詠『黃巖県志』(光緒6年) 巻三十二．風土志二．土産。
⑺前掲、「黃巖県之工業」68頁。
⑺楊晨編・楊紹翰増訂『路橋志略』(1935年) 巻五、叙事。
⑺蔣邦来「下梁土布」(『黃岩文史資料』第11期、1989年7月) 170頁。
⑺温嶺県志編纂委員会編『温嶺県志』(浙江人民出版社、1992年) 302頁。
⑺建設委員会調査浙江経済所統計課『浙江臨海県経済調査』(建設委員会調査浙江経済所、1931年) 一般統計、11〜13頁。
⑺郟奇丙「解放前路橋実業家——郟道生」(『黃岩文史資料』第10期、1988年5月) 73頁。
⑺鄧鐘玉等『金華県志』(光緒20年修・1915年重刊) 巻一．疆域、物産、製造之属。
⑻陳文駁・唐壬森等『蘭谿県志』(光緒14年) 巻二．物産、貨属。
⑻馮紫崗編『蘭谿農村調査』(国立浙江大学、1935年) 43〜44頁。

(82)方鼎鋭・彭潤章等『麗水県志』(同治13年)巻十三．風俗・物産、風俗。
(83)方鼎鋭・支恒椿等『松陽県志』(光緒元年)巻五．風俗志、風俗。
(85)王彬・陳鶴翔等『江山県志』(同治12年)巻一．輿地志、風俗。同前、巻三．食貨志、物産。
(86)聯綬・李瑞鐘等『常山県志』(光緒12年)巻二十一．風俗、四民。常山県志編纂委員会編『常山県志』(浙江人民出版社、1990年)234頁。
(87)衢州市志編纂委員会編『衢州市志』(浙江人民出版社、1994年)428頁。
(88)鄭仲先「衢州古老的花布坊」(『衢州文史資料』第4輯、1988年4月)89〜91頁。
(89)金華県志編纂委員会編『金華県志』(浙江人民出版社、1992年)219頁。

# 第6章　新たな手工業の興起

## は じ め に

　既述の如く、19世紀末～20世紀前半に江南の農村では、農家の副業が非棉産地で土布業から新土布業へ転換し、やがて、新土布業も消滅していったのに対して、棉産地における土布業の衰退は緩慢だった。そして、土布業や新土布業を放棄した農家の女性の大分部は、原棉生産者や工場労働者へ転化したわけではなく、また、副業への就業の機会を奪われて無産化したまま農村に滞留していたわけでもなかった。というのも、江南の農村では、19世紀末～20世紀初頭に土布業や新土布業に代替して花辺（レース編み）業・織襪（靴下作り）業・毛巾（タオル製造）業・草帽（藁帽子作り）業などの手工業が新たに興ったからである。

　ところが、このような新興手工業の動向について報告したものはいくつか見られるが、これを本格的に取り上げた研究は、管見の限りでは意外にも皆無である。

　そこで、本章では、19世紀末～20世紀前半に江南の農村に新たに興った花辺業・織襪業・毛巾業・草帽業の動向を探り、それが近代中国農村経済史においていかなる意味を持つのかについて考えてみたい。また、上記の新たな農村手工業の動向を探ることは、農村経済構造の動態について考察するのに有益だろうと考えられる。

　なお、当該時期に江南の農村で生産されたレース・靴下・タオル・藁帽子のほとんどは、自家消費されることなく移輸出されていたことから、当時の海関貿易統計を利用して移輸出・移輸入の概略的な動向をも合わせて探ることにしたい。

228　第6章　新たな手工業の興起

## 1　花辺業

　レース編みは、まず19世紀末〜20世紀初めに煙台・汕頭・上海・寧波などに設立されたキリスト教会で女性信者に伝えられ[1]、やがてその編まれたレースが輸出されるようになった。輸出量は、1919年から激増し、22年に19年の2.5倍余りとなった後は34年まで漸減したが、35年から再び増加し、また、19年からアメリカ向けが輸出額全体の約7割を占め、これにイギリスやカナダが次いだ。一方、移出地としては同じく19年から上海が移輸出額全体の約7〜8割を占め、これに煙台や汕頭が次いだが、34年以降は煙台から相当量が上海へ移出されており、大量のレースが上海に集積されたと考えられる（表1・表2を参照）。

　華中の東部における主要な生産地を見ると、上海では、1886年に徐家匯・漕河涇にレース編みが伝わると、漕河涇・七宝の10〜40歳の女性が技術を習得し、顓橋・曹行・北新涇にも伝播し、1924年から洋行の委託を受けたレース商人が漕河涇・七宝・莘荘・梅隴・朱行で生産させるようになり、10年間余りで生産者は400人から2,500人に増えた[2]。

　また、川沙では、13年に上海に美藝花辺公司を設立した商人が高昌郷（顧路郷）各地に花辺伝習所を設けて無料で技術を教授すると、一時は千数百人が習いにやって来た。その後、各地に工場が設立され、10〜40歳の女性が土布業を止めてレース編みを学ぶようになり、30年には47工場・生産者23,050人に増えた[3]。

　さらに、南匯でも、民国初期に川沙の影響を受けて普及し、21年頃に発展したが、26年頃からは徐々に衰退していった[4]。

　そして、無錫では、民国初期に私立工職女学校で始まり、18〜25年に全盛期を迎え、150軒の花辺公司が設立されたが、26年に3分の1に減少し、花辺業に代わって織襪業が盛んになった[5]。

　なお、川沙・南匯・無錫の花辺業は、第一次世界大戦期に欧米各国の輸入禁止によって衰退し、大戦後にアメリカを中心に輸出が再び増加したが、22年に

表1 1912～31年における花辺・衣飾の輸出額

(単位：万海関銀両)

| 年度 | 輸出額合計 | 輸出先国 アメリカ(%) | イギリス | カナダ | 移輸出額合計 | 移輸出地 上海(%) | 煙台 | 汕頭 | 寧波 | 移入額合計 | 移入地 上海 |
|---|---|---|---|---|---|---|---|---|---|---|---|
| 1912 | 12.2 | | | | | | | | | | |
| 1913 | 12.3 | | | | | | | | | | |
| 1914 | 13.9 | 0 | 2.0 | 0 | 15.2 | 0.1 | 14.3 | 0 | 0 | 0.1 | 0 |
| 1915 | 27.4 | 0.9 | 4.4 | 0 | 30.1 | 0.4 | 29.3 | 0 | 0 | 0.4 | 0.3 |
| 1916 | 43.8 | 2.5 | 6.9 | 0.6 | 45.5 | 0.1 | 44.4 | 0 | 0 | 0.2 | 0 |
| 1917 | 61.8 | 5.8 | 8.2 | 0.2 | 62.4 | 3.7 | 58.0 | 0 | 0 | 2.0 | 1.6 |
| 1918 | 95.4 | 1.4 | 8.8 | 1.1 | 98.3 | 3.2 | 94.3 | 0 | 0 | 1.5 | 0.7 |
| 1919 | 208.0 | 149.6(71.9) | 13.2 | 3.7 | 210.6 | 158.9(75.4) | 49.3 | 0.5 | 0 | 1.3 | 0 |
| 1920 | 267.8 | 174.3(65.0) | 21.2 | 7.7 | 269.6 | 192.6(71.4) | 75.3 | 1.1 | 0 | 0.1 | 0 |
| 1921 | 523.0 | 419.5(80.2) | 18.5 | 10.6 | 546.8 | 438.3(80.1) | 87.3 | 7.7 | 13.0 | 12.3 | 9.4 |
| 1922 | 564.0 | 384.4(68.1) | 43.6 | 15.2 | 596.3 | 413.3(69.3) | 143.8 | 15.8 | 23.2 | 6.0 | 3.5 |
| 1923 | 411.1 | 289.7(70.4) | 43.4 | 6.7 | 456.8 | 332.3(72.7) | 66.6 | 32.6 | 25.1 | 21.7 | 17.8 |
| 1924 | 463.9 | 335.9(72.4) | 46.3 | 17.3 | 496.4 | 385.2(77.5) | 65.5 | 25.9 | 19.6 | 3.5 | 1.5 |
| 1925 | 422.8 | 280.8(66.4) | 54.7 | 9.7 | 476.1 | 336.3(70.7) | 69.4 | 24.9 | 44.6 | 3.7 | 1.8 |
| 1926 | 458.5 | 340.2(74.1) | 27.9 | 14.4 | 529.9 | 404.2(76.2) | 59.1 | 9.3 | 56.6 | 4.4 | 0 |
| 1927 | 469.4 | 359.9(76.7) | 39.1 | 8.3 | 543.9 | 398.4(73.2) | 75.5 | 17.4 | 52.2 | 10.5 | 2.5 |
| 1928 | 313.2 | 234.5(74.8) | 11.3 | 6.5 | 338.7 | 265.7(78.4) | 52.4 | 6.1 | 12.9 | 8.6 | 1.1 |
| 1929 | 270.5 | 189.8(70.1) | 12.7 | 8.3 | 303.5 | 217.8(71.7) | 60.2 | 5.1 | 18.7 | 11.4 | 0.5 |
| 1930 | 319.6 | 232.7(72.8) | 10.8 | 7.6 | 373.9 | 258.6(69.1) | 72.2 | 0.7 | 41.2 | 12.1 | 2.8 |
| 1931 | 354.0 | 248.4(70.1) | 14.7 | 10.4 | 406.5 | 280.4(68.9) | 81.5 | 1.2 | 40.2 | 8.5 | 1.9 |

典拠) CHINA. THE MARITIME CUSTOMS. 1海関銀両≒1.55元。

表2 1932～37年における花辺・衣飾の輸出額

(単位：万元)

| 年度 | 輸出額合計 | 輸出先国 アメリカ(%) | イギリス | カナダ | 輸出地 上海(%) | 煙台 | 汕頭 | 移入額合計 | 移入地 上海 | 移出額合計 | 移出地 煙台 |
|---|---|---|---|---|---|---|---|---|---|---|---|
| 1932 | 344.7 | 235.6(68.3) | 15.6 | 11.5 | 267.6(77.6) | 73.2 | 2.2 | ― | ― | ― | ― |
| 1933 | 328.1 | 168.4(51.3) | 36.3 | 16.1 | 250.9(77.0) | 73.9 | 1.6 | 11.2 | 3.0 | 99.1 | 49.1 |
| 1934 | 303.9 | 157.6(51.8) | 17.5 | 11.5 | 238.2(78.3) | 74.5 | 1.8 | 87.3 | 81.6 | 99.9 | 84.7 |
| 1935 | 326.4 | 197.0(60.3) | 16.9 | 15.3 | 258.8(79.2) | 63.7 | 3.6 | 103.7 | 102.3 | 109.8 | 101.5 |
| 1936 | 582.6 | 372.4(63.9) | 27.5 | 34.3 | 448.3(76.9) | 123.5 | 9.3 | 142.8 | 141.5 | 158.9 | 148.3 |
| 1937 | 847.4 | 622.2(73.4) | 50.7 | 40.1 | 638.7(75.3) | 172.6 | 36.7 | 151.2 | 149.6 | 150.4 | 143.8 |

典拠) 表1に同じ。

はアメリカの輸入制限によって再び衰退した[6]。

 他方、常熟では、17年に滸浦の女性が上海の徐家匯教会で学んだレース編みを故郷に初めて伝え、その後、滸浦・西周・碧渓で開業したレース代理販売業

者が21年には20になり、また、23年に源盛花辺公司と26年に麦楽花辺公司が創設され[7]、花辺業が発展を続けた。

さて、浙江省の花辺業は、寧波・永嘉・蕭山において特に盛んになった。寧波では、当初1,000人余りだった生産者がやがて寧波市周辺の鄞県・鎮海・慈谿で3,000～4,000人となったが、1930年代には寧波一帯では消滅したのに対して、永嘉や蕭山では、23年から始まり、最盛期だった28～29年の年間生産額150万元余りのうち、永嘉が約3分の1、蕭山が約3分の2を占めた[8]。そして、蕭山では30年までレース工場の大部分が最初にその技術が伝えられた坎山鎮に集中し、その後、靖江・瓜瀝・党山にも波及し、33年には6工場にまで減ったが、36年から復興し、労働者は約4万人にも達した[9]。

一方、永嘉県城区では22年に労働者500人余りを擁する綺文女工社が設立され、挑花布（十字花辺という刺繍が施された布）が生産され、また、26年には挑花局が設立されて前貸問屋制の下で生産し、さらに、30年には永嘉を中心とする温州地区の生産者は3万人余りに達した[10]。

このように、同じ浙東でも蕭山・永嘉で持続的に発展したが、寧波で30年代に消滅したのは、寧波では草蓆・草帽辮生産の盛んな西部・南部にレース生産者が多かったというから[11]、副業をレース編みから転換させていったと考えられる。

その他にも、臨海県海門鎮（現、椒江市）では、1870年代頃の同治年間末期に海門天主堂宣教師が最初に伝授し、1875年に臨海花辺廠が設立され、1920年には生産者2,300人・生産額40万元に達した[12]。また、23年に許永利花辺廠が設立されて生産は拡大し、35年には生産者が8,000人余りに達し[13]、さらに、26年に近隣の温嶺にも伝えられた[14]。

30年代初頭における上海市・江蘇省のレース工場数は、上海が5軒、川沙が7軒、南匯が4軒、無錫が3軒、常熟と青浦が各2軒、松江と奉賢が各1軒だった。従事者の大部分は前貸問屋制の下に各家庭内で生産していたが[15]、上海市の賃金が上昇するに従い、生産地はより安価な労働力を求めて江浙両省の都市近郊農村に広がっていった。

以上、レースの生産は沿海部の諸都市から始まり、その後、より安価な労働力を求めてその周辺・後背地へ拡散・波及し、比較的早くから生産が始まった川沙・南匯・無錫・寧波では花辺業が下火になっていった。ところが、その材料が基本的には輸入され、また、レースの大部分は輸出されていたため、生産地は貿易港に近接しているという条件が求められ、生産地の拡散・波及には一定の限界があった。そして、生産者はかつて土布の生産者だった農村の女性で、その生産・経営形態は前貸問屋制が一般的で、上海を主要な輸出港とし、輸出額は20世紀に入ってから急増し、30年代前半に漸減したが、抗日戦争直前から再び増加した。

## 2　織襪業

　上海では、江南初のメリヤス工場として1896年に雲章衫襪廠（1902年に錦綸衫襪廠と改名）が設立され[16]、29年には100軒以上の靴下工場が操業して発展した[17]。たしかに、17年に03年の約20倍となった靴下輸入は20年から激減し、逆に、33年の輸出額は23年の約4倍となり、香港・シンガポール・インドネシア・フィリピンに輸出され、30年代中頃からは朝鮮やアメリカにも輸出された（表3を参照）。

　また、25～36年に靴下移出入量は漸増し、上海から大連・牛荘・天津・膠州・煙台・漢口・重慶・沙市・九江・蕪湖・寧波・広州・厦門・福州・汕頭の各地に移出され、20年代後半に主要な移入地だった大連・牛荘へは31年から減少して33年から途絶し、逆に、漢口へは20年代末から増加し、33年から急増した（表4・表5を参照）。

　さて、1932年の調査によれば、上海・江蘇省における工場数・労働者・織襪機・生産量は、上海が136・8,755人・376万ダース余り、南匯が48・3,331人・2,516台、無錫が33・3,000人・2,000台・150万ダース、松江が13・1,309人・1,630台・39万ダース余り、鎮江が8・49人・1.7万ダース、蘇州が6・13人・356台・3.1万ダースだった。ただし、上海や南匯では、工場設備を持たずに委

232 第6章 新たな手工業の興起

表3 1903〜37年における靴下の輸出入

| 年度 | 輸入 量 | 輸入 額 | 輸出 量 | 輸出 額 | 輸出先国と輸出量 香港 | シンガポール | インドネシア | フィリピン | 朝鮮 | アメリカ | 単位 量 | 単位 額 |
|---|---|---|---|---|---|---|---|---|---|---|---|---|
| 1903 | 12.6 | 12.9 | | | | | | | | | | |
| 1904 | 29.3 | 32.3 | | | | | | | | | | |
| 1905 | 49.6 | 57.8 | | | | | | | | | | |
| 1908 | 37.3 | 51.8 | | | | | | | | | | |
| 1909 | 70.7 | 86.1 | | | | | | | | | 万 | 万 |
| 1910 | 78.2 | 94.9 | | | | | | | | | | |
| 1911 | 73.3 | 84.4 | | | | | | | | | | |
| 1912 | 134.5 | 123.0 | | | | | | | | | ダ | |
| 1913 | 210.9 | 191.3 | | | | | | | | | | |
| 1914 | 174.9 | 137.3 | | | | | | | | | | |
| 1915 | 136.7 | 92.2 | | | | | | | | | ー | 海 |
| 1016 | 209.1 | 193.4 | | | | | | | | | | |
| 1917 | 254.4 | 269.6 | | | | | | | | | | |
| 1918 | 191.3 | 187.2 | | | | | | | | | ス | |
| 1919 | 187.8 | 187.4 | | | | | | | | | | |
| 1920 | 54.9 | 96.1 | | | | | | | | | | |
| 1921 | 50.7 | 76.6 | | | | | | | | | | 関 |
| 1922 | 23.3 | 23.2 | | | | | | | | | | |
| 1923 | 1.3 | 134.5 | | 22.2 | 12.8 | 3.9 | 1.3 | 1.9 | 0 | 0 | | |
| 1924 | 0.9 | 105.3 | | 23.7 | 11.5 | 5.6 | 1.5 | 2.3 | 0 | 0.1 | | |
| 1925 | 0.7 | 83.3 | | 23.1 | 10.5 | 6.9 | 1.0 | 0.8 | 0.1 | 0 | 万 | |
| 1926 | 0.4 | 60.6 | 24.1 | 26.1 | 5.5 | 12.6 | 1.9 | 0.7 | 0 | 0 | | |
| 1927 | 0.2 | 33.1 | 27.8 | 26.2 | 9.9 | 8.3 | 4.7 | 2.6 | 0 | 0 | | 両 |
| 1928 | 0.3 | 43.9 | 28.5 | 17.8 | 10.8 | 6.2 | 7.5 | 1.9 | 0 | 0 | | |
| 1929 | 0.3 | 42.1 | 32.5 | 16.0 | 8.5 | 8.7 | 7.7 | 5.2 | 0 | 0 | 担 | |
| 1930 | 0.2 | 46.2 | 35.3 | 20.9 | 10.0 | 7.5 | 7.8 | 7.8 | 0 | 0 | | |
| 1931 | 0.1 | 28.2 | 32.7 | 22.7 | 6.8 | 7.8 | 8.5 | 8.1 | 0 | 0 | | |
| 1932 | 11.1 | 24.7 | 37.0 | 26.9 | 6.4 | 5.0 | 9.3 | 5.7 | 0 | 0 | 所 | |
| 1933 | 4.2 | 15.7 | 74.4 | 91.4 | 5.4 | 8.4 | 8.0 | 5.1 | 0.2 | 0 | | 万 |
| 1934 | 1.7 | 6.4 | 51.3 | 55.3 | 7.1 | 6.7 | 7.9 | 7.9 | 15.3 | 0.1 | 万 | |
| 1935 | 0.2 | 0.4 | 41.0 | 40.9 | 5.2 | 4.6 | 4.2 | 7.3 | 16.2 | 1.0 | 公 | |
| 1936 | 0.1 | 0.2 | 62.6 | 60.5 | 4.5 | 5.5 | 5.6 | 8.7 | 13.5 | 21.5 | 斤 | 元 |
| 1937 | 0.1 | 0.2 | 52.0 | 54.3 | 5.5 | 7.5 | 4.9 | 11.1 | 9.3 | 10.0 | | |

典拠）表1に同じ。1万斤＝8.333担。

託生産するところが非常に多く、また、工場に労働者を集めて生産させる一方で、手動織襪機と原糸を農家に前貸して生産させていた[18]。

南匯では、1912年に始まり、19〜26年に発展し、30年代初頭に48工場・労働者3,300人余り・織襪機2,400台余り・生産量年間89万ダース余りに減少した

が⁽¹⁹⁾、抗日戦争直前には織襪機約5万台で約6万人が生産に従事して東南アジアにも販売するようになった⁽²⁰⁾。また、松江では、11年に設立された履和襪廠が織襪機400台と労働者500人で12万ダース生産したが、37年には13工場で60万ダース生産した⁽²¹⁾。

蘇州では、1912年に省立第二工場が初めて生産し、20年までに7工場が設立されて手動織襪機が118台に増えた後、これらの工場は全て閉鎖したが、26年から33年までに9工場が設立された⁽²²⁾。また、無錫では、12年に手動織襪機2台を備えた永吉利襪廠が設立され、19年には電動織襪機18台を備えた協盛襪廠

表4　1925～36年における靴下の移入量

(単位:万ダース)

| 年度 | 1925 | 1926 | 1927 | 1928 | 1929 | 1930 | 1931 | 1932 | 1933 | 1934 | 1935 | 1936 |
|---|---|---|---|---|---|---|---|---|---|---|---|---|
| 大連 | 19.6 | 28.9 | 33.6 | 45.5 | 50.9 | 61.0 | 38.6 | 28.3 | 0 | 0 | 0 | 0 |
| 牛荘 | 10.4 | 11.5 | 5.5 | 19.5 | 26.4 | 34.5 | 22.4 | 6.0 | 0 | 0 | 0 | 0 |
| 天津 | 2.2 | 11.7 | 38.5 | 28.8 | 31.8 | 32.9 | 35.6 | 16.9 | 12.3 | 30.5 | 37.1 | 34.3 |
| 膠州 | 9.6 | 18.8 | 14.7 | 10.1 | 15.8 | 22.3 | 30.1 | 33.9 | 46.2 | 40.6 | 30.7 | 34.8 |
| 煙台 | 5.0 | 7.5 | 4.1 | 3.7 | 7.5 | 7.0 | 17.4 | 11.6 | 15.3 | 15.4 | 21.0 | 22.7 |
| 重慶 | 26.2 | 24.8 | 21.4 | 17.6 | 28.5 | 24.2 | 19.0 | 10.7 | 16.7 | 8.6 | 23.6 | 32.0 |
| 漢口 | 18.6 | 14.0 | 13.5 | 26.7 | 46.0 | 49.2 | 62.8 | 67.0 | 137.6 | 140.4 | 131.7 | 157.7 |
| 沙市 | 3.3 | 2.7 | 6.5 | 13.7 | 20.0 | 6.8 | 11.9 | 9.6 | 1.7 | 14.7 | 19.1 | 19.7 |
| 九江 | 9.6 | 8.6 | 3.9 | 6.2 | 9.6 | 8.7 | 27.7 | 21.2 | 30.6 | 47.9 | 33.0 | 11.0 |
| 蕪湖 | 6.1 | 9.1 | 8.4 | 10.4 | 16.6 | 12.1 | 19.2 | 13.4 | 18.0 | 9.1 | 5.3 | 0.1 |
| 寧波 | 0.1 | 0 | 0 | 0 | 0 | 0 | 4.6 | 7.8 | 13.0 | 13.3 | 10.4 | 10.0 |
| 広州 | 2.2 | 1.6 | 1.7 | 0.9 | 3.9 | 4.8 | 1.4 | 2.6 | 2.1 | 3.0 | 3.7 | 4.6 |
| 廈門 | 6.0 | 8.6 | 7.0 | 4.9 | 8.3 | 6.3 | 10.3 | 12.3 | 17.3 | 23.1 | 25.4 | 24.2 |
| 汕頭 | 6.8 | 14.3 | 9.1 | 5.5 | 7.3 | 11.4 | 7.4 | 8.4 | 9.9 | 15.0 | 10.5 | 11.6 |
| 福州 | 2.6 | 3.6 | 5.8 | 8.8 | 8.7 | 9.1 | 11.5 | 15.3 | 11.9 | 16.1 | 18.6 | 13.6 |
| 合計 | 144.5 | 190.4 | 190.2 | 212.4 | 308.0 | 325.6 | 246.8 | 306.8 | 362.6 | 418.8 | 405.6 | 402.6 |

典拠）表1に同じ。

表5　1925～36年における靴下の移出量

(単位:万ダース)

| 年度 | 1925 | 1926 | 1927 | 1928 | 1929 | 1930 | 1931 | 1932 | 1933 | 1934 | 1935 | 1936 |
|---|---|---|---|---|---|---|---|---|---|---|---|---|
| 上海 | 27.5 | 197.5 | 199.8 | 239.5 | 325.0 | 358.8 | 363.3 | 322.3 | 390.4 | 431.7 | 405.7 | 400.5 |
| 広州 | 12.6 | 20.9 | 10.0 | 7.4 | 3.2 | 3.2 | 12.3 | 10.7 | 12.0 | 16.0 | 9.5 | 11.5 |
| 合計 | 50.1 | 225.0 | 214.6 | 251.0 | 330.9 | 367.4 | 379.0 | 334.3 | 406.3 | 449.4 | 417.8 | 413.5 |

典拠）表1に同じ。

が設立されたが<sup>(23)</sup>、29年に操業していた37工場のほとんどは前貸問屋制を採用し、織襪機は手動が約3,000台に対して電動が22台にすぎず、また、労働者は男子250人余りに対して女子が約3,000人で圧倒的多数を占め<sup>(24)</sup>、30年頃に70工場余り・労働者数2万人余りに達した後は衰退し、34年まで操業を続けたのは34工場だけだった<sup>(25)</sup>。だが、生産量は32年の150万ダースから36年には約2.5倍の375万ダースに達して上海を凌いだ<sup>(26)</sup>。さらに、江陰では、08年に手動織襪機による生産が始まり、20年に電動織襪機3台と手動織襪機10台余りを備えた瑞成襪廠が設立され、労働者26人で約1万ダース生産し、23年に手動織襪機3台で操業を始めた華士鎮家庭職業社が34年に織襪機200台を備え、全県で36年に17工場になった<sup>(27)</sup>。

一方、浙江省の織襪業は、1912年から始まり、33年の調査によれば、174工場があり、蘭谿の11工場の労働者を除く5,408人で約200万ダース生産した。工場の多かった県は永嘉39工場（26年が最盛期で、28年頃の工場数は70余り）・海寧32工場・平湖30工場・杭州17工場で、労働者の多かった県は海寧1,390人・平湖1,135人・永嘉920人・鄞県518人だったが、海寧や平湖には前貸問屋制生産の工場も相当数あった<sup>(28)</sup>。

1929年に杭州市にあった13工場は、規模が小さく、質的に上海や広東のものに及ばず、製品の7割が浙江省内陸部に販売された<sup>(29)</sup>。また、海寧県硤石鎮では、09年に振興襪廠が設立され、第一次世界大戦中に織襪業が盛んになり、24年に60工場余り・織襪機7,000余台・生産者約3万人だったが<sup>(30)</sup>、27年に30工場余り・織襪機4,000余台・生産量約140万ダースに減少し<sup>(31)</sup>、さらに、29年には33工場・42万ダース余りに減少した<sup>(32)</sup>。だが、33年には32工場が77万ダース余り生産した<sup>(33)</sup>。さらに、平湖では、12年に光華織襪廠が設立してから次々と工場が設立され、26年頃に織襪機1万台近くで181万ダース生産し、30年代初頭に90万ダース余りに留まり、48工場となったが<sup>(34)</sup>、36年には83工場に増加した<sup>(35)</sup>。そして、嘉興では、20年代中頃に20工場余りが織襪機3,000台以上で90万ダース余り生産したが<sup>(36)</sup>、30年代初頭に10工場に減少し、就業者1,200人余り、生産量28.5万ダース余りとなり、32年に春和・綸康2工場が操業を停止

し⁽³⁷⁾、36年には生産者約800人・生産量10万ダースに減少した⁽³⁸⁾。このように、嘉興・嘉善・平湖・海寧・桐郷の織襪業は24年に全盛期となり、100万ダース以上生産し、27年に240工場余りが操業し、30年代初頭に減少したが⁽³⁹⁾、海寧・平湖では30年代中頃から復興した。

鄞県では、20年代中頃に美球針織廠が電動織襪機100台余りと手動織襪機500台余り、王立興針織廠が電動織襪機50～60台と手動織襪機200台余りを備え、また、その他の工場は各々10～100台余りの手動織襪機を備え、県全体では10～20工場で4,000～5,000台の織襪機が備え付けられ⁽⁴⁰⁾、15年の美球豊記針織廠の設立以来、次々と靴下工場が設立されたが、倒産する工場も多く、33年まで存続していたのは9工場だけで、従業員が455人、生産量が11.3万ダースだった⁽⁴¹⁾。そして、永嘉では、県城区で1891年に新隆針織作坊が靴下を生産し、1912年に蘇興順・陳玉記・裕春生の作坊が靴下を生産し、22年に徳潤豊針織廠が設立され⁽⁴²⁾、全県で20年代後半に20～30工場が1,000台の織襪機で年間約60万ダース生産し、永嘉を含む温州一帯の工場は全て女子労働者を工場内で働かせていた⁽⁴³⁾。

以上、20世紀前半の上海・江蘇・浙江には多くの靴下工場が設立されたが、温州一帯を除くと、工場制よりも前貸問屋制の形態が一般的だった。また、生産量は20世紀初頭から急増し、20年代末～30年代初頭に一時的に減少したものの、一部の地域では30年代中頃には再び増加した。こうして、20～30年代に輸入が激減し、輸出が漸増し、輸入代替化をほぼ実現した。

## 3 毛巾業

1917年に中国初の正式のタオル工場として上海三友実業社が創設され、また、19年に上海三星廠が設立され、19～25年には上海・川沙・南匯・宝山・嘉定・松江・武進・無錫・南通で前貸問屋制による毛巾業が発展した⁽⁴⁴⁾。

嘉定では、20世紀初頭に土布業に代わって毛巾業が盛んになり、10年代に次々と工場が設立され、30年頃には馬正昌毛巾廠の钻石牌が有名となり⁽⁴⁵⁾、30年3

月の調査によれば、県城内の15工場（木製織機916台・労働者762人）と県城外の20工場余り（木製織機254台・労働者280人）のうち、三友実業社第１～第４工場（木製織機586台・労働者482人）が最大で、源康祥（木製織機40台・労働者70人）・安楽（木製織機60台・労働者50人）・馬正昌（木製織機35台・労働者35人）が続き[46]、抗日戦争直前には16工場が木製織機3,000台余りで年間200万ダース生産した[47]。

また、川沙でも1900年に県城内に木製織機30台余りを備えた工場が創設されると、当地の土布生産者はタオル生産へ転向した。同工場は、数年も経ずに営業不振で閉鎖したが、その労働者が県城・江鎮・合慶・営房・蔡路・青墩で木製織機３～５台を備えた小機戸（家内工場）を10ヶ所余り開設して生産を始め[48]、工場数・木製織機台数・就業者数・生産量は、20年に75軒（63軒は家内工場）・2,500台・3,750人・約50万ダースだったが、30年には142軒・4,390台・7,123人・約208万ダースに増加した[49]。そして、30年４月の調査によると、川沙でも織機750台・労働者970人の三友実業社が最大で、徳昌（織機130台・労働者130人）や天華・申昌（各々織機100台・労働者140人）がこれに次ぎ[50]、生産者の９割までが農家の女性で、32年８月の調査によると、比較的大規模な24工場のうち20工場の29～32年における生産量は、16万ダース余りから15万ダース余りへ漸減した[51]。なお、華利毛巾廠の６工場が満州事変後の東北市場喪失の影響を受けて倒産し、また、三友実業社の６工場も32年の第一次上海事変によって閉鎖すると、両工場の木製織機1,200台余りは労働者や当地の小機戸に売却され、37年には202工場・木製織機5,371台・就業者8,695人・生産量約260万ダースに増加した[52]。

さらに、宝山県城内では26年に女子労働者100人以上を擁する裕生布廠が設立された後、３～４工場が設立され、農家の女性を含む500人余りが働いていた[53]。

無錫では、08年に手動織機100台余りを備えた同和毛巾廠が初めてタオルを生産し、36年には６工場が操業し[54]、江陰では、清末に旧式木製織機で生産されたが、機械製タオルはまず華澄布廠で、その後、協豊毛巾廠・鎮巷勤生毛巾

表6 1902～37年のタオル輸入

| 年度 | 輸入量 | 単位 | 輸入額 | 単位 |
|---|---|---|---|---|
| 1902 | 61.0 | | 26.5 | |
| 1903 | 118.4 | | 55.0 | |
| 1904 | 114.0 | | 52.4 | |
| 1905 | 129.8 | | 61.8 | |
| 1908 | 116.1 | | 57.9 | |
| 1909 | 152.4 | 万 | 64.5 | |
| 1910 | 179.2 | | 87.4 | |
| 1911 | 143.1 | | 80.5 | |
| 1912 | 159.7 | ダ | 77.8 | 万 |
| 1913 | 218.1 | | 95.7 | |
| 1914 | 189.8 | | 92.0 | |
| 1915 | 152.6 | 丨 | 82.6 | |
| 1916 | 161.4 | | 96.7 | |
| 1917 | 177.1 | | 108.0 | |
| 1918 | 155.5 | ス | 111.3 | |
| 1919 | 109.9 | | 82.1 | |
| 1920 | 41.1 | | 36.9 | |
| 1921 | 18.1 | | 16.4 | |
| 1922 | 10.4 | | 8.1 | |
| 1923 | 10.0 | | 9.9 | |
| 1924 | 0.2 | | 15.9 | 両 |
| 1925 | 0.2 | | 19.7 | |
| 1926 | 0.2 | 万 | 18.7 | |
| 1927 | 0.2 | | 20.9 | |
| 1928 | 0.3 | | 24.5 | |
| 1929 | 0.2 | 担 | 23.4 | |
| 1930 | 0.2 | | 21.1 | |
| 1931 | 0.1 | | 16.5 | |
| 1932 | 8.4 | 万斤 | 7.9 | |
| 1933 | 2.2 | | 3.2 | |
| 1934 | 1.2 | 万 | 1.6 | 万 |
| 1935 | 1.2 | 公 | 1.6 | |
| 1936 | 0.8 | 斤 | 0.9 | 元 |
| 1937 | 0.4 | | 0.5 | |

典拠) 表1に同じ。

表7 1923～31年のタオル輸出

| 年度 | 輸出量 | 単位 | 額 | 単位 | 香港 | シンガポール | フィリピン | インドネシア | 移輸出地 上海 |
|---|---|---|---|---|---|---|---|---|---|
| 1923 | — | | 39.0 | | — | — | — | — | — |
| 1924 | — | 万 | 45.4 | 万 | — | — | — | — | — |
| 1925 | — | | 44.2 | | — | — | — | — | — |
| 1926 | 51.0 | ダ | 51.6 | 海 | 23.7 | 18.0 | 2.4 | 0.7 | 98.3 |
| 1927 | 65.2 | | 59.4 | | 34.5 | 18.3 | 4.6 | 2.1 | 98.8 |
| 1928 | 71.0 | 丨 | 60.2 | 関 | 37.6 | 22.7 | 5.3 | 1.7 | 111.4 |
| 1929 | 62.1 | | 50.1 | | 26.6 | 24.1 | 6.7 | 1.9 | 109.0 |
| 1930 | 60.0 | ス | 45.3 | 両 | 29.3 | 19.6 | 5.8 | 2.3 | 103.9 |
| 1931 | 60.5 | | 47.3 | | 28.8 | 16.3 | 7.9 | 2.7 | 101.5 |
| 1932 | 5,640 | | 32.1 | | 2,995 | 1,497 | 561 | 220 | 4,477 |
| 1933 | 2,945 | 公 | 43.7 | 万 | 1,619 | 814 | 137 | 115 | 2,324 |
| 1934 | 2,551 | | 40.8 | | 1,404 | 639 | 175 | 151 | 2,126 |
| 1935 | 1,838 | 担 | 29.4 | 元 | 867 | 443 | 226 | 113 | 1,738 |
| 1936 | 2,460 | | 39.1 | | 1,072 | 574 | 303 | 243 | 2,275 |
| 1937 | 2,254 | | 37.2 | | 990 | 584 | 339 | 133 | 2,105 |

典拠) 表1に同じ。 1公担＝100kg。

表8 1932～36年のタオル移出入量

(単位：公担)

| | 移入 | | | | | 移出 | | | | |
|---|---|---|---|---|---|---|---|---|---|---|
| 年度 | 1932 | 1933 | 1934 | 1935 | 1936 | 1932 | 1933 | 1934 | 1935 | 1936 |
| 寧波 | 661 | 1,037 | 657 | 446 | 784 | 2 | 4 | 0 | 1 | 0 |
| 廈門 | 768 | 924 | 640 | 705 | 563 | 5 | 0 | 0 | 0 | 0 |
| 広州 | 491 | 792 | 656 | 940 | 418 | 491 | 428 | 105 | 73 | 184 |
| 福州 | 786 | 568 | 447 | 373 | 356 | 0 | 4 | 19 | 0 | 0 |
| 瓊州 | 404 | 513 | 197 | 264 | 304 | 0 | 0 | 0 | 0 | 0 |
| 上海 | 74 | 36 | 10 | 9 | 70 | 6,461 | 3,571 | 4,276 | 4,360 | 3,798 |
| 汕頭 | 884 | 388 | 145 | 179 | 183 | 55 | 1 | 0 | 0 | 2 |
| 大連 | 369 | 0 | 0 | 0 | 0 | 1 | 0 | 0 | 0 | 0 |
| 天津 | 341 | 243 | 154 | 189 | 118 | 0 | 7 | 0 | 2 | 0 |
| 煙台 | 239 | 167 | 93 | 83 | 54 | 1 | 0 | 0 | 0 | 0 |
| 膠州 | 506 | 437 | 231 | 165 | 186 | 0 | 4 | 3 | 0 | 0 |
| 漢口 | 524 | 863 | 376 | 320 | 276 | 83 | 39 | 23 | 6 | 4 |
| 蕪湖 | 126 | 93 | 190 | 210 | 3 | 0 | 0 | 0 | 0 | 1 |
| 重慶 | 69 | 130 | 60 | 160 | 177 | 0 | 0 | 0 | 0 | 0 |
| 合計 | 6,990 | 6,915 | 4,335 | 4,599 | 3,929 | 7,245 | 8,177 | 4,456 | 4,583 | 3,996 |

典拠) 表1に同じ。

238 第6章 新たな手工業の興起

廠・周荘勤豊布廠でも生産された(55)。

　さて、1902～37年の輸入量は09年まで約100万ダースで、10～18年には150万ダースを超えたが、20年から激減した（表6を参照）。一方、23～37年の輸出は28年がピークで、35年がボトムで、30年代よりも20年代の方が若干多く、主に香港・シンガポール・フィリピン・インドネシアに輸出された（表7を参照）。また、上海からの移出量が圧倒的に多く、32～36年の移出入量はともに減少し、満州国成立の影響を受け、33年から大連への移出が途絶したが、30年代には上海から寧波・重慶・漢口・蕪湖・厦門・広州・福州・瓊州・天津・煙台・大連の各地に移出された。（表8を参照）。

　以上、上海や江蘇省で生産されたタオルは、20～30年代に国内で日本製タオルを駆逐し、東南アジア各地でも激しく競合した。また、タオルの生産地はより一層安価な労働力を求めて上海市街地から近郊の県城さらに鎮へと波及・移行していった。

## 4　草帽業

　浙江省では、古くから土産の蓆草・黄草で草帽が作られており、近代になって新式草帽が輸入されて在来の草帽は徐々に淘汰されつつあったが、1921年に外国人が金絲草・玻璃草・麻草を輸入して鄞県西部・南部の生産者に与えて欧米式草帽を編ませてから草帽業が復興し、次いで余姚・慈谿から臨海・黄岩・温嶺・楽清・永嘉・寧海・平陽・瑞安にも普及し、27年には生産者が33万人余りに達した(56)。こうして、28年の生産量は、余姚128万個（金絲草帽120万個）・寧波100万個（金絲草帽40万個、玻璃草帽・麻草帽各30万個）・黄岩77万個（麻草帽72万個）・臨海73万個（麻草帽69万個）の合計517万個（麻草帽305万個、金絲草帽171万個）となった。ただし、1戸当たりの就業者は、余姚が2.8人だったのに対して、それ以外の県が1.3人以下で、また、女性の草帽生産者数と女性全体に占める割合は、余姚が7.2万人・25％、寧波が6.5万人・19％、黄岩が4.5万人・20％、臨海が3.9万人・16％、温嶺が3.1万人・17％、楽清が2.6万人・

16％だったことから、余姚が飛び抜けていたことがわかる。なお、これらの草帽は、材料を前貸していた帽行・帽荘によって集められ、洋行を通じて輸出されていた[57]。

さて、1910～31年における草帽・蒲草帽の輸出量は、12年と22年にピークを迎えた。そして、その輸出先は、欧米を中心としながらも日本や香港・タイ・シンガポールにも拡大していった。また、10～31年における草帽の主要な生産地は寧波一帯で、12年と22年には草帽・蒲草帽の移輸出量もピークとなったが、20年代後半から減少し、寧波の移輸出量に占める割合は低下していった（表9を参照）。

やがて、30年代になると、草帽・蒲草帽の輸出が漸減したのに対して、金絲草帽や蕉麻草帽がそれを圧倒し、しかも、その大部分が上海から主に欧米に輸出されるようになった（表10～表12を参照）。

なお、35～36年の金絲草帽と蕉麻草帽の移出を除くと、30年代には金絲草帽・麻夾金絲（蕉麻）草帽・蒲草帽のほとんど大部分が寧波から上海へ移出されたのに対して、草帽は主に上海・龍口・膠州・広州・天津から移出され、汕頭・大連・上海・広州・瓊州・漢口へ移入された（表13～表15を参照）。

さて、1920年にフランス商人が寧波に永興洋行を開設し、輸入した金絲草を鄞県西部・南部の農家の女性に貸与して加工させ、また、余姚では23年に長河鎮（現在は慈谿県に属す）に同春行が設立され、金絲草帽が生産され、26年に上海華安保険公司と合作して成立した坤和出口行が金絲草帽を輸出し、27年には草帽廠40軒余り・生産農家5万戸65,400人となり、輸出量は29年に310万個に達したが、31年に150万個（金絲草帽30万個、麻草帽20万個、玻璃草帽12万個）、32年には草帽廠10軒・生産農家4万戸・生産量120万個に減少した[58]。余姚の金絲草帽生産は粗草帽の10倍もの利益があったので、瞬く間に普及し、31年に金絲草の価格が上昇すると、代わりにラミー糸を材料に用いたものも流行した。なお、材料を前貸して草帽を買い取る行家・草帽行は、長河鎮に170～180戸、周港・天元・滸山3鎮に計100戸余り、その他の所に各1～10戸余りあった[59]。

240　第6章　新たな手工業の興起

表9　1902〜31年における草帽・蒲草帽の輸出量

(単位：万頂)

| 年度 | 輸　　出　　量 | | | | | | | | 移　輸　出　量 | |
|---|---|---|---|---|---|---|---|---|---|---|
| | アメリカ(%) | フランス | イギリス | 日本 | 香港 | タイ | シンガポール | 合計 | 合計 | 寧波(%) |
| 1910 | 108.1(28.8) | 177.4 | 78.0 | 0 | 8.1 | 0 | 0 | 374.4 | 373.2 | 341.1(91.3) |
| 1911 | 161.7(38.5) | 141.7 | 104.9 | 0 | 2.0 | 0 | 0 | 419.7 | 420.3 | 389.5(92.6) |
| 1912 | 82.8( 8.6) | 216.1 | 620.5 | 0 | 3.5 | 0 | 0.2 | 954.1 | 1,098.8 | 1,080.4(98.3) |
| 1913 | 54.7( 8.6) | 240.3 | 277.5 | 0 | 4.8 | 0 | 0 | 630.5 | 544.0 | 532.8(97.7) |
| 1914 | 54.1(25.5) | 122.6 | 26.1 | 0 | 3.2 | 0 | 0 | 211.6 | 185.7 | 150.1(80.8) |
| 1915 | 130.2(55.6) | 43.0 | 42.3 | 0 | 5.8 | 0.3 | 0 | 223.8 | 266.6 | 211.3(79.3) |
| 1916 | 201.3(70.5) | 32.0 | 30.5 | 0 | 7.5 | 0 | 0 | 285.3 | 337.3 | 296.3(87.8) |
| 1917 | 199.0(94.9) | 1.4 | 0 | 0.1 | 6.4 | 1.7 | 0 | 209.5 | 171.3 | 137.1(80.1) |
| 1918 | 32.1(36.5) | 25.4 | 1.9 | 4.6 | 10.8 | 4.2 | 0 | 87.8 | 149.1 | 116.2(77.8) |
| 1919 | 247.9(54.1) | 47.4 | 96.0 | 15.3 | 13.4 | 0.7 | 0 | 458.0 | 482.7 | 449.1(93.0) |
| 1920 | 268.4(28.2) | 32.1 | 82.3 | 2.0 | 21.3 | 0 | 0 | 509.5 | 560.3 | 521.6(93.0) |
| 1921 | 369.3(79.6) | 12.1 | 29.7 | 5.2 | 6.7 | 0 | 0 | 463.5 | 536.8 | 485.4(90.4) |
| 1922 | 823.8(80.6) | 41.4 | 78.4 | 6.4 | 5.8 | 0 | 0 | 1,020.9 | 1,164.3 | 1,096.8(94.2) |
| 1923 | 587.4(68.2) | 63.2 | 83.0 | 68.6 | 6.1 | 0 | 0 | 860.1 | 989.2 | 909.3(91.9) |
| 1924 | 262.9(48.4) | 77.0 | 99.9 | 81.1 | 3.1 | 0 | 0 | 542.5 | 577.2 | 498.4(86.3) |
| 1925 | 193.4(31.3) | 91.7 | 201.1 | 115.5 | 2.2 | 0 | 0 | 616.9 | 706.9 | 651.0(92.0) |
| 1926 | 140.9(33.9) | 24.4 | 30.8 | 154.8 | 8.7 | 7.8 | 26.0 | 414.5 | 569.3 | 401.4(70.5) |
| 1927 | 308.7(57.7) | 2.1 | 3.7 | 114.1 | 39.1 | 11.5 | 21.8 | 534.5 | 719.2 | 497.1(69.1) |
| 1928 | 65.3(20.9) | 20.4 | 12.5 | 102.4 | 42.4 | 12.6 | 21.3 | 312.3 | 550.0 | 308.5(56.0) |
| 1929 | 259.5(48.6) | 36.7 | 32.0 | 92.0 | 29.3 | 22.1 | 20.6 | 533.6 | 813.4 | 564.5(69.4) |
| 1930 | 127.4(37.2) | 20.7 | 37.7 | 86.5 | 17.4 | 17.9 | 15.8 | 341.7 | 530.4 | 325.2(61.3) |
| 1931 | 161.8(45.1) | 24.6 | 25.6 | 71.7 | 25.4 | 15.3 | 17.9 | 358.3 | 526.9 | 322.1(61.1) |

典拠）表1に同じ。日本には台湾を含む。

表10　1932〜37年における草帽・蒲草帽の輸出

(単位：万頂、万元)

| 年度 | 草帽 | | 蒲草帽 | |
|---|---|---|---|---|
| | 数量 | 額 | 数量 | 額 |
| 1932 | 24.7 | 30.2 | 194.9 | 11.7 |
| 1933 | 42.3 | 19.2 | 308.7 | 13.2 |
| 1934 | 51.6 | 26.8 | 283.5 | 14.8 |
| 1935 | 42.3 | 23.3 | 117.4 | 5.8 |
| 1936 | 32.6 | 28.6 | 220.7 | 9.7 |
| 1937 | 45.6 | 24.9 | 207.4 | 7.5 |

典拠）表1に同じ。

表11　1931〜37年における金絲草帽輸出量

(単位：万頂)

| 年度 | 輸出量 | 額 | 輸出先国及び輸出量 | | | 輸出港 |
|---|---|---|---|---|---|---|
| | | | イギリス(%) | アメリカ(%) | フランス | 上海 |
| 1931 | 135.0 | 181.7 | 16.0(11.8) | 99.5(73.7) | 7.1 | 120.5 |
| 1932 | 89.0 | 176.2 | 33.1(37.1) | 40.8(45.8) | 11.7 | 88.6 |
| 1933 | 195.0 | 312.9 | 87.7(44.9) | 69.3(35.5) | 25.2 | 194.2 |
| 1934 | 209.6 | 309.5 | 49.1(23.4) | 89.7(42.7) | 47.7 | 208.4 |
| 1935 | 201.5 | 298.8 | 65.1(32.3) | 47.8(23.7) | 55.5 | 200.0 |
| 1936 | 130.3 | 188.1 | 37.1(28.4) | 35.6(27.3) | 37.6 | 126.8 |
| 1937 | 169.8 | 294.0 | 53.6(31.6) | 57.7(34.0) | 24.5 | 163.7 |

典拠）表1に同じ。1931年は万両、1932年から万元。

表12　1931～37年における蕉麻草帽の輸出量

(単位：万頂、万両・万元)

| 年度 | 数量 | 額 | アメリカ(%) | フランス(%) | イギリス | 輸出港 上海 |
|---|---|---|---|---|---|---|
| 1931 | 168.6 | 199.9 | 61.4(36.4) | 37.2(22.0) | 48.9 | 121.4 |
| 1932 | 71.9 | 96.9 | 18.3(25.4) | 29.7(41.3) | 19.5 | 72.0 |
| 1933 | 259.2 | 222.5 | 121.1(46.7) | 59.1(22.8) | 44.5 | 259.0 |
| 1934 | 497.6 | 349.2 | 268.9(54.0) | 120.4(24.1) | 65.2 | 497.6 |
| 1935 | 307.0 | 250.2 | 57.4(18.6) | 146.4(47.6) | 61.6 | 307.7 |
| 1936 | 236.5 | 177.9 | 83.8(35.4) | 79.7(33.6) | 25.6 | 236.3 |
| 1937 | 390.7 | 329.3 | 212.3(54.3) | 63.8(16.3) | 43.9 | 391.9 |

典拠) 表1に同じ。1935年に外洋復進口(－8,400頂)があった。

表13　1932～36年における各種草帽の移出入量

(単位:万頂)

| 年代 | | 金絲草帽 | | | | | 麻夾金絲(蕉麻)草帽 | | | | | 蒲草帽 | | | | |
|---|---|---|---|---|---|---|---|---|---|---|---|---|---|---|---|---|
| | | 1932 | 1933 | 1934 | 1935 | 1936 | 1932 | 1933 | 1934 | 1935 | 1936 | 1932 | 1933 | 1934 | 1935 | 1936 |
| 移入 | 合計 | 15.6 | 61.1 | 43.1 | 12.4 | 3.6 | 4.3 | 1.9 | 2.3 | 1.8 | 0.6 | 167.7 | 190.5 | 271.6 | 110.2 | 72.7 |
| | 上海 | 15.6 | 60.5 | 42.9 | 12.4 | 3.6 | 4.3 | 1.9 | 2.2 | 1.6 | 0.5 | 167.2 | 190.5 | 271.6 | 110.2 | 72.7 |
| 移出 | 合計 | 15.8 | 49.8 | 40.7 | 10.5 | 3.2 | 7.5 | 2.3 | 7.8 | 2.3 | 0.7 | 209.9 | 298.6 | 273.1 | 118.3 | 80.1 |
| | 寧波 | 15.5 | 46.9 | 37.2 | 3.1 | 0 | 7.4 | 2.3 | 7.4 | 1.9 | 0 | 209.8 | 298.6 | 273.1 | 118.3 | 80.1 |

典拠) 表1に同じ。千頂未満は切り捨てた。

表14　1932～36年における草帽の移入量

(単位:万頂)

| 年度 | 1932 | 1933 | 1934 | 1935 | 1936 |
|---|---|---|---|---|---|
| 上海 | 11.3 | 10.3 | 4.9 | 6.2 | 6.1 |
| 漢口 | 2.7 | 2.8 | 3.5 | 0.9 | 0.5 |
| 重慶 | 0.2 | 0.7 | 0.6 | 1.5 | 2.1 |
| 汕頭 | 13.4 | 8.6 | 6.6 | 8.7 | 6.9 |
| 大連 | 11.6 | 0 | 0 | 0 | 0 |
| 広州 | 4.1 | 3.1 | 0.3 | 0.4 | 0.1 |
| 廈門 | 2.0 | 2.9 | 1.1 | 1.4 | 2.1 |
| 瓊州 | 4.7 | 5.9 | 3.7 | 4.1 | 7.3 |
| 合計 | 60.7 | 43.2 | 26.0 | 26.5 | 27.6 |

典拠) 表13に同じ。

表15　1932～36年における草帽の移出量

(単位:万頂)

| 年度 | 1932 | 1933 | 1934 | 1935 | 1936 |
|---|---|---|---|---|---|
| 上海 | 20.1 | 17.9 | 11.9 | 14.1 | 13.5 |
| 膠州 | 9.9 | 5.0 | 1.2 | 0 | 0 |
| 天津 | 2.2 | 1.6 | 0.5 | 0.1 | 0 |
| 漢口 | 4.4 | 3.9 | 2.6 | 3.7 | 4.2 |
| 広州 | 6.0 | 9.4 | 8.1 | 13.7 | 15.5 |
| 龍口 | 11.4 | 0.7 | 0.3 | 0.4 | 0.1 |
| 合計 | 54.5 | 40.9 | 25.9 | 32.4 | 33.9 |

典拠) 表13に同じ。

一方、麻草帽は主に臨海・黄岩・楽清・温嶺で生産された。1922年に臨海県海門鎮の草帽商が寧波から草帽作りの技術を習得して温嶺県潘郎・牧嶋・蓊横、黄岩県路橋・上蔡で材料を配布して草帽作りの技術を伝授すると、草帽業が普及し、27年に生産者が3万戸に達し、生産された草帽51万個中30～40万個が輸出され、また、28年に設立された協和草帽総廠が寧波から伝えられた金絲草帽を専門に生産し、さらに、34年には牧西郷有限責任草帽運銷合作社が組織された[60]。臨海では、30年に金絲草帽3万個・玻璃草帽1.5万個・麻草帽64.94万個（計180万元）生産され、全てが輸出され[61]、32年に海門鎮には帽行60軒余りと帽販2,000人余りがいて生産者は8,000人に達し、214.7万個の麻草帽が生産され[62]、また、26年に黄岩・楽清・温嶺に伝えられ、27年には楽清県大荊にも伝わり、28年に中級の帽子1個が3元から3.2元に上昇すると、老婆や小学校の男子教員までもが帽子を作り、29年末には生産者は居民の38％を占めたが、30年4月から停滞・衰退した[63]。さらに、黄岩では、27～28年に麻草帽の生産が始まり、29年に自然災害に見舞われ、晩稲が収穫できなくなると、男子も作るようになった。当時、米30斤が1元で、麻草帽1個の生産費は3～4角で、平均2.5元で売れ、1ヶ月に1人で2～4個作ることができたから、1ヶ月の純益は4.2～8.8元となる。そして、30年は麻草帽1個が4元余りで売れ、6万戸余り10万人が生産した[64]。

　以上、草帽業は、前貸問屋制の下で農家の女性による家内手工業として20世紀前半に発展し、当初は、かつて著名な土布生産地だった余姚や鄞県で土布業に代わって盛んになり、さらに、臨海・黄岩・楽清・温嶺の東南沿海部にも広く普及していった。

## おわりに

　20世紀前半の江南農村では、旧土布業に代わって新土布・花辺業・織襪業・毛巾業・草帽業が興り、農村手工業は発展し続けた。そして、レースや金絲草帽はほとんど全てが欧米へ輸出され、当初は輸入代替品だったタオルや靴下も

徐々に輸出された。よって、大部分の農民が土布業を放棄させられて農耕に回帰させられたり、あるいは、工場の賃金労働者へ転化することもできずに農村に滞留させられたというよりも、脱農化ないし農村工業化が進行していたと考えられる。しかも、上海では土布業や新土布業では前貸問屋制はほとんど見られなかったが、新興手工業の大部分が前貸問屋制生産だったのは、その材料のほとんど全てを機械制製品や輸入品に依存していたこととも関係があった。もっとも、マニュファクチュアが主要な生産・経営形態となることもなかったのであり、当該時期の新興手工業にとっては前貸問屋制こそが最も適合的な生産・経営形態だったと言える。

　しかし、すでに都市部で機械制工場が林立していた20世紀前半には、生産・経営形態の段階的差異が必ずしも農村経済における資本主義的発展の段階的差異を反映するとは考え難いから、農村工業がいかなる生産・経営形態だったのかは最も重要な問題ではなく、しかも、手工制のレース・タオル・靴下・藁帽子が機械制製品に十分に対抗し得た。

　さて、19世紀末～20世紀初頭の江南農村に新たに興った手工業は、技術的に単純な加工産業だったため、沿海諸都市を基点として低賃金を求めて急速に周囲へ波及し、しかも、無錫県北部では土布業→新土布業→花辺業→織襪業と農家の副業が交替していった。


注
(1)「山東煙台花辺抽繍発源史」1951年、上海市档案館所蔵档案、全宗号Ｓ272・目録号3・順序号1、行業歴史沿革。「煙台物価調査」(『湖南省国貨陳列館月刊』第23期、1934年) 22～23頁。汕頭市抽紗聯営組印「潮汕区抽紗手工業」1951年6月1日、上海市档案館所蔵档案、全宗号Ｓ272・目録号3・順序号1、行業歴史沿革。上海市川沙県工業局編『川沙県工業誌』(上海科学普及出版社、1992年) 113頁。実業部国際貿易局編『中国実業誌 (浙江省)』(1933年) 第7編75～76頁。
(2)上海県県志編纂委員会編『上海県志』(上海人民出版社、1993年) 615頁。
(3)方鴻鎧・陸炳麟等『川沙県志』(1937年) 巻5．実業志、工業、「花辺業調査表」(1930年4月調査作成)。

(4)彭沢益編『中国近代手工業史資料』（中華書局、1962年）第 3 巻493頁。
(5)雑纂「無錫出口之花辺及繡花品」（『中外経済週刊』第176号、1926年 8 月21日）47頁。汪疑今「江蘇的小農及其副業」（『中国経済』第 4 巻第 6 期、1936年 6 月）77～80頁。容盦「各地農民状況調査／無錫」（『東方雑誌』第24巻第16号、1927年 8 月）113頁。
(6)実業部国際貿易局編『中国実業誌（江蘇省）』（1933年）第 8 編291～298頁。
(7)常熟市地方志編纂委員会編『常熟市志』（上海人民出版社、1990年）351頁。
(8)前掲書『中国実業誌（浙江省）』（1933年）第 7 編76～80頁。
(9)邵連生「話説蕭山花辺」（『蕭山文史資料選輯』第 1 輯、1988年 1 月）6 頁。
(10)温州市志編纂委員会編『温州市志』中（中華書局、1998年）1,171頁。
(11)「寧波之経済状況」（『中外経済週刊』第193号、1926年12月18日）8 頁。
(12)臨海市志編纂委員会編『臨海県志』（浙江人民出版社、1989年）362頁。
(13)《椒江市志》編纂委員会編『椒江市志』（浙江人民出版社、1998年）300頁。
(14)温嶺県志編纂委員会編『温嶺県志』（浙江省人民出版社、1992年）298頁。
(15)前掲書『中国実業誌（江蘇省）』（1933年）第 8 編294～296頁。
(16)呉定祺「蘇州針織業発展簡史」（『蘇州経済資料』第 1 輯、1988年）59～62頁。
(17)「上海之針織業」（『工商半月刊』第 1 巻第14号、1929年 7 月15日、調査）1 頁。
(18)前掲書『中国実業誌（江蘇省）』（1933年）第 8 編245～270頁。
(19)「南匯織襪業現状」（『工商半月刊』第 5 巻第11号、1933年 6 月 1 日、調査）43頁。
(20)上海市南匯県県志編纂委員会編『南匯県志』（上海人民出版社、1992年）292頁。
(21)《松江県工業誌》編写組編『松江県工業誌』（上海科学技術出版社、1988年）81頁。
(22)蘇州市地方志編纂委員会編『蘇州市志』（江蘇人民出版社、1995年）第 2 冊、118頁。
(23)前掲書、『無錫市志』第二冊（1995年）910頁。
(24)「無錫之襪廠」（『工商半月刊』第 2 巻第13号、1930年 7 月10日、調査）33～34頁。
(25)前掲書『中国近代手工業史資料』487頁。原典は、『国際労工通訊』（第20号、1936年 5 月）50頁。
(26)前掲書『無錫市志』第二冊（1995年）910頁・914頁。
(27)前掲書『江陰市志』（1992年）383頁。
(28)前掲書『中国実業誌（浙江省）』（1933年）第 7 編55・56・63～65・73頁。
(29)「杭州棉織針織業概況」（『工商半月刊』第 1 巻第17号、1929年 9 月 1 日、調査）10～13頁。

(30)《海寧市志》編纂委員会編『海寧市志』（漢語大詞典出版社、1995年）187頁。
(31)「硤石之経済状況」（『中外経済周刊』第215期、1927年6月11日）16頁。
(32)「硤石織襪廠之調査」（『工商半月刊』第3巻第13号、1931年7月1日、調査）23～25頁。
(33)海寧硤石鎮志編纂委員会編『海寧硤石鎮志』（浙江人民出版社、1992年）45頁。
(34)建設委員会経済調査所統計課編『中国経済誌 浙江省嘉興・平湖』（建設委員会経済調査所、1935年）29頁。「浙江平湖織襪工業之状況」（『中外経済周刊』第147号、1926年1月23日）20～22頁。
(35)前掲書、『平湖県志』（1993年）284頁。
(36)「嘉興之経済状況」（『中外経済周刊』第182号、1926年10月2日）20～21頁。
(37)前掲書『中国経済誌 浙江省嘉興・平湖』（1935年）59～60頁。
(38)《嘉興市志》編纂委員会編『嘉興市志』中（中華書籍出版社、1997年）971頁。
(39)同上。
(40)「寧波之経済状況」（『中外経済周刊』第193号、1926年12月18日）6頁。
(41)前掲書『寧波市志』中（1995年）1,059頁。浙江省鄞県地方志編纂委員会編『鄞県志』上（中華書局、1996年）550～551頁。
(42)前掲書『温州市志』中（1998年）1,200～1,201頁。
(43)「温州之経済状況」（『中外経済周刊』第209号、1927年4月30日）9～10頁。
(44)前掲書『中国実業誌（江蘇省）』第8編299～300頁。
(45)徐燕夫主編『嘉定鎮志』（上海人民出版社、1994年）81頁。
(46)「嘉定黄草与毛巾工業之調査」（『工商半月刊』第2巻第7号、1930年4月1日、調査）5～8頁。
(47)上海市嘉定県県志編纂委員会編『嘉定県志』（上海人民出版社、1992年）241頁。
(48)上海市川沙県県志編修委員会編『川沙県志』（上海人民出版社、1990年）254頁。
(49)前掲書『川沙県工業誌』118～119頁。
(50)前掲書『川沙県志』（1937年）巻5. 実業志、工業、「毛巾廠調査表」（1930年4月調査作成）。
(51)「川沙之毛巾業」（『工商半月刊』第5巻第4号、1933年2月15日、調査）69～74頁。
(52)前掲書『川沙県工業誌』118～119頁。
(53)前掲書『江南土布史』302頁。
(54)前掲書『無錫市志』第二冊（1995年）910頁。

(55)前掲書『江陰市志』（1992年）384頁。
(56)前掲書『中国実業誌（浙江省）』第7編353頁。
(57)建設委員会調査浙江経済所編『浙江沿海各県草帽業』（1931年）12〜38頁。
(58)前掲書『寧波市志』中（1995年）1,104頁。
(59)「余姚之草帽事業」（『中行月刊』第3巻第4期、1931年10月）82〜83頁。
(60)温嶺県志編纂委員会編『温嶺県志』（浙江省人民出版社、1992年）297頁。
(61)建設委員会調査浙江研究所統計課編『浙江臨海県経済調査』（建設委員会調査浙江研究所、1931年）11〜12頁。
(62)前掲書『椒江市志』（1998年）300頁。
(63)李長和「民国十八年前后的大荊麻帽業」（『楽清文史資料』第7輯、1989年9月）96〜98頁。
(64)黄美渓「黄岩麻帽小史」（『黄岩文史資料』第10期、1988年5月）186〜187頁。

# 小　結

　土布業に関する従来の研究は、その生産・経営形態によって発展の程度・水準を規定し、あるいは、近代的工業との距離を測ることに重点を置いてきた。土布の原料については自作棉花・土糸（農工未分離の自給自足経済）→購入棉花・土糸（農工分離の商品経済）→購入綿糸（紡織工程分離の商品経済）、すなわち、その土布の形状は土経土緯→洋経土緯→洋経洋緯、また、織布機は投梭機→手拉機→脚踏機、さらに、生産・経営形態は家内手工業→前貸問屋制→手工制工場→機械制工場という序列化が発展の方向として措定されてきた。

　しかし、洋糸の流入後に土布業が衰退し、あるいは、新土布業が発展するか否か、そして、それがいかなる生産・経営形態を取るかは、①棉産地だったか否か、あるいは、棉花から稲・蔬菜などの他作物への転作が可能な土地だったか否か、②洋糸の流入以前にいかなる生産・経営形態で棉花・綿糸・綿布のいずれを生産していたのか、また、綿業構造全体の中でいかなる位置を占めていたのか、③農村経済がいかなる発展程度だったのか、などによって決定したと考えられる。

　土布業の歴史的な展開過程を振り返ってみると、まず、元末明初に稲作には不向きだった上海県を中心とする地域で自作棉花を用いた土糸・土布までの一貫生産が始まった。そして、このような棉花・土糸・土布の一貫生産は、間もなくして上海の近隣に位置する蘇南の江陰・常熟・太倉の棉産地や浙東の余姚・慈谿の棉産地にも広がった。やがて、上海地区、蘇南の無錫・呉県・武進、浙西の嘉興・海寧・平湖などの非棉産地でも棉花ないし土糸を購入して土布が盛んに生産されるようになった。また、上海地区（金山県朱涇鎮・楓涇鎮、松江県泗涇鎮、宝山県大場鎮、嘉定鎮）、蘇州呉県周荘鎮、常熟県南部地域（辛荘、莫城）・西北部地域（冶塘、大義）、嘉善県魏塘鎮では、棉花を購入して土糸に

紡ぎ、布に織らずに土糸のままで販売していた。こうして、江南において非棉作農家までもが土糸・土布の生産に従事するようになって棉花に対する需要が増大したことによって、遠く華北からも大量の棉花が移入されるとともに、上海地区の青浦・松江では米作から棉作への転換が起こり、蘇北の南通一帯でも棉作地が拡大し、その大部分が棉花のままで、また、一部が土糸に紡がれて上海や蘇南の土布生産地へ流入していった。なお、浙南の非棉産地では浙東の棉産地から棉花を購入して少量ながら土布が生産されたが、需要量には達せず、多くの土布を移入せざるを得なかった。

　このように、華中東部農村では、各地域の土布業に占める位置あるいはそれとの関わり方は、洋糸が流入する以前から実に多様だった。このために、洋糸が流入した後における土布業の動向も地域によって一様ではなかった。

　まず、棉産地だった上海地区の上海県幸荘・七宝、嘉定県江橋、宝山県江湾、蘇南の江陰・常熟、浙東の余姚・慈谿などでは、洋糸の流入後に一部の農家が洋経土緯の新土布を生産するようになっていったが、全体として旧土布から新土布の生産への転換は非常に緩慢で、20世紀初頭までは棉作農家の多くが洋糸の流入後も土糸・土布までの一貫生産を続け、しかも、最も簡単な織布機である投梭機を用いた家内手工業生産（小営業）の形態が一般的だった。これに対して、同じく棉産地でありながら、後発的であまり土布が生産されていなかった蘇北の南通一帯では、19世紀末から新土布の生産が始まった。一方、非棉産地だった蘇南の蘇州・無錫・常州や浙西の嘉興・海寧・平湖では、旧土布から洋経洋緯の新土布の生産へ転換したり、あるいは、全く新たに新土布の生産を開始する農家も現れた。そして、19世紀末～20世紀初頭に大都市部に設立された紡績工場が新土布用の原糸を生産・供給するようになったことによって、綿布商人による前貸問屋制（放紗収布）や手工制織布工場（布廠）が広まり、新土布の生産が拡大するようになったとともに、蘇南の非棉産地（蘇州・無錫・常州）では、蘇南の棉産地（江陰・常熟）で生産されていた土布（白布）をも買い集めて、艶出しや染色をする蹋染業も盛んになった。

　さらに、20世紀前半になると、青浦・松江では棉作から米作への再転換が起

こり、また、上海市街地近郊農村では棉作に替わって新たに蔬菜の栽培が盛んになった。他方、前貸問屋制が展開しなかった上海地区でも、また、前貸問屋制が展開した蘇南・浙西の非棉産地でも、多くの布廠が設立され、都市部ではそれらの布廠の中から大規模化・機械化する工場が出現した。だが、上海地区や蘇南・浙西の非棉産地の農村地域では、農家の副業として土布業・新土布業からレース・靴下・タオルなどを生産する新たな手工業へ転換するのが一般的だった。また、土布業の発展が持続していた江陰の中でも、非棉産地では前貸問屋制による新土布の生産が盛んになり、さらに、同じく非棉産地の江陰県城区や南閘区では多くの布廠が設立された。一方、20世紀初頭から新土布の中心的な生産地となっていった南通一帯では、量的に蘇南を凌ぐほどの米産地として成長しつつあった裏下河一帯で生産されたインディカ種米や蔬菜が大量かつ安価に供給され、逆に、裏下河一帯には南通産の土布が大量に販売され、織布機も投梭機に替わって手拉機（一部は脚踏機）が用いられるようになり、また、布廠も次々と設立されていった。なお、浙東では土糸・土布までを一貫生産していた棉作農家の多くが草帽業へ転向していったのに対して、浙南では続々と布廠が設立されて新土布の生産が拡大・増加した。ただし、南通一帯の大生紗廠の織布部門を除けば、蘇北や浙南で設立された布廠のほとんどは小規模で経営が不安定だった。

　さて、開港後とりわけ20世紀前半における上海の急激な都市化・工業化は、一方では、物価・労賃（手間賃）の上昇をもたらし、周辺地域の南通・江陰・常熟などに相対的に安価な労働力を生み出していった。こうして、同一水準の技術によって同一商品が生産されるようになると、上海は賃金競争においてそれらの周辺地域さらにはそれよりも奥地に勝てなくなり、その生産を譲らざるを得なくなったと考えられる。こうした状況の変化を受けて、上海の土布商人は上海産の土布に替えて南通産の土布を買付けたり、江陰・常熟の布荘に前貸問屋制生産を委託したりして土布を確保するようになった。また、上海の都市化・工業化は、他方では、農村における商品経済をより一層発展させ、農民に現金を獲得する機会を増やし、土布業よりも高収入を獲得できる新たな手工業・

副業への転向を可能にした。こうして、20世紀前半には上海は土布業が急速に衰退し、土布の生産地から集散地へと変貌していった。

これに対して、蘇南の棉産地の中で上海から最も離れていた江陰では土布業に最も根強く固執し、上海にやや近かった常熟がこれに次ぎ、上海に最も近かった太倉では土布業（土糸・土布の生産）を放棄して棉花の販売に専念するようになった。他方、蘇南の非棉産地の中で上海から最も離れていた武進県（常州）では新土布業に比較的根強く固執し、上海にやや近かった無錫では新土布業が急速に衰退し、上海に最も近かった呉県（蘇州）ではそもそも新土布業が無錫ほど盛んではなく、新土布業は衰退していった。このように、蘇南では、棉産地であれ、あるいは、非棉産地であれ、以上のような土布業の動向に見られた地域差は、単に上海との距離の差ばかりでなく、経済的発展の先頭を行く上海との経済的距離の差異、すなわち、農村経済の発展程度の差異をも反映していたと考えられる。

ところで、農村家内手工業（小営業）・前貸問屋制手工業・工場制手工業という生産・経営形態の差異はいかにして生じたのだろうか。上海地区の土布業・新土布業で前貸問屋制が発生しなかったのは、織布農家がその原糸を自前で手当てできた（自作棉花から原糸を紡ぎ出すか、自らの資金で原糸を購入した）からである。これに対して、20世紀前半に土布業に代替して新たに興った花辺業・織襪業・毛巾業・草帽業などの手工業がほとんど前貸問屋制や手工制工場によって生産されたのは、その原材料の多くが輸入品だったために農民が自前で手当てできなかったからである。また、理論的には、工場制手工業がその本来の厳格な意味におけるマニュファクチュアであれば、分業に基づく協業が行なわれるが故に前貸問屋制手工業に比べて生産性が高く、競争力の強い前者は後者を駆逐して発展していくことになる。だが、実際に近代華中東部の農村地域に現れた放紗収布（前貸問屋制）と布廠（手工制織布工場）との間には、布廠が農家の備える投梭機よりも生産能力の高い手拉機や脚踏機を備えるようになるまでは、明確な生産性の格差は見られなかった。それは、布廠では分業に基づく協業がほとんど行なわれず、単に労働者が同一の場所と時間において作

業している単純協業（集中仕事場）にすぎず、その本来の意味におけるマニュファクチュアとは異なっていたことによる。そして、土布業に代替して新たに興った手工業がほとんど前貸問屋制や手工制工場によって生産され、あるいは、手工制工場が前貸問屋制を兼ねている場合も多かったことから見ても、両者の間には生産性の格差はほとんど生じていなかったことがわかる。

　それでは、このように、20世紀初頭において放紗収布と布廠の間に生産性の面で明確な格差が無かったとすれば、両者にはそもそもいかなる差異があり、また、何故に並存し得たのだろうか。華中東部農村における土布生産者の圧倒的大部分を占めていた農家の女性は、一面では家庭内で家事労働を担わされているために、一定の時間を工場に拘束されるよりも、家事労働の合間に作業ができる前貸問屋制生産は好都合であり、また、棉布商人にとっても工場を設置したり、織布機を備えたりする手間が省けるばかりでなく、相対的に安い手間賃で大量の土布を買い取ることができた。一方、前貸問屋制生産では前貸した原糸のごまかしや織り上げられた土布の質的不均等という問題が発生しやすいが、布廠は労働者と製品を管理・監視することができた[1]。

　よって、棉布商人が前貸問屋制と手工制工場のどちらの生産・経営形態を選択するかは、生産性の格差や優劣によってではなく、主に製品（綿布）の品質管理の必要性の有無さらには農民の織布機所有（織布の伝統）の有無によって決定されたと考えられる。実際に前貸問屋制が発生したのは、非棉作・織布農家が多かった地域（蘇南・浙西の非棉産地）であり、また、棉作・織布農家が多かった地域（上海地区・蘇南の棉産地）では前貸問屋制が発生しなかったのに対して、非織布農家が多く、織布の伝統がほとんどなかった蘇北や浙南では農家が織布機を備えていないために前貸問屋制は成り立ちにくく、それに代わって多くの布廠が設立された。

　土糸・土布を多く生産するための原棉コストが見かけ上無料となる棉作農家は、非棉作農家が棉花・綿糸を購入して生産する土布よりも安価な土布を生産・販売することができ、また、旧土布の生産については棉作農家の多い地域が非棉作農家の多い地域よりもその衰退が緩慢だった。ただし、棉花・土布の生産

地も、地域によって原棉コストを除いた生産コスト及び生活費に差があり、土布生産の存続に差が出た。より具体に言えば、自作棉花を用いて旧土布を生産していた地域の中で、上海から最も早く衰退が始まり、これに余姚・慈谿が続いたのに対して、逆に、江陰では根強く存続したのは、その農村地域の経済水準の高さ（物価水準の高さによる生産コスト・生活費の高さ）の序列を示している。また、新土布を生産するようになっていった地域の中で、まず上海から最も早く衰退が始まり、これに蘇南・浙西が続いたのに対して、逆に、南通では維持・発展したのも同様の事情を反映していた。すなわち、経済水準の高い地域ほど、土布業の衰退が早く急だったと言える。

しかし、20世紀初の華中東部農村地域において見られた土布業の衰退という現象は、決して農村手工業あるいは農村経済の衰退を意味するものではなかった。なぜなら、土布業の衰退の早い地域から順番に土布業よりも一層収益性の高い新たな手工業が興り、普及していったからである。このような新興の手工業が上海に続いてすぐに隣接する南通には普及しなかったことから考えてみると、商品経済の発展した地域ほど農家の副業に対する選択の幅が広がっていたのであり、新興の手工業が単に土布業よりも収益性が高いということだけではなく、土布業の再生産が不可能となった地域で新興の手工業の再生産が可能だったことこそが重要であることがわかる。収益性が低減・消滅していったために土布業の再生産が不可能となった農民は、新たに技術を習得したり、道具を購入するために少し時間や資金がかかることがあっても農家経営の再生産を実現することを目指して、新しい手工業に関する技術を学び、それへ転向せざるをえなかった。

以上のような近代華中東部の土布業に見られた多様な変化から、中国における農村手工業あるいは農村経済の持続的発展の方向性を見出すことができる。すなわち、近代に土布業の衰退した地域では、土布業に代わって次々と新たな手工業が発展し、それらの新たな手工業生産はかつて主要な土布の生産地だった上海や寧波を起点としてその周辺地域へも波状的に拡大していった。このような動向は、多様で複雑な地域間分業構造の形成ないし社会的分業の発展を基

礎として上海を中心に華中東部農村で商品経済が発展していたことを表していたとともに、近代華中東部農村経済における発展の方向性をも示していた。

以上から、華中東部農村における商品経済ないし社会的分業の発展程度に見られた格差は、もし仮にこれを序列化すれば、上海→蘇南（無錫、蘇州→常州→太倉→常熟→江陰）・浙西→蘇北、及び、寧波→浙東→浙南となる。だが、各地域の土布業は、相互に密接な関連性を持つ華中土布業の経済構造上における一部を構成していたのであり、洋糸流入の程度や土布業の生産・経営形態は、商品経済や農村経済の発展程度とは必ずしも一致していなかった。しかも、上海や浙東では近代になっても比較的長時間にわたって主に家内手工業として土布が生産され続け、前貸問屋制はほとんど展開しなかったが、蘇南や浙西では洋糸が流入すると前貸問屋制が広範に展開した。そして、20世紀前半に上海や蘇南の非棉産地農村で見られた土布業の急速な衰退は、農村経済ないし商品経済のより一層の発展によって引き起こされた一つの現象、すなわち、土布業から新たに起こった手工業へ副業を転向させていったことと同時並行的に発生した動きであり、農村手工業や農村経済の没落とは必ずしも一致していなかった。また、逆に、20世紀前半の華中東部農村にあっては、土布業・新土布業の持続的発展や前貸問屋制・手工制工場の発生は、必ずしも土布業の先進的部分を代表していたのではなく、土布業を含む農村経済構造が商品経済の発展によって変容しつつある中で、その経済構造の一面が表出したものだった。

以上、第2編では、各地域の多様な土布生産パターンは各々単に異なったものとしてバラバラに並存していたのではなく、相互に密接に関連し合いながら1つの農村経済構造を形成していたことを論じた。すなわち、近代華中東部における土布業の動向を例として社会的分業の発展と地域間分業構造の一面を明らかにした。

注
(1)綿布商人が、生産性の格差からではなく、製品の品質管理の必要性から、前貸問屋制手工業から集中仕事場である工場制手工業へ移行させていったことは、すでに本

稿でも取り上げたように、常州・武進県の綿業を例として森時彦によって明らかにされている。そして、ほぼ同様のことは、ヨーロッパや日本でも発生していたことが明らかにされており、近代工業化の過程において見られる世界的な現象だったことがわかる。すなわち、ヨーロッパ経済史研究では、すでに1960年代に「問屋制の内部矛盾」が指摘されている（S. Pollard, *The Genesis of Modern Management*, Edward Arnold, 1965［山下幸夫・桂芳男・水原正亨訳『現代企業管理の起源』千倉書房、1982年、45〜47頁］、D. S. Landes, *The Unbound Prometheus: Technical Change and Industrial Development in Western Europe from 1750 to the Present*, Cambridge University Press, 1969［石坂昭雄・富岡庄一訳『西ヨーロッパ工業史1——産業革命とその後 1750−1968年』みすず書房、1980年、68〜73頁］）。また、日本経済史研究でも、林英夫「竹之内源助手記「知多木綿沿革」」（『地方史研究』第11巻第6号、1961年12月）45頁に始まり、比較的近年では、石川清之「独占資本段階における尾西地方の織物業と地主制」（『社会経済史学』第49巻第6号、1984年3月）58〜59頁、斉藤修「在来織物業における工場制工業化の諸要因——戦前期日本の経験」（『社会経済史学』第49巻第6号、1984年3月）116頁、斉藤修・阿部武司「賃機から力織機工場へ：明治期における綿織物業の場合」（南亮進・清川雪彦編『日本の工業化と技術発展』東洋経済新報社、1987年）71〜72頁・77頁、などが前貸問屋制下における「粗製濫造ノ弊」あるいは「機場の我儘」（原糸の抜取り・着服）の事実を指摘し、問屋制から集中仕事場へ移行する重要な原因としている。

# 結　　論

## 1　本稿の要旨

　本稿では、主に抗日戦争以前の浙江省における品種改良事業及び華中東部における土布業の動向に関する分析を通して、華中東部農村が商品経済や社会的分業ないし地域間分業を発展させて多種多様な生産パターンを内包する経済構造を形成していたことを論じた。そして、中国へ打ち寄せる西欧的近代化の波がいかなる波紋を形作るのかは農村経済構造の在り方によって規定されたのであって、近代中国農村経済の動態を知る上で農村経済構造に着目することが極めて重要なことだったことを確認した。

　まず、第1編で述べた品種改良事業に関連して言えば、近代科学の合理性に基づく判断や客観的かつ数学的な計算と異なる事態・状況は、多くの場合、前近代的ないし異常なことと見なされてきた。だが、各級政府が実施した近代的志向性を持つ農村・農業政策の成果を一見して制約し、あるいは、その表れ方に地域差を生んだ主因は、近代科学の合理性を理解できない農民の無知や封建的要素を濃厚に帯びた農村経済の遅れにあったのではなく、商品経済の発展に基づく社会的分業ないし地域間分業によって形成された農村経済構造にあった。そもそも、1934年の旱魃による被害が浙江省農村において特にひどかったのは、当該地域がすでに商品経済に深く巻き込まれており、食糧自給を犠牲にしてまでも繭・生糸や綿糸・綿布の生産あるいは桑・棉花の栽培に特化しすぎていたためだった。そして、食糧の増産・自給を目指した浙江省稲麦種改良事業では、多くの農民が改良稲麦種を積極的に受け入れたが、蚕種や棉花種の品種改良事業に一部の農民が激しく反発したのは、稲麦作では工程分業が成り立たないのに対して、生糸・土布生産では蚕種・棉花種の飼育・栽培との間に繭・綿糸の生産という工程が介在しているという差異があったからだった。さらに、棉花

の改良種だった米棉種は、前近代に土布がほとんど生産されなかった華北では急激に受容されたが、土布業の長い伝統を有する華中では緩慢かつ限定的にしか受容されなかった。このことから、棉花の生産が販売を目的としていたのか、あるいは、土糸・土布の原料を確保するためだったのかが、改良棉花種を受け入れるか否かの主因だったことがわかる。このように、自然災害による被害程度や各種農産物の改良品種に対する受容と拒絶という反応に見られた地域差は、単に偶然に発生したのではなく、主要には綿業と係わる農村経済構造の地域差を反映したものだった。

　次いで、第2編で述べた近代華中東部農村地域における土布業の動向に関連して言えば、すでに前近代に多様な生産パターンが発生し、土布の生産地は拡大していたが、近代になって洋糸が流入すると、旧来の土布業構造は特に土糸の生産が駆逐されるなど部分的に解体されるとともに、新たに洋糸を用いた新土布の生産が始まって再編され、土布の生産パターンは以前にも増してより一層多様で複雑なものになった。従来は、新土布業の興起を新たな発展と見なし、逆に、洋糸を受け入れない旧土布業の持続・消滅を衰退と見なしてきた。また、その発展の指標を、農工分離の有無、棉作・紡糸・織布の各工程間分業の有無、家内手工業・前貸問屋制手工業・工場制手工業の生産・経営形態の諸段階、投梭機・手拉機・脚踏機の織布機の生産能力などに求めてきた。だが、これらの指標は、元々は個々の事象から抽象化されて作り上げられた1つの理念あるいはモデルだったのであり、現実に生起した個々の事象の発展段階を規定・序列化するための物差ではなかった。そして、洋糸の受容に際して見られた地域差は、多様な土布生産パターンを内包する土布業構造を反映したものだった。すなわち、近代華中東部農村地域における土布業の動向は、以下の3つに大別することができる。①棉産地で織布の伝統があった地域（上海、蘇南の北部、浙東）では、前貸問屋制は展開されず、棉作農家は土糸・土布の生産まで行う一貫生産による旧土布業に固執するが、上海や浙東ではやがて土布業が衰退・消滅していくのと並行して新たに興った手工業へ転向していき、特に上海では手工制織布工場も多数設立されるようになり、その中の一部は機械制織布工場へ

と転化していった。②非棉産地で織布の伝統があった地域（蘇南の南部、浙西）では、前貸問屋制手工業が発展し、急速に旧土布から新土布の生産へ転換していったが、新土布業も上海から波及してきた新たな手工業へ転向することで衰退・消滅していった。ただし、上海から離れていた常州・武進県では新土布業に固執し、新たな手工業はほとんど普及せず、前貸問屋制手工業は手工制工場へ転化し、さらに、その中の一部は機械制工場へと転化していった。③棉産地と非棉産地とを問わず、織布の伝統の無かった地域（蘇北、浙南）では、前貸問屋制手工業は展開しなかったが、小規模ながら多数の手工制工場が設立され、新土布を生産するようになった。

このように見てくると、前貸問屋制や工場制手工業は、商品経済が最も発展した先進地域から順次生起してきたというわけではなかったことがわかる。

以上から、本稿における分析は、第1編では農村部において近代化に対する反応に地域差が見られたのはなぜなのかという問題関心から始まり、また、第2編では近代において土布業の変容の在り方を決定的にしたものは何だったのかという問題関心から始まった。そして、近代化・工業化・都市化に対する農村経済の反応に見られた地域差とその変容の在り方は、近代に到るまでに形成されてきた農村経済構造の地域差によって大きく左右されていたことを確認した。

要するに、本稿では、華中東部において商品経済と手工業の発展によって形成されてきた社会的分業ないし地域間分業を基礎とする農村経済構造こそが、当該農村経済の動向ないしその近代化の行く末を大きく規定していたという結論を得るに到った。

## 2　近代華中農村経済構造

それでは、近代華中東部において形成されていた農村経済構造とは、いかなるものだったのだろうか。それは、自然的・気候的・地理的条件によって規定された農産物の作付体系に基づいて発生した地域ごとの多様な生産パターンの

有機的結合体あるいは複合的統合体というべきものだった。そして、その結合・統合の在り方を主要に決定していたのは、商品経済の発展に基づく社会的分業ないし地域間分業の展開・拡大だった。

そもそも、農村において養蚕・棉作による繭・棉花の生産にとどまらずに、それらを原料として生糸や綿糸・綿布の生産まで行なう蚕糸業・綿業では、収穫されたものに農民が加工することのない稲麦作とは違って、工程分業が成り立っていた。すなわち、養蚕から製糸まで、あるいは、棉作から織布まで同一農家が一貫生産する地域もあったが、また、各地域で各工程を分担する地域間分業構造も形成されていた。

ただし、蚕糸業は、湖州（呉興）のように、元々は稲の適作地において米作に替わって発展してきたことから、歴史的には桑栽培や蚕種製造の専業化に支えられて桑・蚕種を購入する繭・生糸の一貫生産が最も中心的な位置を占めていた。これに対して、綿業は、上海のように、元々は稲の不適作地で、かつ棉作のみが可能だった地域において発展してきたことから、歴史的には棉花・綿糸・綿布の一貫生産が最も中心的な位置を占めていた。また、生糸が完全に販売用だったのに対して、綿布（土布）は自家消費分も含まれるという違いはあったが、棉花・綿糸・綿布の一貫生産も、食糧の購入や税の支払いために、決して自給自足的な生産にとどまることができず、現金獲得の必要性あるいは商品経済の発展を反映して主要には販売を目的とするようになっていた。

とりわけ、華中東部農村には土布業の長い伝統があった。そのことが社会的分業ないし地域間分業を十分に展開させていた。こうして、棉花・綿糸・綿布の一貫生産という形態を先頭として、これに続いて棉花ないし綿糸の購入による綿布の生産、棉花の購入による綿糸の生産、棉花の販売のための棉作などのように、多様な生産パターンが生み出され、土布の生産地は拡大し、土布業は近代においても華中東部農村で経済的に重要な位置を占め続けた。それとともに、1842年に開港してから発展と拡大を続けて急速に都市化・工業化していった上海経済の在り方こそが、その周辺部の農村さらには華中東部農村に対して、より一層の商品経済の発展を波状的にもたらし、土布業だけにとどまらず、農

村手工業を再編していった。

　ところで、20世紀前半には、華中東部農村では米棉の栽培面積が従来からの土棉のそれを圧倒することはなかった。特に上海の一部の地域では棉作をも含んだ土布業からの全面的な撤退の動きが見られ、また、蘇南の非棉産地でも土布業の衰退が見られた。これに対して、華北では米棉の栽培が盛んになるとともに、新土布業が勃興し、特に河北省高陽県や山東省濰県が新土布の主要な生産地として発展した。翻って、再び華中東部農村を見ると、蘇北の綿業は、蘇南・浙江よりも華北のそれと類似する点が多いことに気付かされる。すなわち、前近代には、南通一帯で棉花が盛んに栽培されてその一部が土糸に紡がれたが、土布はほとんど生産されることなく、大部分の棉花は土糸とともに蘇南に向けて販売された。そして、近代にはかつては非棉作地だった蘇北沿海部を中心に米棉の栽培が急激に拡大するともに、南通一帯では新土布の生産が盛んになり、しかも、土布生産者の中心が女子から男子へ移行しており、また、工場制手工業の生産・経営形態を採用することによって新土布業の生き残りを図った点でも華北のそれと一致している。このように、華中の中でも蘇北の綿業は、類型から言えば、むしろ華北型だったのであり、南通の新土布業は河北省高陽県や山東省濰県のそれに比定することができる。

　このように見てくると、華中東部農民経済においては、米棉の栽培と新土布の生産という近代に新たに起こった動きは、一見して直接的な関連性が全くないように思われるが、土布業構造全体から見てみると、並行的な動きだったことがわかる。また、仮に経済発展の序列化を想定すれば、土布業の発展という狭い視点からすると、マニュファクチュア形態による新土布の生産が最も先進的であるが、農村経済の発展というやや広い視点からすると、20世紀前半の華中東部農村においては、土布業（棉作・紡糸・織布）に固執し続けずに、そこから撤退することが最も先進的だったとも言える。

## 3 今後の展望・課題

　これまで「近代」的なものとして捉えられてきたことに対する見直しは、すでに多くの分野で進められてきている。そして、本稿も、同じような視点に立っている。例えば、本稿で述べてきたことから言えば、改良品種の導入や土布業の生産・経営形態の高度化が近代化であるという視点からだけでは、近代華中東部農村経済の発展及びその近代化過程を歴史的に正確には把握しきれないことは明らかである。このような点からも、中国農村経済の近代化・資本主義化に対する見直しは必要とされている。

　そもそも、資本主義化とは、資本主義的生産が全社会的生産において優位に立つことであるという前提に立てば、経済全体の中から農村経済だけを取り出してそれが資本主義的生産であるか否かを検討することは適当ではない。すなわち、中国経済が資本主義化しつつある中で、農村経済・農家経営がいかなる対応・反応を示したのかが分析されなければならないのであって、農村経済と都市経済とを区分して別々に資本主義的生産・経営を摘出して分析したり、ましてや農業のみを取り上げて資本主義的生産・経営の有無を検証すべきではない。また、資本主義的農業（富農）経営やマニュファクチュアの発生を農村経済における資本主義化とみなし、小農経営や家内手工業を非資本主義（あるいは前資本主義）的生産形態であって資本主義化と対立し、それとは相容れないものだと理解すべきではない。資本主義化は、資本主義的生産・経営ばかりではなく、これまで非資本主義的生産・経営と見なされてきたものの動向・変化をも含めて理解すべきである。

　20世紀前半が中国経済にとって資本主義化の初期段階であり、また、移行期・過渡期でもあったことは大方の認めるところになりつつあるように思われる。ただし、当該時期における中国農村経済の近代化・資本主義化は、大農場経営や富農経営として現れたのではなく、むしろ小農経営を基礎とした商業的農業や手工業の発展（農村の工業化）として現れたのである。そして、農村手工業

と都市工業とは、前近代（非資本主義）的なものと近代（資本主義）的なものとして、無関係に、あるいは、対立的に並存しているのではなく、密接な相互依存関係にあった。

　もちろん、中国にとっても、資本主義化という意味における近代化は避けて通ることのできない課題だった。そして、もし西欧的な資本主義化を中国でそのまま実現したければ、農村経済構造を徹底的に解体・破壊する必要があったし、また、逆に、その農村経済構造を破壊しないとすれば、その構造を基礎としてそれと矛盾しない方法で資本主義化を推進せざるをえなかったのではないだろうか。

　よって、農業政策に対する分析は、その政策がいかに近代的・合理的であったのかではなく、ましてや、いかに革命的・徹底的であるかでもなく、農村経済構造といかなる関わり・関連性があったのかに重点を置くべきである。

　以上のような視点から、20世紀前半の中国に出現した国民党と共産党という二大政党の農村経済構造との関わり方を対比してみると、国民党政権は農村経済構造を破壊することなしに近代的な科学技術を用いて西欧的な近代化・資本主義化を推進しようとしたのに対して、共産党政権は土地革命と社会主義改造によって農村経済構造を徹底的に破壊し、さらに、資本主義化をも阻止して社会主義化（非資本主義化）しようとしたと言える。ただし、農村における商業的農業と手工業の発展に基づいた社会的分業ないし地域間分業の形成という伝統の蓄積（農村経済構造）は、20世紀前半に国民党政権によって推進された合作社形態による農村工業化の基礎となった。また、20世紀後半には、それまで積み上げられてきた農村経済構造は共産党の土地革命と社会主義改造によって、一度徹底的に破壊ないし解体・再編されたが、人民公社における社隊企業が郷鎮企業の基礎となった。そして、改革・開放路線による市場経済化を経て、現在まさに進行している中国の工業化が主要には農村の工業化であることから見ると、現在の中国における資本主義化も、歴史的に形成されてきた農村経済構造を基礎としつつ、それと対立しない方法で中国的な近代化・資本主義化を推進していると捉えることができる。

もちろん、土地革命と社会主義改造によって徹底的に破壊ないし解体・再編された農村経済構造が、改革・開放路線による市場経済化の中でかつての姿を復活させつつあるようにも見えるが、現在の農村経済構造は20世紀前半のそれとは異なるものとなっている。

　以上の点を、「洋」と「土」という側面から見ると、西欧近代技術を身に付けた官僚テクノクラートについて、国民党がそれを多用したのに対して、共産党はその採用にそれほど熱心ではなかった（その極端な例が、後の大躍進政策期の土法製鉄である）ことからも、国民党はより「洋」的な改革を目指したのに対して、共産党はむしろ「土」に根差した改革を行なおうとしたのではないかと思われてくる。社会の変革（農村経済構造の解体・再編）という点では、国民党よりも共産党が成功した理由がここにあるように思われる。そして、農村では、「洋」的な改革が進展したのは、必ずしも経済的先進地域ではなかった。

　なお、本書は、時期と地域という２点において、かなり限定されたものになった。今後の分析は、時期的には、戦時期（日中戦争、国共内戦）や中華人民共和国時期にも延長されるべきであるし、また、地域的には、華中全域そして華北や華南にも拡張していかなければならない。さらに、本書は、近代中国農村経済構造の全貌を解明するには至っていないのであり、いやしくも農村経済構造の分析を掲げるからには、検討対象として取り上げるべき農産物及び産業分野を拡大するとともに、流通面にも目を向けていかなければならない。そして、何よりも、近代中国農村経済構造の特質を理論的に深化させる必要性がある。

　以上のような意味において、本書は、近代中国農村経済史の実像に迫るための１つの扉を見つけたにすぎず、また、その入り口に立ち、これから本格的に踏み入ろうとしているところである。すなわち、近代中国農村経済史の研究は、本書によって完成を見たのではなく、まさにここに始まったというべきである。これが、本書の副題に試みと付したゆえんである。

# 索 引

人名索引………263頁〜　　地名索引………268頁〜　　事項索引………280頁〜284頁

## 人名索引（中国人は全て音読みで排列）

### あ行

| | |
|---|---|
| 足立啓二 | 6, 7, 11 |
| 阿部武司 | 254 |
| 秋山洋造 | 29 |
| 天野元之助 | 46, 96, 108 |
| 有沢広巳 | 120, 125, 127 |
| 依田憙家 | 128 |
| 井上久士 | 10 |
| 飯塚靖 | 89, 107, 222 |
| 石川清之 | 254 |
| 石坂昭雄 | 254 |
| 岩井茂樹 | 154 |
| 岩田弥太郎 | 110, 111, 127 |
| 尹継善 | 156, 178 |
| ウェイドナー | 68 |
| 于琨 | 181 |
| 于尚齢 | 224 |
| 于定一 | 182 |
| 宇野昭 | 10 |
| 上野章 | 68 |
| 牛場友彦 | 127 |
| 内山雅生 | 6, 11 |
| 浦松佐美太郎 | 127 |
| 詠榴 | 156 |
| 易強 | 217 |
| 小此木藤史朗 | 156 |

| | |
|---|---|
| 小山正明 | 109, 121, 128, 154 |
| 尾崎五郎 | 120, 127 |
| 王郁岐 | 91 |
| 王詠 | 225 |
| 王栄商 | 93, 223 |
| 王学祥 | 71, 72 |
| 王錦 | 179 |
| 王景清 | 72 |
| 王元照 | 201 |
| 王廣唐 | 181 |
| 王珊純 | 210, 223 |
| 王子建 | 224 |
| 王樹槐 | 107 |
| 王壽頤 | 225 |
| 王清穆 | 202, 203 |
| 王大同 | 157 |
| 王殿金 | 225 |
| 王彬 | 224, 226 |
| 王敏毅 | 181 |
| 王芬 | 225 |
| 王窩 | 178, 180 |
| 汪英賓 | 90 |
| 汪疑今 | 244 |
| 汪洵 | 223 |
| 汪精衛 | 20 |
| 大里浩秋 | 127 |
| 大村清之助 | 69 |

| | |
|---|---|
| 奥村哲 | 5, 6, 10, 11, 67, 129, 130 |
| 幼方直吉 | 127 |

### か行

| | |
|---|---|
| 加藤茂包 | 46 |
| 何兆瑞 | 70, 72 |
| 何冰 | 218 |
| 夏林根 | 124, 130, 154 |
| 夏有文 | 156 |
| 過炳泉 | 180 |
| 華大琰 | 223 |
| 賈敏 | 69 |
| 雅爾哈 | 178 |
| 郭廷弼 | 154 |
| 郭文韜 | 46, 69 |
| 笠原志保里 | 129 |
| 笠原仲二 | 23 |
| 葛綏成 | 68 |
| 桂芳男 | 254 |
| 川井悟 | 10, 154 |
| 川上徹太郎 | 10 |
| 川田侃 | 10 |
| 神戸正雄 | 108 |
| 管春樹 | 204 |
| 韓佩金 | 155 |
| 闞景奎 | 130 |

| | | | | | |
|---|---|---|---|---|---|
| 季念詒 | 201 | 顧馨一 | 24, 25, 29 | 崔秉鐘 | 223 |
| 希曙 | 71 | 顧砥中 | 179, 180 | 蔡芝即 | 223 |
| 岸本清三郎 | 46, 204 | 顧福仁 | 224 | 蔡正雅 | 191, 202 |
| 邱沅 | 204 | 呉永銘 | 175, 183 | 支恒椿 | 226 |
| 求亮如 | 70 | 呉学融 | 220 | 史建雲 | 130 |
| 清川雪彦 | 254 | 呉仰賢 | 224 | 重藤威夫 | 127 |
| 許道夫 | 23, 31 | 呉曉震 | 72 | 謝家声 | 46 |
| 許瑶光 | 224 | 呉継良 | 180 | 謝元福 | 204 |
| 郟奇丙 | 218, 225 | 呉昆田 | 204 | 朱錫恩 | 224 |
| 郟道生 | 218, 225 | 呉承明 | 122, 129 | 朱新予 | 68 |
| 金蚕 | 155 | 呉馨 | 154, 155 | 朱通華 | 10 |
| 金国宝 | 109 | 呉清堂 | 158, 180 | 朱龍湛 | 181 |
| 久保亨 | 123, 129 | 呉知 | 110, 127 | 周家禄 | 202 |
| 苦農 | 71 | 呉定祺 | 244 | 周建鼎 | 154 |
| 国松文雄 | 111 | 呉福卿 | 62 | 周広業 | 224 |
| 黒田明伸 | 109 | 呉福清 | 63 | 周廷棟 | 180 |
| 邢哲安 | 178 | 呉宝瑜 | 194 | 周愓 | 90 |
| 桂邦傑 | 202 | 江峯青 | 224 | 習雋 | 178 |
| 嵇曾筠 | 224 | 杭世駿 | 225 | 襲寿図 | 157 |
| 言如泗 | 179 | 洪錫範 | 93, 223 | 叔璜 | 188, 202, 203 |
| 厳学熙 | 73, 203 | 高景嶽 | 73 | 祝耀長 | 178, 179 |
| 厳中平 | 93, 110, 121, 128, 203, 222, 223 | 黄永 | 181 | 徐蔚南 | 154 |
| | | 黄炎培 | 158 | 徐燕夫 | 245 |
| 小坂博 | 46 | 黄孝先 | 204 | 徐秀麗 | 68 |
| 小島晋治 | 127 | 黄之雋 | 156, 178 | 徐恕 | 225 |
| 小林一美 | 5, 6, 10 | 黄世祚 | 155 | 徐新吾 | 73, 93, 110, 122, 129, 133, 154, 162, 173, 178, 186, 201, 223 |
| 小林弘二 | 10 | 黄道婆 | 133 | | |
| 木暮慎太 | 69, 72, 73 | 黄美渓 | 246 | | |
| 胡竟良 | 107 | 近藤清一 | 110, 127 | 徐縉璈 | 70 |
| 胡鴻均 | 71 | | | 徐致静 | 223 |
| 胡仲本 | 71, 72 | さ 行 | | 徐兆適 | 47, 48 |
| 胡応庚 | 204 | | | 徐用儀 | 224 |
| 顧一群 | 181 | 佐々木衛 | 6, 10, 11 | 徐麗元 | 224 |
| 顧清 | 154 | 斉藤修 | 201, 254 | 邵亮熙 | 75, 90, 91, 93, 109 |
| | | 斉藤清 | 46 | | |

人名索引　265

| | | | | | |
|---|---|---|---|---|---|
| 邵連生 | 244 | **た行** | | 張文虎 | 155, 157 |
| 章振華 | 180, 181 | | | 趙昕 | 157 |
| 章有義 | 72 | 田尻利 | 115 | 趙錦 | 178 |
| 蒋鴻藻 | 224 | 田中正俊 | 121, 128 | 趙所藝 | 70 |
| 蒋盤発 | 174 | 戴鞍鋼 | 130 | 趙如珩 | 203 |
| 蒋邦来 | 225 | 竹内好 | 10 | 趙岡 | 107, 108, 123, 129 |
| 蕭錚 | 91 | 竹之内源助 | 254 | 趙邦彦 | 202 |
| 蕭輔 | 75, 81, 90, 91 | 辰巳岩雄 | 69 | 沈九如 | 51, 56, 58, 59, |
| 常宗会 | 69, 70 | 谷川道雄 | 11 | | 69〜71, 73 |
| 信夫清三郎 | 110, 127 | 谷本雅之 | 130 | 沈九成 | 90 |
| 鈴木智夫 | 68 | 譚逢仕 | 224 | 沈書勲 | 137, 155 |
| 石韞 | 177 | 譚熙鴻 | 75, 90 | 沈宗瀚 | 47 |
| 薛韶成 | 178 | 段蕴壽 | 225 | 沈遹聲 | 224 |
| 銭淦 | 157 | 段朝端 | 204 | 沈翼 | 224 |
| 銭崇威 | 156 | 段本洛 | 128, 145 | 陳威 | 154 |
| 銭祥保 | 202 | 談起行 | 154 | 陳鶴翔 | 226 |
| 銭達人 | 178 | 褚翔 | 202 | 陳其元 | 158 |
| 銭天鶴 | 46, 48 | 褚佩言 | 194 | 陳玉琪 | 181 |
| 銭天達 | 72 | 儲家藻 | 223 | 陳玉樹 | 204 |
| 銭陸燦 | 179 | 張泳泉 | 180, 181 | 陳訓正 | 223 |
| ソルター | 119 | 張球 | 181 | 陳恵雄 | 130 |
| 曾田三郎 | 115 | 張衮 | 178 | 陳継儒 | 154 |
| 蘇淵 | 157 | 張渭城 | 70 | 陳慶徳 | 130 |
| 宋如林 | 154, 177 | 張覚人 | 127 | 陳詩啓 | 128 |
| 曹炳麟 | 202, 203 | 張圻福 | 128, 145 | 陳昌齋 | 225 |
| 曹舒 | 48 | 張奎 | 156 | 陳鍾英 | 225 |
| 曹隆恭 | 46, 69 | 張謇 | 129, 183, 194 | 陳鍾毅 | 107, 108, 123, 129 |
| 曾済寛 | 28 | 張承先 | 155 | 陳文馬 | 225 |
| 曾養甫 | 21, 28, 52, 69, 75, 90 | 張儒彬 | 178 | 陳傳徳 | 155 |
| 副島圓照 | 123, 129, 154, 178 | 張仁静 | 156 | 陳方瀛 | 155 |
| 孫元柱 | 19 | 張世文 | 110 | 陳万運 | 90 |
| 孫坤南 | 178 | 張宗海 | 93, 223 | 陳立儀 | 90 |
| 孫星衍 | 154 | 張謨遠 | 210, 223 | 鶴見和子 | 10 |
| 孫鳳藻 | 224 | 張範村 | 70 | テーラー | 119, 127 |

## 人名索引

| | |
|---|---|
| 丁世洵 | 124, 129 |
| 丁佶 | 107 |
| 丁日初 | 157 |
| 程其珏 | 155 |
| 鄭鍾祥 | 179 |
| 鄭仲先 | 226 |
| トーネイ | 119, 127 |
| 唐漢才 | 186 |
| 唐若瀛 | 223 |
| 唐壬森 | 225 |
| 唐文起 | 124, 130, 156 |
| 唐雄傑 | 29 |
| 陶煦 | 181 |
| 湯可可 | 181 |
| 湯濬 | 223 |
| 湯成烈 | 182 |
| 董直 | 27 |
| 董道誠 | 204 |
| 鄧雲特 | 15, 27 |
| 鄧鐘玉 | 225 |
| 鄧載 | 179 |
| 童潤夫 | 188, 201, 202 |
| 富岡庄一 | 254 |

### な行

| | |
|---|---|
| 名和統一 | 96, 108 |
| 中井英基 | 121, 123, 128, 129, 183, 201 |
| 中嶋敏 | 68 |
| 中村哲 | 11, 130 |
| 梨本祐平 | 127 |
| 並木頼寿 | 127 |
| 西川喜久子 | 128 |
| 西嶋定生 | 127 |
| 任光 | 178 |
| 野沢豊 | 10, 202 |

### は行

| | |
|---|---|
| 波多野善大 | 128, 132, 154, 179 |
| 馬駿 | 46, 47 |
| 博潤 | 154 |
| 莫定森 | 37, 40, 46〜48 |
| 狭間直樹 | 128, 154 |
| 橋本奇策 | 108 |
| 秦惟人 | 68, 128, 205, 222 |
| 林達 | 201 |
| 林英夫 | 254 |
| 原史六 | 46 |
| 範維徳 | 220 |
| 範延銘 | 210, 223 |
| 潘萬里 | 91 |
| 樊樹志 | 154, 156, 157 |
| 費孝通 | 119, 127 |
| フォイヤーワーカー | 122, 128 |
| 符璋 | 225 |
| 馮可鏞 | 223 |
| 馮肇傳 | 84, 85, 91, 92 |
| 馮桂芬 | 178 |
| 馮炬 | 181 |
| 馮紫崗 | 224, 225 |
| 馮成 | 157 |
| 馮瑩 | 223 |
| 発智善次郎 | 110, 120, 127 |
| 方岳貢 | 154 |
| 方顕廷 | 69, 119, 120, 127 |
| 方鴻鎧 | 155, 158, 243 |
| 方駿謀 | 204 |
| 方悴農 | 91 |
| 方鼎鋭 | 226 |
| 包啓芳 | 217 |
| 包福生 | 217 |
| 茅家琦 | 180 |
| 茅黄山 | 178 |
| 彭潤章 | 224, 226 |
| 彭沢益 | 191, 202, 244 |
| 穆烜 | 203 |
| 星野多佳子 | 124, 130, 183, 201 |

### ま行

| | |
|---|---|
| マイヤーズ | 122, 128 |
| 三品英憲 | 6, 11, 125, 130 |
| 水原正亨 | 254 |
| 南亮進 | 254 |
| 宮崎市定 | 180 |
| 鳴春 | 90 |
| 森時彦 | 111, 123, 124, 129, 130, 154, 178, 182, 254 |

### や行

| | |
|---|---|
| 山下幸夫 | 254 |
| 兪樾 | 223 |
| 兪鳳陽 | 72 |
| 兪麟年 | 202 |
| 喩時 | 154 |
| 尤興宝 | 180, 181 |
| 尤世瑋 | 194 |
| 熊其英 | 158 |
| 楊開第 | 157 |
| 楊士龍 | 93, 223 |

| | | | |
|---|---|---|---|
| 楊紹翰 | 225 | 陸炳麟 | 155, 243 |
| 楊晨 | 225 | 劉海雪 | 194 |
| 楊曾盛 | 48 | 劉紹寛 | 225 |
| 楊寿生 | 70, 72 | 劉鼎 | 179 |
| 楊泰亨 | 223 | 龐鴻文 | 179 |
| 余儀孔 | 203 | 龐友蘭 | 194 |
| 容盦 | 244 | 梁悦馨 | 201 |
| 姚光発 | 154, 157 | 梁園棣 | 202 |
| 姚宗儀 | 179 | 梁慶椿 | 45 |
| 姚文枏 | 154, 155 | 林岳景 | 48 |
| 姚方仁 | 91 | 林挙百 | 110, 201 |
| 葉滋森 | 202 | 林鋼 | 201, 203 |
| 葉風虎 | 27 | 林懿均 | 204 |
| 葉廉鍔 | 224 | 黎培敬 | 204 |
| 横山英 | 181 | 聯綬 | 226 |
| | | 路遙 | 10 |
| | | 盧守耕 | 46 |

## ら行

| | |
|---|---|
| 羅瓊 | 178 |
| 羅克典 | 222 |
| 楽嗣炳 | 68, 71, 73 |
| リンダ・グローブ | 123, 129 |
| 李化鯨 | 51, 56, 59, 69～72 |
| 李瑞鐘 | 226 |
| 李祖法 | 180 |
| 李長和 | 246 |
| 李徳溥 | 204 |
| 李文躍 | 154 |
| 李銘皖 | 178 |
| 李明勛 | 194 |
| 李林松 | 157 |
| 陸貴港 | 220 |
| 陸君秀 | 178 |
| 陸志濂 | 90 |
| 陸懋宗 | 155 |

## わ行

| | |
|---|---|
| 渡辺信一 | 107 |

# 地名索引

## あ行

アジア　　　　　　　　4, 10
アメリカ　　122, 228, 229,
　　231, 232, 240, 241
廈門　　231, 233, 237, 238,
　　241
安徽　　15, 16, 19, 20, 22〜
　　24, 29, 31, 34, 62, 78, 92,
　　108, 110, 165, 173, 174,
　　179, 180, 186〜189, 202
安吉　　23, 33, 34, 52〜54,
　　58, 62, 64
安慶　　　　　　　　　188
安尚　　　　　　　　　173
安昌　　　　　　　　　210
安鎮　　　　　　　161, 170
安亭　　　　　　　134, 136
安東　　　　　　　　　188
安陽　　　　　　　　　 98
イギリス　　132, 221, 228,
　　229, 240, 241
イリ　　　　　　　　　104
インド　　　123, 132, 221
インドネシア　　231, 232,
　　237, 238
威県　　　　　　　　　 99
迤南感塘　　　　　　　 19
灘県　　　102, 103, 121, 259
一六菴　　　　　　　　137
引翔湾　　　　　　135, 137
印家行　　　　　　　　137

殷行　　　　　　　　　148
ウラジオストック　　　141
禹県　　　　　　　　　102
烏青　　　　　　　　　213
烏鎮　　　　　　　 63, 213
烏泥涇　　133, 135, 146, 154,
　　156, 157
雲亭　　　　　　 161, 162, 163
雲南　　　　　　　　　104
雲南郷　　　　　　　　212
雲和　　　　　　　　　 40
雲夢　　　　　　　 99, 104
温州　　15, 16, 21, 23, 44,
　　205〜207, 211, 216, 221,
　　225, 230, 235, 244, 245
永嘉　　31〜34, 36, 86, 207,
　　208, 216〜218, 221, 230,
　　234, 238, 239
永康　　16, 19, 23, 33, 34, 53,
　　58, 124, 130, 141, 156
永年　　　　　　　　　 99
営口　　124, 130, 141, 156,
　　188, 190
営房　　　　　　　　　236
盈囲　　　　　　　　　 77
益余　　　　　　　　　191
延政　　　　　　　　　173
袁花区　　　　　　 17, 27
袁灶[港]　　　　185, 189, 192
堰橋　　　　　　 161, 162, 170
偃師　　　　　　　　　 98
煙台　　141, 228, 229, 231,

　　233, 237, 238, 243, 244
塩官　　　　　　　205, 222
塩城　　　　　 99, 188, 189,
　　195〜199, 201, 204
塩倉　　　　　　　135, 137
塩鉄塘　　　　　　　　167
尾西　　　　　　　　　254
於潜　　40, 43, 52, 54, 58, 64,
　　70
王家埭　　　　　　161, 163
王市　　　　　　　161, 165
王荘　　　　　　　161, 167
王店　　18, 27, 205, 212, 213
汪家　　　　　　　　　197
応陵　　　　　　　　　104
欧米　　　　　　228, 239, 242
横涇　　　　　　　161, 172
横山　　　　　　　　　161
横山橋　　　　　　　　173
横漲橋　　　　　　　　 18
横林　　　　　　　　　161
墺頭　　　　　　　　　197
恩県　　　　　　　　　 98
温県　　　　　　　　　102
温嶺　　32, 33, 78, 81, 86,
　　207, 218, 225, 230, 238,
　　242, 244, 246

## か行

カナダ　　　　　　228, 229
下河　　　　　　　　　201
下沙　　　　　　　　　136

地名索引　269

| | | |
|---|---|---|
| 下奠橋 206 | 27～29, 31～37, 40, 42, 43, 52, 53, 57～59, 62～64, 68, 114, 161, 167, 205～207, 212～215, 221, 224, 225, 234, 235, 245, 247, 248 | 172, 184～186, 189, 193～197, 199, 202～204 |
| 下菩薩 39 | | 海門鎮 207, 211, 230, 242 |
| 下梁 218, 225 | | 開封 102 |
| 河南 74, 90, 96～98, 102, 104, 108～111 | | 懐寧 189 |
| | | 蟹浦 80 |
| 河北 15, 74, 96, 97, 99～103, 106, 108, 109, 120, 121, 125, 129, 130, 132, 139, 259 | 嘉善 16～19, 21, 22, 27, 28, 32～35, 52, 53, 58, 62, 64, 142, 161, 205, 207, 212～215, 224, 235, 247 | 外岡 134, 136, 138 |
| | | 外沙 197, 202 |
| | | 崖県 133 |
| 架堰路 206 | | 崖州 133 |
| 家郷 99～101, 104～106 | 嘉定 99, 133, 134, 136～141, 143～145, 147～149, 151, 152, 155, 157, 158, 161, 170, 174, 213, 235, 245, 247, 248 | 赫山塢 19 |
| 夏溪 161, 174 | | 岳王 161, 168, 169 |
| 夏港 161, 162 | | 岳坟 41 |
| 夏津 98, 99 | | 学嫁園 82 |
| 華涇 135, 137, 143, 144 | | 甘粛 104 |
| 華士 161～163 | 瓦雪墩 137 | 甘泉 202 |
| 華墅 162, 170 | 瓜瀝 230 | 広東 136, 141, 187, 188, 209, 234 |
| 華西 111 | 海安 197, 201 | |
| 華中 8, 9, 15, 22, 24, 35, 89, 93, 95, 96, 98～100, 105, 112, 115, 130, 188, 228, 248, 252, 253, 255～260, 262 | 海塩 16, 19, 21, 31, 32, 34, 40～42, 52, 53, 57, 58, 62, 64, 78～81, 85, 86, 142, 207, 213～215, 224 | 邗江 186 |
| | | 串場河 201 |
| | | 坎山 230 |
| | | 坎鎮 206 |
| | 海州 199 | 姜堰 197, 198, 201 |
| 華東 73, 93, 110, 111, 222, 223 | 海昌 222 | 姜灶 185, 189～192 |
| | 海南島 133 | 漢口 95, 111, 173, 231, 233, 237～239, 241 |
| 華亭 134, 145, 146, 157 | 海灘 137 | |
| 華亭塘 22 | 海寧 16～19, 21, 22, 24, 27, 32, 33, 36, 37, 39～41, 43, 52, 53, 57, 58, 62～64, 78, 81, 85～88, 105, 114, 171, 191, 205, 207, 213～215, 220, 222, 224, 234, 235, 245, 247 | 漢陽 104 |
| 華南 35, 132, 139, 188, 262 | | 感化園 82 |
| 華北 10, 11, 35, 76, 91, 95, 96, 98, 99, 103, 105, 107, 108, 112, 120, 125, 130, 132, 139, 141, 221, 256, 259, 262 | | 館陶 98 |
| | | 観城 208 |
| | | 観仁 190, 191 |
| | | 観音山 185, 190, 192 |
| | | 関行 135 |
| 嘉興 15～19, 21～24, | 海門 99, 103, 108, 141, 161, | 関港 135, 137 |

270　地名索引

| | | |
|---|---|---|
| 関上 | 135, 137 |
| 贛楡 | 186 |
| 祁門 | 189 |
| 季家園 | 164 |
| 季家市 | 190 |
| 貴州 | 104 |
| 騎石 | 191 |
| 冀県 | 99 |
| 徽州 | 136 |
| 麒麟 | 185, 197 |
| 宜興 | 161, 170, 171, 173, 174 |
| 宜昌 | 104 |
| 宜都 | 104 |
| 義烏 | 32, 33, 40, 42, 43 |
| 義泉社巷 | 220 |
| 魏塘 | 212, 213, 247 |
| 九江 | 231, 233 |
| 九団倉 | 137 |
| 九龍 | 197 |
| 久隆 | 185, 189 |
| 邱県 | 98 |
| 汲県 | 102 |
| 牛荘 | 141, 156, 186, 231, 233 |
| 許昌 | 102 |
| 滸浦 | 161, 165, 229 |
| 滸山 | 206, 208, 239 |
| 卿雲 | 212 |
| 喬司 | 77, 84 |
| 硤石 | 18, 23, 24, 27, 52, 87, 88, 105, 171, 172, 174, 205, 213～215, 224, 234, 245 |
| 競化 | 190, 191 |
| 玉環 | 78, 81, 86 |
| 玉祁 | 161, 170 |
| 玉山 | 189 |
| 均墩村 | 165 |
| 金家 | 136 |
| 金家浜 | 18 |
| 金華 | 15, 16, 23, 32～34, 42～44, 189, 205～, 208, 211, 213, 214, 216, 219, 220, 225, 226 |
| 金行橋 | 133, 135 |
| 金沙 | 184, 185, 189～192, 195, 197, 198 |
| 金山 | 99, 134, 142, 147, 148, 156, 161, 247 |
| 金西 | 185 |
| 金川 | 19 |
| 金壇 | 61, 71, 173, 174 |
| 金塘 | 213 |
| 金余 | 184, 185 |
| 金楽 | 190, 191 |
| 鄞県 | 16, 18, 31～34, 52, 53, 58, 78～81, 85, 86, 205～210, 223, 230, 234, 235, 238, 239, 242, 245 |
| 衢県 | 23, 32～36, 41, 42 |
| 衢州 | 15, 16, 205, 206, 213, 214, 216, 219, 220, 222, 226 |
| 荊門 | 104 |
| 恵民 | 212 |
| 啓東 | 99, 184, 185, 189, 193～197, 202, 203 |
| 経家港 | 197 |
| 景寧 | 40 |
| 慶雲橋 | 213 |
| 慶元 | 40 |
| 瓊州 | 237, 238, 239, 241 |
| 月城[橋] | 161, 162 |
| 月浦 | 133, 135 |
| 建湖 | 201 |
| 建寧 | 213 |
| 厳家橋 | 135, 143, 170 |
| 厳州 | 15, 16, 205, 208, 213, 214, 216 |
| 湖広 | 169 |
| 湖墅 | 23, 24 |
| 湖州 | 15～17, 23, 26, 62, 63, 65, 68, 114, 161, 207, 258 |
| 湖塘[橋] | 161, 172, 174, 175 |
| 湖南 | 23, 24, 31, 71, 104, 107, 190, 243 |
| 湖北 | 15, 24, 31, 74, 90, 95, 98～101, 104～106, 108～111, 187, 190 |
| 湖北市 | 206 |
| 顧家路口 | 135, 137 |
| 顧山 | 161 |
| 顧路 | 228 |
| 滬南 | 148 |
| 五夫 | 38, 39 |
| 呉県 | 25, 103, 159, 161, 169, 171, 172, 177, 181, 247, 250 |
| 呉江 | 63, 72, 161 |
| 呉興 | 16, 26, 31～35, 39, 40, 43, 52, 53, 57～59, 62～66, 161, 207, 258 |

| | | |
|---|---|---|
| 呉市 | 161 | |
| 呉淞 | 133, 135, 137, 140, 148 | |
| 呉淞江 | 134, 149, 150 | |
| 広州 | 231, 233, 237〜239, 241 | |
| 広信 | 205 | |
| 広西 | 136, 141, 187, 209 | |
| 広陳 | 214 | |
| 広徳 | 23 | |
| 広豊 | 189 | |
| 江陰 | 65, 99, 103, 105, 142, 154, 159〜166, 169〜174, 176〜179, 198, 234, 236, 244, 246〜250, 252, 253 | |
| 江橋 | 133, 135, 139〜141, 143, 144, 152, 248 | |
| 江北 | 62, 187, 188, 198 | |
| 江山 | 16, 19, 27, 32, 33, 219, 226 | |
| 江西 | 16, 22〜24, 29, 31, 78, 104, 186, 187, 189, 205, 211 | |
| 江浙 | 21, 26, 49, 50, 62, 65〜69, 115, 230 | |
| 江蘇 | 15, 16, 19, 20, 22〜24, 29, 31, 34, 49, 50, 57, 59, 63, 65〜68, 72, 74, 78, 92, 95, 97〜100, 103, 105, 108, 110, 114, 119, 121, 127, 130, 145, 147, 154, 155, 158, 159, 173, 175, 178〜182, 187〜189, 194, 195, 201〜203, 205, 213, 230, 231, 235, 238, 244, 245 | |
| 江鎮 | 236 | |
| 江都 | 184, 186, 192, 194, 197, 201〜204 | |
| 江南 | 9, 65, 93, 110, 111, 121, 122, 124, 127, 129, 133, 139, 142, 154〜158, 162, 167, 173, 175, 178〜182, 187, 188, 197〜203, 223, 〜225, 227, 231, 243, 245, 248 | |
| 江陵 | 99, 104 | |
| 江湾 | 133, 135, 139, 141, 148, 149, 152, 157, 158, 248 | |
| 光化 | 104 | |
| 宏海園 | 82 | |
| 孝感 | 99, 104 | |
| 孝仁 | 173 | |
| 孝豊 | 23, 52〜54, 58, 62, 64 | |
| 杭県 | 16, 17, 19, 21, 27, 32〜34, 39, 40, 43, 52, 53, 57, 58, 60, 62, 64, 76〜86, 90〜92, 205, 215 | |
| 杭州 | 15〜17, 20〜24, 28, 32, 33, 38〜43, 52, 53, 58, 62, 65, 76, 77, 112, 136, 206, 207, 210, 211, 215, 216, 225, 234, 244 | |
| 杭州湾 | 16, 26, 78, 106, 206 | |
| 虹橋 | 149 | |
| 虹口 | 135, 137 | |
| 拱宸橋 | 38 | |
| 拱埠 | 39 | |
| 高境 | 152 | |
| 高橋 | 133, 135, 136, 141, 148 | |
| 高行 | 133, 135, 136, 148, 151 | |
| 高淳 | 174 | |
| 高昌 | 228 | |
| 高唐 | 98, 99 | |
| 高郵 | 188, 189, 197, 201 | |
| 高陽 | 102, 103, 110, 120, 121, 123, 124, 127〜129, 259 | |
| 航頭 | 135, 137 | |
| 候油［搾］ | 184, 189 | |
| 降子郷 | 175 | |
| 黄家埠 | 206 | |
| 黄河 | 96 | |
| 黄岩 | 31〜35, 78, 81, 86, 205, 207, 218, 219, 225, 238, 242, 246 | |
| 黄橋 | 190 | |
| 黄姑 | 213 | |
| 黄岡 | 99, 104 | |
| 黄天蕩 | 169 | |
| 黄梅 | 99 | |
| 黄浦江 | 135, 148〜151 | |
| 湟里 | 161, 174 | |
| 閘港 | 135, 137 | |
| 閘北 | 148 | |
| 璜涇 | 161, 168, 169 | |
| 璜塘 | 161〜163 | |
| 興化 | 186, 188, 189, 196, 197, 201, 202 | |
| 興仁 | 184, 185, 189, 190, 192, 197 | |

地名索引　271

272　地名索引

| | |
|---|---|
| 膠州 | 231, 233, 237, 239, 241 |
| 繆路 | 206 |
| 合興園 | 82 |
| 合慶 | 135, 137, 236 |
| 后腔 | 161～164 |
| 艮山 | 21 |
| 崑山 | 161, 169 |
| 坤園 | 82 |
| 琿春 | 141 |
| 墾牧 | 190 |

### さ行

| | |
|---|---|
| 沙溪 | 161, 168, 169 |
| 沙岡 | 133 |
| 沙市 | 104～106, 109, 111, 231, 233 |
| 沙州 | 167, 170, 177, 178 |
| 采石 | 186, 189 |
| 埼玉 | 72 |
| 崔橋 | 161, 173 |
| 蔡家橋 | 135, 137 |
| 蔡路 | 135, 137, 236 |
| 三河口 | 173 |
| 三界 | 41 |
| 三官郷 | 162 |
| 三官塘頭橋 | 137 |
| 三橋 | 209 |
| 三十里 | 189 |
| 三墩 | 135, 137 |
| 三甲里 | 162 |
| 三林塘 | 133, 135, 137, 139～141, 143, 151 |
| 三余 | 190 |
| 山観 | 161 |
| 山西 | 74, 96, 97, 102, 106, 108, 110 |
| 山東 | 96～98, 102, 103, 108, 110, 121, 130, 132, 136, 139, 164, 165, 184, 243, 259 |
| 山陽 | 204 |
| シンガポール | 231, 232, 237～240 |
| 支塘 | 161, 165, 166 |
| 四安 | 185, 191, 195 |
| 四丈湾 | 162 |
| 四川 | 31, 104, 111, 209 |
| 四団倉 | 135, 137 |
| 泗安 | 23 |
| 泗涇 | 213, 247 |
| 泗港 | 163 |
| 泗門 | 206, 208 |
| 獅子 | 189 |
| 慈谿 | 16, 19, 21, 32, 33, 40, 41, 78～81, 83, 85～88, 91, 92, 105, 206～209, 221, 223, 230, 238, 247, 248, 252 |
| 竺家橋 | 137 |
| 七宝 | 133, 135, 139～141, 143, 151, 228, 248 |
| 七堡 | 42, 77 |
| 七里 | 66 |
| 車墩 | 133, 134 |
| 謝家塘 | 210 |
| 謝橋 | 161, 166 |
| 斜橋 | 191, 213 |
| 蒻横 | 242 |
| 上海 | 9, 16, 20, 23～26, 41, 65, 68, 75～79, 87, 95, 99, 100, 103, 106, 107, 115, 124, 130, 132, 133, 135～155, 157, 158, 164, 166, 167, 169～171, 173, 175, 176, 186, 188, 190, 195, 200, 203, 205, 208, 210, 212, 213, 222, 228～231, 233～235, 237, 239～241, 243, 247～253, 256～259 |
| 朱家巷 | 135, 137 |
| 朱行 | 135, 137, 228 |
| 洙涇 | 134, 142, 213, 247 |
| 寿昌 | 23, 207, 219 |
| 周王廟 | 213 |
| 周家巷 | 173～175 |
| 周家弄 | 135, 137 |
| 周涇口 | 165 |
| 周巷 | 206, 208, 209, 239 |
| 周荘 | 161～163, 171, 181, 247 |
| 周浦 | 133, 135～137, 139 |
| 襲家路口 | 135, 137 |
| 十二堤 | 197 |
| 十里 | 42 |
| 重慶 | 231, 233, 237, 238, 241 |
| 祝塘 | 161 |
| 宿遷 | 184, 194, 204 |
| 椒江 | 207, 211, 230, 244, 246 |
| 淳安 | 23 |
| 純孝 | 219 |

| | | |
|---|---|---|
| 処州 | 15, 16, 205, 208, 219 | |
| 諸橋 | 213 | |
| 諸曁 | 31〜34, 36, 39〜43, 52, 53, 57, 58, 64, 68, 78, 206, 207, 211, 224 | |
| 如皋 | 99, 141, 186, 188, 190, 194〜197, 199, 202 | |
| 如東 | 99 | |
| 徐家市 | 165, 166 | |
| 徐家匯 | 135, 137, 149, 228, 229 | |
| 徐市 | 161, 163, 165, 167 | |
| 徐州 | 199 | |
| 小海 | 190, 191 | |
| 小橋頭 | 21 | |
| 小湖孫 | 19 | |
| 小泗埠 | 19 | |
| 小梅 | 185 | |
| 小留 | 175 | |
| 小路頭 | 206 | |
| 小湾 | 135, 137 | |
| 松江 | 16, 95, 99, 103, 127, 133, 134, 141〜143, 145, 〜147, 150, 154〜159, 161, 168, 172, 230, 231, 233, 235, 244, 247, 248 | |
| 松陽 | 40, 207, 219, 226 | |
| 邵家楼 | 135, 137 | |
| 邵伯 | 199 | |
| 昌化 | 52〜54, 58, 62, 64 | |
| 昇西 | 173 | |
| 昇東 | 173 | |
| 相甌呑 | 19 | |
| 荘溪 | 208 | |

| | | |
|---|---|---|
| 峭岐 | 161〜163 | |
| 逍林 | 206, 208 | |
| 逍路頭 | 206 | |
| 章家塔 | 209 | |
| 紹興 | 15〜17, 22〜24, 28, 31〜36, 39〜44, 47, 52, 53, 58, 64, 65, 75, 76, 78, 81, 85〜87, 105, 114, 205 〜207, 209〜213, 216, 223 | |
| 淞浦 | 80, 83 | |
| 淞廈 | 210 | |
| 勝山 | 206 | |
| 象山 | 78, 81, 86, 207 | |
| 湘湖 | 43, 48 | |
| 湘城 | 161, 172 | |
| 蕉溪 | 161, 173 | |
| 蕭県 | 196 | |
| 蕭山 | 16〜19, 21, 23, 27, 28, 32, 33, 40, 41, 43, 44, 49, 52, 53, 55, 57, 58, 60, 63, 64, 66, 71〜73, 76〜 82, 84〜88, 91〜93, 206, 207, 210〜212, 223, 230, 244 | |
| 鐘埭 | 87 | |
| 丈亭 | 208 | |
| 上虞 | 33, 34, 38〜40, 52, 53, 58, 64, 78〜81, 85〜 87, 205〜207, 210〜212, 223 | |
| 上蔡 | 242 | |
| 上店 | 173 | |
| 上塘河 | 21 | |

地名索引　273

| | | |
|---|---|---|
| 常陰沙 | 163, 164 | |
| 常山 | 42, 220, 226 | |
| 常州 | 150, 159, 161, 165, 169, 173〜178, 181, 182, 191, 248, 250, 253, 254, 257, 258 | |
| 常熟 | 99, 103, 105, 137, 142, 149, 154, 159〜162, 165〜170, 172〜174, 176, 177, 179, 180, 200, 229, 230, 244, 247〜250, 253 | |
| 城淞 | 136 | |
| 嵊県 | 23, 32, 40, 41, 52, 53, 57, 58, 63〜65, 71, 72, 210 | |
| 襄陽 | 99, 104 | |
| 辛荘 | 161, 166, 167, 247 | |
| 晋県 | 99〜101, 106, 109 | |
| 真如 | 133, 135〜137, 139, 148, 172 | |
| 幸荘 | 133, 135, 137, 139〜 141, 143, 144, 151, 228, 248 | |
| 晨陽 | 162 | |
| 新安 | 173 | |
| 新涇 | 149 | |
| 新橋 | 134, 137 | |
| 新郷 | 98, 102 | |
| 新疆 | 104 | |
| 新篁 | 205, 212 | |
| 新市 | 63 | |
| 新昌 | 23, 42, 52, 53, 58, 63 〜65, 69〜72, 211, 212 | |
| 新場 | 135〜137 | |

274　地名索引

| | | |
|---|---|---|
| 新倉 | 213〜215 |
| 新埭 | 87, 205, 213〜215 |
| 新地 | 189 |
| 新漲 | 137 |
| 新塘 | 161, 169, 170 |
| 新塘里 | 170 |
| 新登 | 53, 54, 58, 62, 64, 78, 81, 87 |
| 新塍 | 18, 27 |
| 新浦沿 | 83, 84, 206 |
| 新坡堰 | 206 |
| 新豊 | 169 |
| 新野 | 98, 102 |
| 戩浜橋 | 133, 134 |
| 縉雲 | 40 |
| 遂安 | 23, 58 |
| 遂昌 | 40, 207 |
| 睢寧 | 196 |
| 瑞安 | 31〜35, 78, 81, 86, 207, 216, 225, 238 |
| 崇德 | 19, 21, 52, 57, 58, 62, 64 |
| 崇明 | 99, 103, 108, 141, 184〜186, 192, 194〜197, 203 |
| 汕頭 | 228, 229, 231, 233, 237, 239, 241, 243 |
| 正場 | 185, 189 |
| 正定 | 99 |
| 西瀛里 | 174 |
| 西欧 | 4, 5, 7, 9, 255, 261, 262 |
| 西河 | 100 |
| 西湖 | 21, 22 |
| 西周 | 18, 229 |
| 西漳 | 170 |
| 西亭 | 185, 189〜191 |
| 西灣村 | 133 |
| 青口 | 186 |
| 青田 | 32, 40 |
| 青墩 | 236 |
| 青浦 | 99, 134, 141, 147, 148, 150, 152, 156, 158, 161, 230, 248 |
| 青陽 | 161〜163 |
| 政成橋 | 173 |
| 清平 | 98 |
| 靖江 | 161, 186〜188, 190, 192, 194〜197, 202, 203, 230 |
| 盛寧囲 | 77 |
| 石堰 | 77 |
| 石港 | 185, 189, 197 |
| 石荘 | 190 |
| 石塘頭 | 80 |
| 石門 | 173, 191, 213, 224 |
| 石[門]湾 | 18, 19 |
| 戚墅堰 | 161, 173 |
| 績渓 | 189 |
| 浙江 | 8, 9, 15〜17, 19, 20, 22〜27, 29〜34, 36〜38, 40, 42, 44〜50, 53, 56〜59, 61, 62, 64〜76, 78, 79, 81, 86〜94, 98〜101, 105〜110, 112〜115, 136, 139, 142, 165, 171, 173, 179, 180, 186〜189, 202, 205, 207, 209〜214, 216〜218, 221〜225, 230, 234, 235, 238, 243〜246, 255, 259 |
| 浙西 | 15, 17, 21, 24, 26, 31, 38〜41, 43, 44, 54, 63, 65, 114, 136, 174, 206, 212, 221, 222, 247〜249, 251〜253, 257 |
| 浙東 | 15, 17, 24, 26, 31, 34, 36, 39〜43, 48, 54, 63, 92, 114, 115, 128, 205, 206, 213, 220〜222, 230, 247〜249, 253, 256 |
| 浙南 | 15, 40, 206, 208, 213, 216, 218, 220〜222, 248, 249, 253, 257 |
| 浙北 | 15 |
| 川港 | 185, 189, 190〜192 |
| 川沙 | 133, 135〜137, 140, 141, 143〜148, 150〜152, 155, 156, 158, 228, 230, 231, 235, 236, 243, 245 |
| 占文橋 | 161, 162 |
| 仙居 | 205, 207, 218, 219, 225 |
| 仙女廟 | 198 |
| 先生橋 | 165 |
| 宣平 | 40 |
| 陝県 | 102 |
| 陝西 | 15, 74, 76, 96, 97, 104, 106 |
| 銭塘江 | 21, 22, 34, 75, 210 |
| 顓橋 | 228 |
| 顓北 | 137 |
| 前横 | 173 |
| 前黄 | 161 |

地名索引　275

| | | | | | |
|---|---|---|---|---|---|
| 蘇家橋 | 135, 137 | 兒園 | 82 | 竹行 | 185, 190 |
| 蘇湖 | 26 | 太湖 | 33, 115, 161, 207 | 中興 | 185, 197 |
| 蘇州 | 25, 26, 29, 61, 62, 128, 136, 142, 145, 150, 159, 161, 165〜169, 172, 174, 177, 178, 180, 181, 198, 213, 231, 233, 244, 247, 248, 250, 253 | 太康 | 98, 102, 108 | 中心 | 185, 189 |
| | | 太倉 | 99, 100, 103, 149, 159〜161, 166, 168〜170, 172, 176〜178, 180, 247, 250, 253 | 中心河 | 133, 135, 137, 140 |
| | | | | 長安 | 52, 161 |
| | | | | 長安橋 | 170 |
| | | | | 長河 | 239 |
| | | 台州 | 15, 16, 21, 23, 44, 206, 208, 218, 219 | 長橋 | 135, 137 |
| 蘇州河 | 148 | | | 長涇 | 161 |
| 蘇南 | 9, 26, 63, 99, 106, 159, 161, 177, 188, 191, 192, 199, 200, 222, 247〜253, 256, 257, 259 | 台湾 | 240 | 長湖市 | 206 |
| | | 対橋 | 189 | 長江 | 3, 15, 24, 96, 108, 123, 132, 169, 193, 195, 197, 212 |
| | | 岱山 | 209, 223 | | |
| | | 泰堰 | 77 | | |
| | | 泰県 | 188, 196 | 長興 | 23, 31〜35, 40, 41, 52, 53, 57, 58, 62, 64, 161 |
| 蘇北 | 9, 25, 99, 106, 164, 165, 173, 174, 183, 184, 186, 187, 189, 193〜201, 248, 253, 257, 259 | 泰興 | 190, 194, 196, 197 | | |
| | | 泰州 | 198, 201 | | |
| | | 戴家橋 | 18 | 長沙 | 25 |
| | | 大雲[寺] | 19, 22 | 長寿 | 161, 162 |
| 双林 | 63 | 大義[橋] | 161, 166, 167, 247 | 長清 | 102 |
| 宗漢 | 206 | 大橋市 | 186, 192 | 張家橋 | 133, 135, 136, 151 |
| 曾堡 | 215 | 大荆 | 242, 246 | 張家港 | 161, 178 |
| 曹家橋 | 135, 137 | 大沽塘 | 206, 208 | 張家柵 | 137 |
| 曹娥江 | 21, 22, 78, 87 | 大洪 | 189 | 張芝山 | 185, 190〜192 |
| 曹行 | 149, 228 | 大興 | 185 | 張村 | 170 |
| 漕河涇 | 135, 151, 228 | 大場 | 133, 135, 136, 213, 247 | 張匯 | 22 |
| 漕涇 | 148 | 大生寺 | 137 | 朝鮮 | 231, 232 |
| 雙廟橋 | 133 | 大北門 | 173 | 趙県 | 99 |
| 雙鳳 | 161, 169, 170 | 大寧 | 173 | 趙市 | 161, 165, 166 |
| 巣湖 | 23 | 大連 | 188, 231, 233, 237〜239, 241 | 澄潭 | 52, 69 |
| 棗陽 | 99 | | | 直塘 | 161, 168, 169 |
| 束鹿 | 99 | 題橋 | 133, 135, 137, 140 | 直隷 | 108, 110, 136 |
| 孫小橋 | 135, 137, 143, 144 | 丹陽 | 173, 174 | 沈家行 | 135, 137 |
| た行 | | 坦直橋 | 135, 137 | 沈家市 | 161, 165 |
| タイ | 10, 239, 240 | 知多 | 254 | 沈師橋 | 209 |

| | | |
|---|---|---|
| 沈蕩 | 213 | |
| 青島 | 95 | |
| 珍門 | 161, 165, 167 | |
| 陳家行 | 133, 135, 137, 140, 151 | |
| 陳家巷 | 135 | |
| 陳婆渡 | 209 | |
| 鎮海 | 32, 40, 41, 78〜81, 83, 85〜88, 91〜93, 105, 205〜208, 210, 222, 223, 230 | |
| 鎮江 | 23, 103, 188, 189, 231 | |
| 鎮場 | 185, 189, 190, 192 | |
| 鎮東 | 212 | |
| 通海[橋] | 185, 189 | |
| 通済橋 | 192 | |
| 通州 | 95, 100, 103, 108, 184, 186, 189, 192, 197, 198, 200, 201 | |
| 通揚運河 | 201 | |
| 丁家橋 | 39, 41 | |
| 丁嫁園 | 82 | |
| 丁橋 | 213 | |
| 定海 | 32, 78〜81, 85, 86, 206, 209, 210, 223 | |
| 定県 | 103, 110, 120, 121, 125, 130 | |
| 定山 | 43, 48 | |
| 定西 | 173 | |
| 鄭陸 | 161 | |
| 鄭陸橋 | 173 | |
| 翟鎮 | 137 | |
| 天元[市] | 206, 239 | |
| 天津 | 95, 100, 109, 136, 141, 209, 231, 233, 237〜239, 241 | |
| 天生港 | 185 | |
| 天台 | 36, 207, 218 | |
| 天補 | 185, 197 | |
| 天門 | 104 | |
| 斗山 | 170 | |
| 杜家行 | 135, 137, 151 | |
| 屠甸[寺] | 18, 19, 213 | |
| ドイツ | 37 | |
| 当塗 | 186, 189 | |
| 東郭 | 198 | |
| 東湖塘 | 161, 170 | |
| 東横河 | 162 | |
| 東横林 | 173 | |
| 東溝 | 135, 136, 151 | |
| 東沙鎮 | 209 | |
| 東山 | 161, 172 | |
| 東三省 | 136 | |
| 東銭湖大堰 | 209 | |
| 東台 | 99, 188, 189, 195〜197, 201 | |
| 東亭 | 161, 170 | |
| 東南アジア | 139, 141, 142, 164, 187, 233, 238 | |
| 東北 | 3, 35, 75, 124, 136, 139, 141, 156, 164, 166, 168, 184, 186, 187〜190, 236 | |
| 東北塘 | 161, 170 | |
| 東洋圩 | 197 | |
| 東陽 | 32〜34, 36, 211 | |
| 党山 | 210, 230 | |
| 皐塘 | 215 | |
| 唐家弄 | 137 | |
| 唐閘 | 185, 191 | |
| 桐郷 | 16, 18, 19, 21, 22, 27, 29, 40, 43, 52, 53, 58, 62〜64, 191, 207, 213〜215, 234, 235 | |
| 桐廬 | 52, 53, 58, 64 | |
| 搭路 | 41 | |
| 湯陰 | 98 | |
| 塘橋 | 148, 173 | |
| 塘口 | 135, 137 | |
| 塘頭[橋] | 162, 198 | |
| 塘市 | 161 | |
| 塘坊橋 | 165 | |
| 塘湾 | 136 | |
| 鄧県 | 98 | |
| 鄧市 | 165 | |
| 蕩鬼里 | 148 | |
| 頭総廟 | 191, 203 | |
| 道院 | 135, 137 | |
| 銅山 | 103 | |
| 徳清 | 16, 17, 21, 40, 52, 53, 57, 58, 62〜64 | |
| 屯漢 | 189 | |

## な行

| | |
|---|---|
| 南夏[市] | 161, 173 |
| 南橋 | 135, 137, 213 |
| 南京 | 23, 62, 103, 186〜189 |
| 南泓 | 80, 82 |
| 南閘 | 161〜164, 178, 249 |
| 南翔 | 133, 134, 136, 139, 140, 143, 144, 149, 155, 172 |

地名索引　277

南城　137
南潯　43,63
南通　95,99,100,103,105,
　　108,110,121,123,124,
　　128,130,141,142,154,
　　156,161,167,172～174,
　　177,183～203,220,235,
　　248,249,252,259
南田　86
南洋　135
南陽　102
南匯　99,133,135,136,
　　138,139,145,147,148,
　　150,152,157,228,230
　　～232,235,244
二甲　184,185
二団倉　137
日本　3～7,10,11,37,57,
　　59,61,75,76,90,120,
　　123,124,129,130,143,
　　154,174,178,182,195,
　　239,240,254
西ヨーロッパ　254
寧波　15～17,23,24,27,
　　28,39,41,76,87,95,100,
　　112,205～212,216,221
　　～223,228～233,237～
　　241,244～246,252,253
寧囲　83
寧海　32,33,36,78,81,86,
　　206,207,209,210,223,
　　238
寧晋　99

## は行

哈爾濱　141
馬鞍　210
馬堰　77
馬家路　206
馬橋　135,137,213
馬杭[橋]　161,172～176
ハルビン　188
廃黄河　201
梅家弄　135,137
梅喬　41
梅山[島]　80,82,83
梅李　161,165,167
梅隴　135,137,143,151,228
白家橋　173
白鶴　150
白沙路　206
白宕橋　165
白浦　185,189～191,197
莫城　161,166,167,247
八団郷　152
畈口村　219,220
潘郎　242
範市　208
廟橋　161,173
閔行　136,137
フィリピン　231,232,
　　237～239
フランス　239～241
芙蓉　161
芙蓉紆　173
阜寧　99,188,189,
　　194～197,199,201

浮橋　169
富陽　16,19,53,54,58,64,
　　78,87
武安　98,108
武義　32～35,39,40,43,48
武康　52,53,58,62,64
武昌　104
武清　99
武進　65,103,124,130,
　　159,161,169,170,172
　　～178,181,182,235,247,
　　250,254,257
蕪湖　23,24,186,188,189,
　　197
楓涇　134,142,212,213,247
楓南　212
福山　161,166
福州　231,233,237,238
福建　16,21,78,136,165,
　　168,186,187,208,211,
　　213,221
分水　52,53,58,64,69,70,
　　72
聞家堰　21
北京　136,141
平郷　219
平湖　16,18,21,23,27,
　　32～34,52,53,58,62,
　　64,72,78,80,81,85～
　　87,105,174,205,207,
　　213～215,224,225,234,
　　235,245,247,248
平潮　185,189～192,195
平陽　31～35,39～42,207,

278　地名索引

| | | | | | |
|---|---|---|---|---|---|
| | 208, 211, 216, 225, 238 | 北蔡 | 135, 137 | 余杭 | 16, 17, 40, 49, 52〜55, 57〜61, 63〜67, 70〜72, 114, 207, 215, 216 |
| 碧渓 | 167, 229 | 北新涇 | 133, 135, 137, 139, 228 | | |
| 浦沿 | 19, 27 | 牧嶋 | 242 | 余紹 | 64 |
| 浦口 | 186, 189 | 牧西郷 | 242 | 余西 | 191, 195 |
| 浦江 | 36, 42, 43 | 濮院 | 18 | 余東 | 191, 200 |
| 浦西 | 148 | 奔牛 | 161, 174 | 余姚 | 20, 21, 28, 31〜33, 40, 41, 75〜81, 83, 85〜88, 90〜92, 105, 205〜211, 218, 221〜223, 225, 238, 239, 242, 246〜248, 252 |
| 浦前 | 174 | 香港 | 136, 141, 209, 231, 232, 237〜240 | | |
| 浦東 | 95, 140, 148〜150, 173, 184 | | | | |
| 蒲淞 | 148, 149 | **ま行** | | | |
| 蒲匯塘 | 149 | マンチェスター | 111 | 羊尖 | 161, 170 |
| 法華 | 135, 137, 138, 148, 149, 155, 157 | 麻城 | 99, 104 | 姚家巷 | 173 |
| 奉化 | 32〜34, 64 | 満州 | 156 | 洋河 | 186 |
| 奉賢 | 99, 135, 136, 147〜149, 152, 155, 157, 230 | 密県 | 102 | 洋涇 | 135, 136, 148, 151 |
| | | 妙橋 | 161, 166 | 洋山 | 85 |
| 宝応 | 188, 194, 197, 198, 201, 204 | 妙市頭 | 170 | 陽湖 | 173, 182 |
| | | 無錫 | 23, 24, 29, 61, 65, 66, 71, 73, 103, 114, 130, 149, 159, 161, 163, 165〜172, 174〜177, 180, 181, 197, 206, 213, 228, 230, 231, 233, 235, 236, 243〜245, 247, 248, 250, 253 | 揚子江 | 46 |
| 宝山 | 99, 133, 135〜138, 140, 141, 143〜145, 147〜149, 151, 152, 155, 157, 213, 235, 236, 247, 248 | | | 揚州 | 162, 186, 189 |
| | | | | 楊行 | 133, 135, 136 |
| | | | | 楊思 | 148 |
| | | | | 楊思橋 | 133, 135, 143 |
| 宝坻 | 102, 103, 120, 121 | | | 楊舎 | 161〜163, 170 |
| 彭橋 | 206, 208 | 明山 | 19 | 葉樹 | 141, 155 |
| 彭浦 | 135, 148 | 鳴凰 | 161, 173〜175 | | |
| 豊県 | 196 | 孟県 | 102 | **ら行** | |
| 豊潤 | 99 | 乍浦 | 18, 213 | ラングーン | 24 |
| 豊北 | 161, 173 | **や行** | | 羅店 | 135, 136 |
| 蓬莱 | 169 | | | 雷溝 | 162 |
| 鳳凰橋 | 197 | | | 楽安 | 146 |
| 鄧墅廟 | 213 | 丫叉浦 | 174 | 洛社 | 161, 170 |
| 北橋 | 135, 161, 172 | 冶塘 | 161, 166, 167, 247 | 洛陽[県] | 98, 102 |
| 北澗 | 170 | 唯亭 | 161, 172 | 洛陽[鎮] | 161, 173 |
| 北沙 | 181, 202 | ヨーロッパ | 254 | | |

| | | | |
|---|---|---|---|
| 楽清 | 31〜34, 78, 81, 86, 207, 218, 238, 242, 246 | 臨穎 | 102 |
| 蘭谿 | 23, 189, 205, 207, 211, 219, 220, 225, 234 | 臨平 | 19, 215 |
| | | 婁塘 | 133, 134, 136, 172 |
| 里睦塘 | 167 | 礼社 | 170 |
| 裏[運]河 | 201 | 霊溪 | 213 |
| 裏下河 | 183, 188, 189, 195, 197〜201, 204, 249 | 霊宝 | 98, 102 |
| | | 麗水 | 16, 40, 206, 207, 219, 220, 226 |
| 陸家行 | 135 | 歴山 | 206 |
| 陸家園 | 164 | 瀝海所 | 210 |
| 陸行 | 133, 148 | 漣水 | 196, 201 |
| 陸港閘 | 192 | 呂四 | 185, 191, 199 |
| 溧陽 | 103, 170, 172, 174 | 路橋 | 205, 218, 219, 225, 242 |
| 泖河 | 21 | 蘆家巷 | 161, 173 |
| 菱湖 | 52, 63 | 蘆家湾 | 213 |
| 劉海沙 | 190 | 老虎 | 197 |
| 劉橋 | 185, 190, 191, 195, 197 | 老小呉市 | 165 |
| 劉行 | 136, 140 | 郎家浜 | 19 |
| 瀏河 | 161, 168 | 狼山 | 185, 190 |
| 龍華 | 133, 135〜137, 139, 143 | 廊廈 | 206 |
| 龍口 | 239, 241 | 六灶 | 135, 137 |
| 龍山 | 80, 83, 208 | 六竈 | 135, 137 |
| 龍淞 | 80, 82, 83 | 六団湾 | 135, 137 |
| 龍泉 | 40, 209, 220 | | |
| 龍游 | 23, 34, 35 | **わ行** | |
| 林埭 | 213 | 淮安 | 198, 201, 204 |
| 臨安 | 40, 43, 49, 52〜55, 57, 58, 60, 62〜64, 71 | 淮陰 | 201 |
| | | 淮城 | 188 |
| 臨海 | 31〜36, 39〜, 41, 78, 81, 86, 207, 218, 225, 230, 238, 242, 244, 246 | | |
| 臨山衛 | 206 | | |
| 臨漳 | 98, 108 | | |
| 臨清 | 98 | | |

# 事項索引

## あ行

アヘン戦争　　4, 128, 154, 178
アメリカ棉　　8, 9, 74, 94
軋花廠　　168
脚踏[織]機　　124, 144, 163, 164, 166, 168, 172〜176, 182, 183, 192, 194, 208〜211, 214〜218, 220, 222, 247, 249, 250, 256
インディカ種　　34〜36, 39, 197, 199, 200, 249
インド[機械製]綿糸　　123, 132, 221
囲剿戦　　24
育蚕製蚕場　　68
1・28事変　　143, 148, 152
永安[紗廠]　　145

## か行

下降分解　　5
花行　　83, 84, 166, 168, 193, 195, 219
花号　　83, 84
花荘　　206
花布坊　　220, 226
花辺業　　211, 227, 230, 231, 242, 243, 250
[家産]均分相続　　5, 10
家内手工業　　120〜126, 128, 144, 146, 153, 183, 221, 242, 247, 248, 250, 253, 256, 260, 261
改革・開放路線　　5, 261, 262
改良蚕桑模範区　　52, 54, 63, 66, 70, 73
階級闘争　　4, 9
合作社　　41, 55, 77, 83, 84, 119, 175, 194, 220, 242, 261
管理改良蚕桑事業委員会　　52
旱災賑済会　　22, 27
旱災賑済弁事処　　19
旱災救済弁法　　19, 28
旱患救済会　　22
機械制綿工業　　126
機械制[織布]工場　　124, 125, 146, 151, 153, 172, 175, 177, 210, 215, 222, 243, 247, 256, 257
機械制大工業　　120, 121
9・18事変　　141, 187
救済[委員]会　　22
共同体　　6, 11
郷鎮企業　　5, 123, 261
行政院　　3, 19, 20, 27, 28, 68
金陵大学　　41
業勤[紗廠]　　170, 171
慶豊[紗廠]　　166, 170, 171
建設委員会　　32, 46, 224, 245, 246
繭業連合会　　63
繭行　　61, 71
原蚕種製造場　　68
工場制手工業　　120, 121, 124〜126, 183, 250, 253, 256, 257, 259, 260
工賑　　20, 21
広勤[紗廠]　　166, 170
甲午戦　　128
甲種蚕業学校　　68, 72
広新[紗廠]　　174
江蘇省建設庁　　119, 127
抗日戦争　　3, 8, 44, 45, 61, 80, 103, 104,

　　　　140, 141, 143, 163, 165, 167, 173, 176,
　　　　205, 208, 213, 214, 220, 231, 233, 236,
　　　　255
国共内戦　　　　　　　　　　　　　3, 262

## さ行

紗号　　　　　　　　170, 174, 180, 192
紗荘　　　　　　　　　　192, 212〜214
済泰紗廠　　　　　　　　　　　　　168
財政部　　　　　　　　　　　　　　 20
雑糧号業同業公会　　　　　　　　　 24
三友[実業社]　　76, 79, 88〜90, 215, 216,
　　　　235, 236, 238
蚕学館　　　　　　　　　　　　　　 68
蚕業改進区　　　　　　　　　　　54, 72
蚕業改良区　　　　　　　　54, 69, 70, 72
蚕業改良集中実施区　　　　　　　　 55
蚕業改良場　　　　　　　　　　　52, 65
蚕業指導所　　　　　　　　　　　　 52
蚕業取締所　　　　　　　　　51, 57, 59
蚕糸統制[委員]会　　　　54, 59, 70, 73
蚕種改良会　　　　　　　　　　　　 63
蚕種改良事業　　　8, 49〜52, 60, 67, 74,
　　　　112, 113
蚕種製造改進所　　　　　　　　　　 54
蚕種取締所　　　　　　　　　　　　 52
蚕種模範区　　　　　　　　　　　　 61
蚕桑改良区　　　　　　　　　　　　 52
市場経済　　　　　　　　　　5, 261, 262
資本主義的農業　　　　　　　　 7, 260
ジャポニカ種　　　　34〜36, 39, 199, 200
自給自足経済　　　　　　　　　　　247
自力更生　　　　　　　　　　　　　  5
実業部　　　　15, 19, 20, 31, 45, 46, 68, 76,

事項索引　　281

　　　　86, 89, 110, 115, 127, 145, 155, 180, 202,
　　　　223, 243, 244
社会主義改造　　　　　　　　　261, 262
社会的分業　　　　252, 253, 255, 257, 258, 261
上海紗廠連合会　　　　　　　　　　 76
[上海市]社会局　　　　　　　　25, 29, 157
[上海市]豆米業[同業]公会　　24, 25, 29
手工制[織布]工場　　125, 144, 146, 153,
　　　　167, 175, 177, 200, 215, 218, 221, 222,
　　　　227, 248, 250, 251, 253, 256, 257
手拉機　　144, 163, 164, 166〜168, 172〜
　　　　176, 181, 183, 194, 208〜211, 213〜218,
　　　　220〜222, 247, 249, 250, 256
収繭委員会　　　　　　　　　　　52, 70
19路軍　　　　　　　　　　　　　　 37
純系小麦　　　　　　　　　　　　41, 42
純系稲　　　　　　　　　　42, 43, 47, 48
純系稲[推広]実施区　　　　　39, 40, 41
女子蚕業講習所　　　　　　　　　　 68
小農経営　　　　　　　　　　　　　260
商会　　　　　　　　　　　　　　25, 54
商品経済　　　　5, 9, 247, 253, 255, 257, 258
常州[紗廠]　　　　　　　　　　　　174
織襪業　　227, 228, 234, 235, 242〜244, 250
辛亥革命　　　　　　　　　　　190, 201
申新[紗廠]　　　　　　　　79, 145, 170
針織業　　　　　　　　　　　　　　244
振新[紗廠]　　　　　　　　　　　　170
人民公社　　　　　　　　　　　5, 261
世界経済大恐慌　　　　　　　　　3, 89
施粥廠　　　　　　　　　　　　　18, 19
西安事変　　　　　　　　　　　　　  3
戚墅堰電廠　　　　　　　　　　　　176
[浙江省]建設庁　　　21, 22, 38, 39, 51, 52,

282　事項索引

浙江大学農学院　　　　　　　　45,52,70
浙棉推銷処　　　　　　　　　　　　　79
銭荘　　　　　　　　　　　　　　18,217
染［布］坊　　　　　　　　　138,174,175
全国経済委員会　　　3,10,20,74,89,93,
　　107,110,202
全国稲麦改進所　　　　　　　　　45〜47
全国糧食管理局　　　　　　　　　　　45
ソビエト区　　　　　　　　　　　　　 3
蘇綸紗廠　　　　　　　　　　　166,172
草帽業　208,210,227,238,242,246,249,
　　250
雙季稲　　　　　　36,39,40,42〜44,46,47
雙季稲推広［実施］区　　　　　39〜41,43

### た行

太平天国　　　　　　　　　　　199,208
大生［紗廠］　　　123,128,183,189,190,
　　192〜194,199,201,203,249
大成［紗廠］　　　　　　　　　　　175
大農場経営　　　　　　　　　　　　260
大躍進政策　　　　　　　　　　　　262
大綸［紗廠］　　　　　　　　79,174,175
第一次上海事変　　　　　　　3,37,76,236
第一次［世界］大戦　　37,76,88,121,171,
　　174,194,228
単純協業　　　　　　　　　　　　　251
踹染業　　　　　　　　　　　142,172,248
踹布業　　　　　　　　　　　　　　181
踹［布］坊　　　　　　　　　　　138,173
踹光坊　　　　　　　　　　　　　　174
地域間分業　　7,62,67,112,114,115,142,
　　147,183,219,252,253,255,257,258,
　　261
中央銀行　　　　　　　　　　　　　 20
中央大学　　　　　　　　　　　　　 41
中央農業実験所　　　　　　15,31,46,47
中華人民共和国　　　　　3,4,201,202,262
［中華］民国　　6,10,11,94,107,121,130,
　　139,144,147,150,152,155,157,160,
　　167,169,178,187,190,206,212,213,
　　215,218,221,228,246
［中国］合衆蚕桑改良会　　　　　　57,68
［中国］共産党　　　　　3,4,120,121,261,262
［中国］国民党　　　　　　　　3,45,261,262
中国実業社　　　　　　　　　　　　172
中国統一化論争　　　　　　　　　　3,10
通益公紗廠　　　　　　　　　　　76,215
通恵公紗廠　　　　　　　　　76,88,211,212
通成［紗廠］　　　　　　　　　　　175
鼎新紗廠　　　　　　　　　　　　　215
鉄道部　　　　　　　　　　　　　　 20
土地革命　　　　　　　　　　　261,262
土糸［業］　　　87,88,101〜107,112〜115,
　　121〜124,132,138,143〜146,152,162
　　〜169,171,172,174,176,177,182,
　　183,189〜193,195,197,200,208〜210,
　　212,213,215,218〜220,247〜251,256,
　　259
土糸号　　　　　　　　　　　　　　162
土製蚕種整理処　　　　　　　　　52,69
土布［業］　　　8,9,17,85,87〜89,93,94,
　　101,102〜107,110〜115,119〜130,
　　132,133,136〜146,148,151〜160,162
　　〜166,168〜180,182〜184,186〜195,
　　197〜203,205,206,208〜210,224,225,
　　236,242,247〜253,255〜259

事項索引　283

土法製鉄　262
土棉　74, 75, 77, 79～85, 89, 94～101, 103～107, 113, 195, 197, 259
稲農講習学校　39
稲麦種改良事業　8, 15, 26, 30, 37, 39, 44, 45, 49, 112, 255
稲麦育種区　38
稲麦管理処　44, 47, 48
稲麦改良場　38, 39
稲麦推広区　38, 43, 48
稲麦場　38, 47, 91
投梭機　144, 146, 163, 164, 166, 173, 182, 183, 208, 218, 221, 247, 248, 256
取締暫行弁法　55
取締土種弁事処　60
問屋制　120～122, 124, 125, 127, 132, 142, 144, 146, 153, 167, 175～177, 183, 200, 208～210, 212, 213, 215, 221, 222, 230, 231, 234, 235, 243, 247～251, 253, 254, 256, 257

## な行

内政部　20
内発的発展[論]　5, 10
[南京]国民政府　3, 4, 5, 10, 45, 46, 68, 94, 107, 108
日本軍　3, 123
日清戦争　122
日中戦争　3, 45, 130, 164, 191, 262
農業改進所　90
農業改良[総]場　38, 39
農業改良総場棉場　77
農業推広委員会　79
農業管理委員会　39

農村経済構造　7～9, 15, 112～115, 126, 183, 253, 255～257, 261, 262
農村復興委員会　3, 10, 24, 68
農民銀行　77
農民層分解　10
農民借貸所　22
農民夜校　41, 77
農林局　38
農林場　75
農林総場　38, 41

## は行

発展段階[論]　9, 105, 120, 122, 125, 126, 132, 153, 154, 256
百万棉　74, 76, 77, 79～84, 89, 91, 92
ブルジョワ的両極分解　4, 5
プロト工業化[論]　183, 201
布行　170, 173, 174
布号　142, 172, 174, 175, 209, 217
布荘　141, 142, 145, 146, 154, 163, 166～168, 170, 173～176, 189, 208, 212, 249
布廠　144～146, 163, 164, 166, 168, 170, 173～175, 178, 193, 194, 210, 211, 214～218, 220, 223, 236, 238, 248～251
富農経営　260
文革　5, 129
米業公会　22
米市　23, 24, 29
米棉　74～76, 79～85, 88, 89, 94～102, 105～108, 112, 113, 160, 193, 195～197, 199～201, 256, 259, 260
包頭制　181
防旱[委員]会　22, 25

284　事項索引

防旱弁事処　　　　　　　　　20, 21

## ま行

マニュファクチュア　　5, 120, 121, 125, 127, 130, 181, 222, 243, 250, 251, 259, 260
満州国　　　　　　　　　　　3, 238
満州事変　　　　　　　　　3, 89, 236
民豊［紗廠］　　　　　　　　79, 175
棉花種改良事業　　8, 74〜76, 84, 89, 94, 112, 113
棉業改良実施区　　76, 77, 79, 82, 83, 85, 90〜92, 101
棉業改良場　　　　　　　75, 76, 79, 92
棉業統制委員会　　74, 89, 93, 107, 110, 202, 222, 223
棉業改良推広区　　　　　　　　79
棉業管理処　　　　　　　　　84, 91
棉業公会　　　　　　　　　87, 206
棉種試験場　　　　　　　　　76, 79
毛巾業　　　　　　227, 235, 242, 250

## や行

裕泰紗廠　　　　　　　　　166, 179
洋行　　　　　　　　　　　229, 242
洋糸　　　　87, 88, 101, 103〜105, 113, 121〜123, 128, 132, 138, 140, 143, 144, 153, 162〜166, 168〜170, 172〜174, 176, 177, 183, 186, 189, 191〜193, 195, 200, 208, 209, 211〜213, 215, 216, 218, 220〜222, 247, 248, 253, 256
洋布　　88, 101, 120〜123, 128, 132, 140, 141, 143, 151, 171, 172, 205, 208, 209, 212, 221

洋務運動　　　　　　　　　　　68

## ら行

利泰紗廠　　　　　　　　　166, 168
利民［紗廠］　　　　　　　　　174
利用紗廠　　　　　　　163, 166, 178
糧食委員会　　　　　　　　　25, 29
糧食運銷局　　　　　　　　　　20
糧食管理条例　　　　　　　　20, 28
糧食統制委［員］会　　　　　20, 28
麗新紗廠　　　　　　　　　　171
聯合収花処　　　　　　　　　　83

## わ行

和豊紗廠　　76, 83, 88, 206, 208, 209, 211, 223

## あ と が き

　拙著『近代中国農村経済史の研究――1930年代における農村経済の危機的状況と復興への胎動』金沢大学経済学部研究叢書12（金沢大学経済学部、2003年3月）の刊行に引き続き、本書を刊行することができることを喜ばしく思っている。本書は、前書と合わせて、これまでの研究成果をほぼ総括したものとなっており、博士号取得申請のための博士論文として東京都立大学に提出を予定している。

　思い起こせば、本書の重要な視点の1つともなっている中国農村経済の近代化に対する疑問を抱き、その再検討の必要性を強く感じるようになったのは、1989年4月から1990年7月までの中国（主要には南京大学）留学中に偶然目にした、1つの新聞記事に端を発している。それは、ほんの小さな記事にしかすぎず、1930年代の浙江省において改良蚕種の導入に反対して農民が暴動を起こしたことを伝えるもので、その記事の取り上げられ方からして、その当時としては、決して国家を揺るがすような大事件ではなかったと思われる。だが、それまで国民政府の農業政策に積極的な意義（その政策が近代西欧の科学技術と合理性に裏打ちされており、一定程度の経済的効果をも生んでいたであろうという点で）を見出そうとしてきていた私にとっては、ある種の衝撃的な出来事であり、あるいは、喩えて言うならば、寥々たる砂漠でたまたま掬い上げた砂の中にダイヤモンドの粒をつかみ取ったようなものだった。そして、この記事を、近代あるいは近代化を全く理解することができず、ただひたすら近代化に抗う無知蒙昧な農民の姿を象徴する事例として読むべきではなく、むしろ、このような農民の反応にこそ、中国農村経済近代化の真の姿を読み解く鍵が秘められているのではないかと直感した。

　当時の私にこのように感じさせた直接的な原因は、中国に留学して間もない1989年4月15日から始まった胡耀邦追悼の学生運動とその最終局面として発生

した第2次天安門事件（6・4事件）という、まさに国家（中国共産党の天下）を揺るがす大事件との遭遇にあった。幸か不幸か、その前年の1988年12月下旬に南京大学で資料収集をしていた時に、「法制と民主」を掲げて南京大学の学生が市街地をデモ行進したのを連日同行して間近に見たのに続き、翌1989年4月15日に南京大学で胡耀邦逝去の報に接してすぐに北京（北京語言学院）に出かけ、6・4事件までの一連の動向を自分の目で見、また、国家によって「暴乱」と規定されてしまった中国人大学生・大学教官の生の声を聞いた。軍による運動弾圧後の「国事を語ること勿かれ」とでも言うべき、重苦しい雰囲気の中で、私自身も精神的には非常に過敏になっていた。

　第2次天安門事件の翌年の1990年に結婚したが、それを見届けて安心したかのように、間もなくして母が死去した。享年60歳であった。そして、1992～94年、日本学術振興会特別研究員（PD）を経て、1995年2月に金沢大学経済学部に着任した。中国留学から帰国して1995年に金沢大学で定職を得るまでは、将来に対する不安を抱えながら研究を続けることになったが、前書の「あとがき」にも書いたように、幸いにして多くの師に恵まれ、今日に至っている。特に、野沢豊先生、山根幸夫先生、奥村哲先生には公私ともども現在に至るまで非常にお世話になってきており、お礼の言葉を言い尽くせないほどである。また、金沢大学経済学部に赴任してからは、橋本哲哉先生に可及的速やかに研究成果をまとめるように厳命（？）されたとともに、公私ともどもお世話になってきた。もちろん、金沢大学経済学部の他の諸先生・助手の方々にも暖かく見守られ、時には支援していただいた。そして、前任者であった内山雅生先生（現在、宇都宮大学教授）には金沢大学への赴任を期に以前にも増して一層有益な助言と支援をいただいた。ただし、残念なことに、この間に金沢大学経済学部の偉大な先輩として尊敬していた同僚の林宥一先生と小林昭先生が逝去された。また、友人の中では、学部の同期生でもあった金丸裕一氏と松重充浩氏が研究の上でも私生活の上でも付き合いが最も長く、励まされたことも多かった。さらに、全くの私事になるが、妻（周如軍）は、精神的に支えてくれたばかりでなく、私が中国社会を理解する上で欠くことのできない重要な役割を果

あとがき　287

たしてくれたし、そして、何よりも、しばしば中国の農村へ出かけていった私に同伴して助けてくれた。

　このように、愚鈍な私を近現代中国史研究へいざない、かつ、現在に至るまで研究を持続させることを可能にしているのは、以上に名前を挙げなかった方々をも含む、実に多くの諸先生・諸学兄・諸氏・家族の存在があったればこそであると、今更ながらに感じている。本書が以上のような数多くの方々のご支援の賜であることは明らかであり、ここに改めてお礼を申し上げておきたい。

　ところで、本書を完成するために、多くの大学・研究機関の図書館・資料室を訪れ、職員の方々に助けられて資料・史料を収集した。

　まず、国内では、主に、東京大学総合図書館・東洋文化研究所・社会科学研究所図書室・経済学部図書室、京都大学図書館・人文科学研究所・経済学部図書室・文学部図書室・農学部図書室、早稲田大学中央図書館・文学部図書室、アジア経済研究所、国会図書館、東洋文庫などを利用した。

　また、国外では、主に中国大陸と台湾において資料等を収集した。中国大陸では、社会科学院経済研究所・近代史研究所（北京）、北京図書館、上海社会科学院経済研究所、上海図書館、上海市档案館、南京大学図書館、浙江大学図書館、杭州大学図書館、中国第二歴史档案館（南京）、浙江省档案館、杭州市档案館、蕭山市档案館、浙江省政府政治協商委員会文史資料委員会弁公室、余杭市政府政治協商委員会弁公室、嘉興市政府政治協商委員会弁公室、江陰市政府政治協商委員会弁公室、常熟市政府政治協商委員会弁公室、呉江市政府政治協商委員会弁公室、常州市政府政治協商委員会弁公室などを訪れ、資料・史料、市志・県志（地方誌）、档案、文史資料などの提供を受けた。一方、台湾では、中央研究院近代史研究所図書館・档案室、国史舘、国民党党史委員会資料室などで档案、資史料を収集した。

　以上の中で、台湾では、国民党党史委員会資料室がやや閉鎖的だったという印象を受けたが、すでに周知の如く、台湾における資料の公開は、非常に進んでおり、他方、中国大陸では、上海市・江蘇省が開放的なのに対して、浙江省政府や余杭市政府を例外として浙江省は全体的にやや閉鎖的な印象を受けた。

最後になったが、汲古書院の坂本健彦氏にはすでに数年前から研究成果の刊行へ向けて直に助言を頂いていたし、また、石坂叡志氏と大江英夫氏には本書の刊行にあたって貴重なアドバイスをいただくとともに、お手数をおかけした。お礼を申し上げたい。

　なお、本書は、平成15年度科学研究費補助金（研究成果公開促進費）の交付を受けて刊行されたものである。

**著者略歴**

弁納　才一（べんのう　さいいち）

1959年5月生まれ。1984年、早稲田大学第一文学部東洋史専攻卒業。1992年、東京都立大学人文科学研究科史学専攻博士課程修了。日本学術振興会特別研究員（1992～94年）を経て、1995年2月に金沢大学経済学部に助教授として着任し、2004年1月に教授となる。

## 華中農村経済と近代化

2004年2月5日　初版発行

著　者　弁　納　才　一
発行者　石　坂　叡　志
整版印刷　富　士　リ　プ　ロ
発行所　汲　古　書　院
東京都千代田区飯田橋2-5-4
電話(3265)9764　ＦＡＸ(3222)1845

Ⓒ2004　ISBN4-7629-2551-9　C3322　　汲古叢書52

# 汲 古 叢 書

| | | | |
|---|---|---|---|
| 1 | 秦漢財政収入の研究 | 山田　勝芳著 | 本体 16505円 |
| 2 | 宋代税政史研究 | 島居　一康著 | 12621円 |
| 3 | 中国近代製糸業史の研究 | 曾田　三郎著 | 12621円 |
| 4 | 明清華北定期市の研究 | 山根　幸夫著 | 7282円 |
| 5 | 明清史論集 | 中山　八郎著 | 12621円 |
| 6 | 明朝専制支配の史的構造 | 檀上　寛著 | 13592円 |
| 7 | 唐代両税法研究 | 船越　泰次著 | 12621円 |
| 8 | 中国小説史研究－水滸伝を中心として－ | 中鉢　雅量著 | 8252円 |
| 9 | 唐宋変革期農業社会史研究 | 大澤　正昭著 | 8500円 |
| 10 | 中国古代の家と集落 | 堀　敏一著 | 14000円 |
| 11 | 元代江南政治社会史研究 | 植松　正著 | 13000円 |
| 12 | 明代建文朝史の研究 | 川越　泰博著 | 13000円 |
| 13 | 司馬遷の研究 | 佐藤　武敏著 | 12000円 |
| 14 | 唐の北方問題と国際秩序 | 石見　清裕著 | 14000円 |
| 15 | 宋代兵制史の研究 | 小岩井弘光著 | 10000円 |
| 16 | 魏晋南北朝時代の民族問題 | 川本　芳昭著 | 14000円 |
| 17 | 秦漢税役体系の研究 | 重近　啓樹著 | 8000円 |
| 18 | 清代農業商業化の研究 | 田尻　利著 | 9000円 |
| 19 | 明代異国情報の研究 | 川越　泰博著 | 5000円 |
| 20 | 明清江南市鎮社会史研究 | 川勝　守著 | 15000円 |
| 21 | 漢魏晋史の研究 | 多田　狷介著 | 9000円 |
| 22 | 春秋戦国秦漢時代出土文字資料の研究 | 江村　治樹著 | 22000円 |
| 23 | 明王朝中央統治機構の研究 | 阪倉　篤秀著 | 7000円 |
| 24 | 漢帝国の成立と劉邦集団 | 李　開元著 | 9000円 |
| 25 | 宋元仏教文化史研究 | 竺沙　雅章著 | 15000円 |
| 26 | アヘン貿易論争－イギリスと中国－ | 新村　容子著 | 8500円 |
| 27 | 明末の流賊反乱と地域社会 | 吉尾　寛著 | 10000円 |
| 28 | 宋代の皇帝権力と士大夫政治 | 王　瑞来著 | 12000円 |
| 29 | 明代北辺防衛体制の研究 | 松本　隆晴著 | 6500円 |
| 30 | 中国工業合作運動史の研究 | 菊池　一隆著 | 15000円 |

| 31 | 漢代都市機構の研究 | 佐原　康夫著 | 本体 13000円 |
| 32 | 中国近代江南の地主制研究 | 夏井　春喜著 | 20000円 |
| 33 | 中国古代の聚落と地方行政 | 池田　雄一著 | 15000円 |
| 34 | 周代国制の研究 | 松井　嘉徳著 | 9000円 |
| 35 | 清代財政史研究 | 山本　進著 | 7000円 |
| 36 | 明代郷村の紛争と秩序 | 中島　楽章著 | 10000円 |
| 37 | 明清時代華南地域史研究 | 松田　吉郎著 | 15000円 |
| 38 | 明清官僚制の研究 | 和田　正広著 | 22000円 |
| 39 | 唐末五代変革期の政治と経済 | 堀　敏一著 | 12000円 |
| 40 | 唐史論攷－氏族制と均田制－ | 池田　温著 | 近刊 |
| 41 | 清末日中関係史の研究 | 菅野　正著 | 8000円 |
| 42 | 宋代中国の法制と社会 | 高橋　芳郎著 | 8000円 |
| 43 | 中華民国期農村土地行政史の研究 | 笹川　裕史著 | 8000円 |
| 44 | 五四運動在日本 | 小野　信爾著 | 8000円 |
| 45 | 清代徽州地域社会史研究 | 熊　遠報著 | 8500円 |
| 46 | 明治前期日中学術交流の研究 | 陳　捷著 | 16000円 |
| 47 | 明代軍政史研究 | 奥山　憲夫著 | 8000円 |
| 48 | 隋唐王言の研究 | 中村　裕一著 | 10000円 |
| 49 | 建国大学の研究 | 山根　幸夫著 | 8000円 |
| 50 | 魏晋南北朝官僚制研究 | 窪添　慶文著 | 14000円 |
| 51 | 「対支文化事業」の研究 | 阿部　洋著 | 22000円 |
| 52 | 華中農村経済と近代化 | 弁納　才一著 | 9000円 |
| 53 | 元代知識人と地域社会 | 森田　憲司著 | 9000円 |
| 54 | 王権の確立と授受 | 大原　良通著 | 8500円 |
| 55 | 北京遷都の研究 | 新宮　学著 | 12000円 |

（表示価格は2004年1月現在の本体価格）